Die Materialwirtschaft

Ihre Anwendung und Auswirkung in der
Maschinen und Geräte bauenden Industrie

Von

M. H. Bauer

Mit 60 Abbildungen

Springer-Verlag Berlin Heidelberg GmbH
1949

Copyright 1949 by Springer-Verlag Berlin Heidelberg

Ursprünglich erschienen bei Springer-Verlag OHG., Berlin/Göttingen/Heidelberg 1949

ISBN 978-3-540-01366-2   ISBN 978-3-662-11511-4 (eBook)
DOI 10.1007/978-3-662-11511-4

Gedruckt in der Gallus-Druckerei KG, Berlin-Charlottenburg, Gutenbergstr. 3

Vorwort

Das Material ist eines der wichtigsten Mittel zur Herstellung von technischen Gütern. Ohne Material ist kein Beginn und kein Ende einer Fertigung, kein Handel möglich.

Der Inhalt dieses Buches soll auf die Möglichkeiten hinweisen, durch eine intensive Materialwirtschaft zu einem kleineren Aufwand bei einer größeren Ausbringung von Gegenständen, also zu einer größeren Leistung zu kommen, und die Möglichkeiten dafür behandeln, die wohl seit langem mehr oder weniger bekannt, aber noch lange nicht in vollem Maße ausgenützt sind. Die Tatsache, daß die brauchbare Menge eines großen Teils der am häufigsten verwendeten Stoffe auf unserer Erde nur in einem beschränkten Umfange vorhanden ist, nicht nachwächst und an einem wenn auch noch weit vor uns liegenden Tage restlos verbraucht sein wird, scheint der allgemeinen Überlegung noch wenig zugänglich zu sein.

Bereits im Jahre 1921 begann in den USA. unter Hoover der Feldzug gegen die industrielle Vergeudung. Im Jahre 1926 wurde in Deutschland unter dem Kampfruf: „Verlustquellen in der Industrie bekämpfen" versucht, das Gewissen der Ingenieure wachzurütteln und ihnen die Mittel zu zeigen, durch die besonders die Materialvergeudung vermindert werden kann. Es gab im Jahre 1934 in Deutschland einen „100-Tage-Kampf" gegen diese Vergeudung, der manchen Erfolg gezeitigt hat, unter der Überzeugung, daß der Kampf gegen die Materialvergeudung zugleich ein solcher um die bessere Zukunft der Nation ist. Dieser Überzeugung ist damals und bis in die neuere Zeit hinein in der deutschen Industrie nicht die volle Ausnützung aller Möglichkeiten gefolgt. Vielleicht ist es die im Durchschnitt ungenügende Kenntnis des relativ geringen Ausnutzungsgrades des Materials bei den Ingenieuren und ihre aus dieser Unkenntnis oder aus anderen Gründen entstandene nicht ausreichende Anstrengung zur Steigerung dieses Grades, die veranlaßt haben, daß jährlich Tausende Tonnen Material, Millionen Arbeitsstunden der Menschen und Kilowattstunden elektrischer Energie bei der Erzeugung von Gütern nutzlos vertan worden sind.

Ich hoffe, durch den Inhalt dieses Buches an der Minderung dieser Vergeudung beitragen zu können. Er ist nach jahrelanger Vorarbeit entstanden und erhebt nicht den Anspruch auf Vollständigkeit der

Behandlung des Gegenstandes. Er soll in erster Linie zur Betrachtung der Dinge anregen, wie sie in Wirklichkeit sind, und der Materialwirtschaft die Beachtung zu schaffen helfen, die sie mit Recht verdient. Ihre nebensächliche Behandlung muß schwerwiegende Folgen für die Wirtschaft auslösen. Das hat die Erfahrung besonders in den letzten hinter uns liegenden Jahren mehr als einmal gelehrt.

Alle Ingenieure bei den Auftraggebern, in den Konstruktionsbüros, in den Fertigungsstätten und an den Orten der späteren Anwendung der von der Industrie geschaffenen Gegenstände müssen zur dauernden Mitarbeit an der Bekämpfung der Materialvergeudung durch eine rationelle Materialwirtschaft gebracht werden. Das ist das höchste Gebot der Stunde!

Die in dem Buche angegebenen Zahlen betreffen in der Hauptsache die Erzeugung und Verwendung der Metalle[1] und nur im geringen Umfange die der Nichtmetalle. Daraus darf aber nicht geschlossen werden, daß bei diesen keine zu bekämpfende Materialvergeudung stattfindet. Die Zahlenangaben verdanke ich zu einem Teile den Firmen und Wirtschaftsverbänden der deutschen Industrie. Diese Angaben stellen vielfach Grenzwerte dar, da die zur Verfügung gestellten Mittelwerte stark schwankten, und sollen in der Hauptsache als Richtwerte einen Begriff von der Größenordnung der Zahlen vermitteln. Sie entsprechen etwa dem Stande der Technik zur Zeit der Beendigung der Abfassung des Inhaltes dieses Buches, dessen Herausgabe durch die Zeitverhältnisse leider sehr verzögert worden ist.

Ich verfehle nicht, dem Springer-Verlag für sein verständnisvolles Eingehen auf meine Wünsche und für die sorgfältige Drucklegung des Buches unter den durch die Zeitereignisse sehr erschwerten Bedingungen allerbestens zu danken.

München, im April 1945.

M. H. Bauer.

---

[1] Zu den Metallen zählen nach der Deutschen Industrie-Norm (DIN) Eisen, Stahl, Kupfer, Blei und andere Schwermetalle, ferner die Leicht- und Edelmetalle. Diese Norm wird von manchen Stellen nicht beachtet, die daher immer noch Eisen und Metall nebeneinander nennen.

Inhaltsverzeichnis

	Seite
I. Einleitung	1
Das Materialproblem	1
Abwegige Begriffe	2
II. Was ist Material?	6
Begriffe	6
Rohstoffe	11
Werkstoffe	14
Angaben der Werkstoffleistungen	15
Halbzeuge und Rohlinge	16
III. Materialordnung	18
Gegenstände des Ordnens	18
Forderungen an die Ordnung	19
Materialbezeichnung	22
Werkstoffe	22
Halbzeuge und Normteile	31
Sonderteile	34
IV. Materialmengenermittlung	37
Gegenstände der Ermittlung	37
Mengeneinheiten	37
Ziffernanzahl bei Mengenangaben	39
Halbzeug- und Rohlingsmenge	39
Werkstoffmenge	40
Rohstoffmenge	41
Ermittlung der Menge im fertigen Gegenstand	43
Ermittlung der Menge im Rohling und Rohteil	44
Ermittlung der Einsatzmenge	45
Trennzugabe	46
Bearbeitungszugabe	49
Verbindungszugabe	55
Sonderzugabe	56
Materialmenge zur Einzelteilfertigung	59
Materialmehrbedarf infolge besonderer Ereignisse	60
Gesamtmaterialmenge	62
Ermittlung der Einsatzmenge der Werkstoffe	63
Ermittlung der Einsatzmenge der Grundstoffe	67

Seite

Mengenüberschlag 68
  Art der Richtwerte 68
  Gesamtmaterialgewicht und Fertiggewicht 69
  Gewichtsanteil der einzelnen Werkstoffarten 70
  Gewichtsanteil der einzelnen Halbzeug- und Rohlingsarten 71

V. Materialherstellkosten 72
Zusammensetzung der Materialkosten 72
Einfluß der Werkstoff-, Halbzeug- und Rohlingsart auf deren Herstell-
  kosten 75
Zusätzliche Materialkosten 82
Gesamtmaterialkosten 86

VI. Materialverluste bei der Erzeugung 89
Einleitung 89
Materialausnützungsgrad 90
Verluste durch Materialmängel 92
  Verluste bei der Gewinnung der Grund- und Werkstoffe 92
  Verluste bei der Herstellung der Halbzeuge 94
  Verluste bei der Herstellung der gegossenen Rohlinge 95
  Verluste bei der Herstellung der geschmiedeten und im Gesenk
    gepreßten Rohlinge 95
Verluste durch konstruktive Maßnahmen 96
  Gestaltung und Materialmengenaufwand 97
  Unrichtige Werkstoffwahl 100
  Guß- und Gesenkschmiede- und Gesenkpreßteile 101
  Beschränkung der Vielfältigkeit des Materials 103
  Einfluß der Normung 105
  Aufteilen und Verbinden 107
  Nicht gerechtfertigte Güteforderungen 109
  Mangelhafte Bauunterlagen 111
  Konstruktionsänderungen 112
Verluste durch Fertigungsfehler 113
  Allgemeines 113
  Allgemeine Maßnahmen zur Verlustminderung in der Werkstatt . . 114
  Materialverluste beim Gießen 114
  Materialverluste beim Schmieden 117
  Materialverluste durch Trennen 119
  Materialverluste durch Zerspanen 119
  Materialverluste bei der Blechverformung 123
  Verluste beim Zusammenbau 128
  Abfallverwendung 131
Verluste durch Fertigungsmittelschäden 131
  Allgemeines 131
  Verluste an Werkzeugmaschinen 132
  Verluste an Werkzeugen 133

Seite
Durch sonstige Ursachen entstehende Verluste 138
  Änderung des Fertigungsvorhabens. 138
  Materialprüfung 138
  Fertigung nach unreifen Konstruktionen und ungenügender Arbeits-
    vorbereitung. 140
  Fertigung gleicher Gegenstände an mehreren Stellen. 141
  Terminverzögerungen 141
  Lagerverluste. 141
  Einkaufsfehler 145

VII. Materialverluste im Betriebe 143
  Wirtschaftlich tragbare Verluste 143
  Verluste durch Abnutzung 145
  Verluste durch Ermüdung. 147
  Verluste durch Verderb 148
  Falsche Maschinen und Motoren. 150
  Beschädigungen bei der Pflege und Wartung 151
  Verlustminderung durch Reparatur und Teilersatz. 152
  Materialaufwand bei Reparaturen 153
  Schmierstoffeinsparung 155

VIII. Materialbeschaffungsunterlagen 155
  Inhalt der Listen. 156
  Material für die Fertigung eines Gegenstandes 156
  Materialangabe in den Stücklisten 157
  Sammlung der Materialmengenangaben. 160
  Halbzeugmengenliste 162
  Rohlingsliste. 164
  Sonstige Materiallisten 166
  Zeichnungen 166
  Technische Lieferbedingungen 167
  Herkunft der Beschaffungsunterlagen. 168

IX. Materialwirtschaft bei der Herstellung von Maschinen und
    Geräten 171
  Materialbeschaffung. 171
  Materialprüfung und -abnahme 173
  Materialausgabe 175
  Prüfung der Materialausnutzung. 176
  Abfallwirtschaft 179
    Abfallerfassung und Prüfung 179
    Abfallverwertung. 180

X. Materialwirtschaft im ganzen. 185
  Grundsätzliches 185
  Zwangswirtschaft. 186
  Besonderheiten. 186
  Ermittlung der Materialmenge. 188
  Spanabhebende oder spanlose Fertigung? 190

Seite

Materialplanung 193
Verbesserung der Materialwirtschaft 194
   Mängel der Mengenermittlung 194
   Ursachem der Mängel. 194
Behebung der Mängel der Materialwirtschaft 196
   Personalschulung 196
   Materialplanung bei den Maschinen- und Geräterzeugern 198
   Verminderung der Materialtransporte 199

Zusammenfassung 201

Sachverzeichnis 204

Berichtigung.

Seite 72: In der Unterschrift der Abb. 22 lies: 1000. D. B^2
statt: 1000. B. B^2.

Seite 181: Die Abbildungen 59 und 60 müssen vertauscht werden.

I. Einleitung

Das Materialproblem

Das Wirtschaftspotential eines Landes, d. h. seine wirtschaftliche Leistungsfähigkeit, hängt in hohem Maße von der Materialversorgung dieses Landes ab. Sie baut auf der Rohstoffversorgung desselben auf.

Die Rohstoffversorgung bedingt nicht nur den Besitz des Stoffes, sondern auch einen z. T. erheblichen Aufwand an Arbeitsstunden und Energie, um das Material in einen für die weiterverarbeitende Industrie brauchbaren Zustand und an die aufeinander folgenden Orte der Verarbeitung zu bringen. Das Problem kann also nicht durch das Vermeiden der Verwendung von Rohstoffen gelöst werden, die infolge der Maßnahmen ihrer Besitzer nicht mehr ins Land kommen, sondern diese Lösung ist nur möglich und zweckmäßig, wenn sie unter Beachtung des von natürlichen Grenzen umzogenen Rohstoffbesitzes eines Landes durch die beste Ausnutzung des Materials angestrebt und hierbei der Wille zur Tat auch zur Auswirkung gebracht wird. Dieser Wille muß auf die Beschränkung des Materialverbrauchs im Einzelfall und auf die Steuerung der Materialvergeudung durch eine wirkungsvolle Materialwirtschaft gerichtet sein.

Wo keine richtige Materialwirtschaft betrieben wird, da erschöpfen sich die leitenden und die sie unterstützenden Personen in einer dauernden Beseitigung unvorhergesehener Beschaffungs- und Lieferungsschwierigkeiten, eine Kräfteverlustquelle ersten Ranges. Es ist praktisch nicht möglich, z. T. aus Gründen, die in einzelnen Abschnitten dieses Buches behandelt werden, alle Zufälle vorauszusehen und im voraus abzuwenden. Die Zahl dieser Zufälle wird um so größer sein, je weniger Erfahrung auf dem jeweils bearbeiteten Gebiet den jeweils handelnden Personen zur Verfügung steht.

Die Wichtigkeit einer richtigen Materialwirtschaft wird aber dem Ingenieur auch noch durch Begriffe verschleiert, die z. Z. in der Technik und Wirtschaft einen dominierenden Platz einnehmen, aber abwegig sind.

Nicht diejenige Materialwirtschaft ist die günstigste, bei der die kleinste Menge Abfall entsteht, sondern diejenige, bei der das richtige Material am richtigen Platze und niemals mehr Material verwendet wird, als zur Zweckerfüllung notwendig ist. Wer heute noch ohne zwingenden Grund Maschinen verwendet, Verfahren beibehält, Konstruktionen bevorzugt, die auch nur 10% mehr Werkstoff verbrauchen, als nach dem derzeitigen Stande der Rationalisierung notwendig ist, versündigt sich an den Zielen der Wirtschaftspläne seines Landes.

Zu den volkswirtschaftlichen und sozialen Verpflichtungen gehören

1. ein Materialverbrauch, der den zeitgemäßen Anforderungen der Wirtschaft entspricht und auf die volkswirtschaftlich erwünschten Rohstoffe ausgerichtet ist,

2. eine Organisation, die die Verlustquellen verstopft, für die sonst die Verbraucher im *Preise* büßen müssen.

Daß der Preis, d. h. das Geld, der Schlüssel zum Schrein der Erkenntnis auf unserem Gebiet ist, wird aus den folgenden Darlegungen eindeutig hervorgehen.

Abwegige Begriffe

Geld ist für den es Besitzenden nichts anderes als die Anweisung auf eine Leistung eines anderen. Wer leistet, damit und bis ein Gegenstand fertig zum Gebrauch gemacht worden ist?

Das sind die Menschen, die, um einige Beispiele zu geben,

a) den Rohstoff der Erde entnehmen, ihn läutern, schmelzen, legieren und zu Blöcken gießen, den Baum im Walde hegen, bis er brauchbares Holz hergibt, den Baum fällen und herrichten, das Tier aufziehen, seine Wolle scheren, seine Haut gerben usw., also die *Werkstoffe* erzeugen,

b) gegossene Blöcke verformen, bis Stangen, Rohre, Drähte, Bleche, Guß- und Schmiedeteile entstanden sind, die Stämme zu Bohlen und Brettern zerschneiden oder sie zu Fournieren schälen und diese unter hohem Druck verleimen, die Wolle spinnen und weben usw. und auf diese Weise Material herstellen, das in Form von *Halbzeugen und Rohlingen* in die weiterverarbeitenden Werkstätten gelangt,

c) dieses Material bis zur Fertigstellung des gebrauchsfähigen Gegenstandes in Einzelteile zerschneiden, zerspanen, verformen, warmbehandeln und schließlich miteinander zum gebrauchsfertigen Gegenstand verbinden,

d) die Arbeit bei allen an den vorgenannten Vorgängen beteiligten Stellen, im Konstruktionsbüro, im Arbeitsbüro, im Einkaufsbüro, im Werkzeug- und Vorrichtungsbau vorbereiten,

e) die Werkstätten herrichten und pflegen, Maschinen einrichten, Menschen einstellen, anleiten, ihre Arbeit prüfen, für Licht, Kraft und Heizung sorgen, Transporte durchführen, Material abnehmen und andere, immer noch mit „unproduktiv" bezeichnete Arbeiten durchführen,

f) den ganzen Ablauf des Herstellungsganges vom Rohstoff bis zum Fertiggegenstand überwachen, mit ihrer Person, ihrem Können und ihrem Ruf für die sach- und termingemäße Erledigung der ihnen gestellten Aufgaben einstehen.

Sie alle bekommen für ihre persönliche Mitwirkung Geld, weil sie für einen anderen etwas geleistet haben.

Die Gesamtsumme dieses Geldes stellt den wirklichen Fertigungslohn dar. Zählt man den Geldbetrag hinzu, den der Eigner der Erzgrube, des Waldes, der Tierfarm, der Werkstätten usw. als Verzinsung seines Kapitals oder als Gegenleistung für die Hergabe der Rohstoffe bekommt, dann erhält man die wirklichen Herstellkosten des fertigen Gegenstandes.

Der Anteil des so definierten Fertigungslohnes an den Herstellkosten beträgt, als Richtzahl gegeben, etwa 85%. Es kommt bei den hier durchgeführten Überlegungen nicht darauf an, ob dieser Prozentsatz in Wirklichkeit etwas größer oder kleiner ist, er soll nur klar aufzeigen, daß die Materialkosten in der Hauptsache Lohnkosten sind (Abb. 1 wird das noch begreiflicher machen) und die Höhe dieser Lohn-

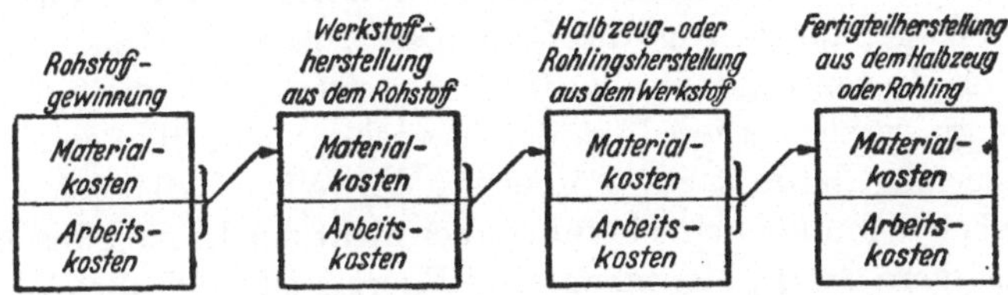

Abb. 1. Zusammensetzung der Materialkosten aus den Kosten des vorhergegangenen Herstellungsprozesses und der hinzugekommenen Arbeitskosten.

kosten allein einen Anhalt für die Menschenzahl und die Größe der mechanischen Energie gibt, die erforderlich sind, um ein Fertigungs- und Erhaltungsprogramm eines Landes durchzuführen.

Wer einmal erfaßt hat, daß mit dem für das Material gezahlten Geld in der Hauptsache doch nur die Leistung von Menschen abgegolten worden ist, daß Arbeitsstunden geleistet werden mußten für Arbeitsplanung, Stoffumwandlung, Transport, Erzeugung elektrischen Stroms usw., wer begriffen hat, daß die mechanisch oder elektrisch betriebene Arbeitsmaschine und ähnliche Fertigungsmittel den Herstellungsprozeß und damit die Arbeiterstundenzahl unter Umständen sehr erheblich verkürzen, diese Mittel aber erst unter Aufwand von vielen tausend Arbeitsstunden geschaffen, erhalten und angetrieben werden müssen, der wird auch verstehen, daß

1. das Materialproblem nicht nur ein Stoff-, sondern auch ein Menschen- und Energieproblem ist,

2. die übliche Gliederung der Herstellkosten in Materialkosten, Fertigungslohn und Gemeinkosten zur Beurteilung der Wirtschaftlichkeit eines Erzeugungsvorganges in Wirklichkeit nicht geeignet ist.

Man ist es noch gewohnt, die Gliederung der Herstellkosten so vorzunehmen, wie unter 2. angegeben worden ist. Man nennt den in eigener Werkstatt gezahlten Lohn den Fertigungslohn, trotzdem er meistens nur ein bescheidener Teil des gesamten, zur Fertigung eines Gegenstands aufzuwendenden Fertigungslohnes von der Rohstoffquelle bis zur Lieferung des Fertigungsgegenstandes ist. Man nennt ihn oft noch produktiven Lohn, die damit bezahlten Arbeitsstunden produktive Stunden, stellt geistreiche Beweisführungen für die Zugehörigkeit der zu bezahlenden Arbeitsstunden zu den produktiven oder unproduktiven (verteilbaren und nicht verteilbaren) auf, gibt diesbezügliche, für die einzelnen Industriezweige geltende verschiedenartige Zuordnungen heraus, beschwört stundenlange, meistens unfruchtbare Auseinandersetzungen zwischen Geschäftsführung und Betriebsführung über die zulässige Höhe der Gemeinkosten herauf. Man beurteilt die Rationalisierung der industriellen Arbeit eines Werkes nach den von ihm für die Fertigung eines Gegenstandes aufgewendeten produktiven Stunden oder hält es gar für richtig, die Lohnkosten einzelner Teile des Gegenstandes als Gegenstand der Kritik der Leistungsfähigkeit des Unternehmens zu wählen. Diese Art des Vorgehens mag ihre guten Seiten haben, sie mag indirekt zur Förderung der Wirtschaftlichkeit der Erzeugung beitragen können, sie führt aber nicht zur Lösung des Materialproblems, denn Stoff-, Menschen- und Energieaufwand, ihre Wirkungen und ihre Verluste beginnen lange vor dem Einsatz derjenigen Werkstatt, in der der aus dem Stoff herzustellende Gegenstand gefertigt wird. Die Höhe der vorgeleisteten Stunden ist aber oft ausschlaggebend für die Höhe der im letztbeteiligten Werk aufzuwendenden Stunden.

Doch hiervon wissen manche Konstrukteure und Fertigungsleute nichts oder nicht genug. Sie haben meistens noch nicht begriffen, daß nur die *Herstellkosten in ihrer Gesamtheit* darüber entscheiden, ob die Fertigung eines Gegenstandes billig oder teuer, ob sie rationell oder unrationell zu nennen ist. Das hängt auch vielfach nicht von ihrer Tätigkeit, sondern von Maßnahmen des Auftraggebers und von der spekulativen Einstellung der Werksleitung und der Tüchtigkeit der Verkäufer der fertigen Ware ab. Jedermann weiß heute, daß die Herstellkosten eines Gegenstandes mit steigender, gleichzeitig in Arbeit genommenen

Tabelle 1. *Prozentualer Anteil der Materialkosten an den Herstellkosten des Fertigungsgegenstandes.*

Fertigungsgegenstand	Prozentualer Anteil der Materialkosten an den Herstellkosten
Kraftwagen (Großserienbau)	55 bis 60
Dampfschiffe	45 bis 53
Dieselmotoren	40 bis 45
Werkzeugmaschinen, mittelschwer . .	25 bis 35
Werkzeugmaschinen, schwer	35 bis 52
Elektrische Installation	rd. 50
Textilien aus Baumwolle	rd. 50
Textilien aus anderen Stoffen	60 bis 70

Stückzahl fallen und bei größeren Stückzahlen oft nur den Bruchteil der Herstellkosten eines Einzelanfertigung ausmachen.

Und immer noch drängt man den Konstrukteur und Fertigungsmann zur Verminderung der sogenannten produktiven Stunden in dem letzten, an der Fertigung eines Gegenstandes beteiligten Werk. Unter Änderung der Konstruktion, Vermehrung der Betriebsmittel, durch Schulung der Belegschaft und mit anderen Mitteln, wie Akkord und Stücklohn im eigenen Werk, wird versucht, und meistens mit Erfolg, die für die Fertigung des gleichen Gegenstandes im Herstellerwerk aufzuwendende Stundenzahl zu senken. Manchmal wird diese Senkung auch durch den Bezug vorgearbeiteter oder fertiger Teile von fremden Erzeugern beschleunigt und führt dann zu unrichtiger Beurteilung der Leistung des Werkes.

Konstrukteur und Fertigungsmann halten das Wirtschaftlichkeitsproblem der Fertigung meistens schon für gelöst, wenn es im eigenen Werk gelungen ist, die Zerspanung und Verformung der dem Werk angelieferten Halbzeuge und Rohlinge und den Zusammenbau der so hergestellten Teile mit einer ihnen angemessenen erscheinenden geringeren produktiven Stundenzahl als bisher durchzuführen. Dieses Ergebnis *kann* ein Fortschritt sein. Ist die Arbeiterstundenzahl aber wirklich noch eine Grundlage für die Beurteilung der Wirtschaftlichkeit einer Fertigung? Wird bei der angestrebten Steigerung der Mechanisierung der Fertigung der für produktiv angesehene Facharbeiter nicht mehr und mehr ein Maschinendiener, wie es z. B. der Maschinist und Heizer einer elektrischen Kraftanlage sind, die man zu den unproduktiven Arbeitern zu zählen pflegt?

Für eine Volkswirtschaft, also vom Standpunkt der Allgemeinheit aus gesehen, ist es zweifellos wichtig, die verlangte, durch die Zeitumstände bedingte Gütermenge unter Aufwand der geringsten Arbeiterzahl zu erzeugen und brauchbar zu erhalten. Aber diese Erzeugung beginnt, — darauf sei nochmals hingewiesen —, an der Rohstoffquelle. Und wenn die Fertigungserfahrung lehrt, daß beim Großreihenbau die Kosten des Fertigungseigenlohnes 15 bis 18% und bei Massenfertigung unter 10% der Herstellkosten betragen, die Materialkosten aber bis 70% dieser Kosten ausmachen (siehe Tabelle 1), dann wird man die dringende Notwendigkeit erkennen, diese Materialkosten und die in der Hauptsache damit bezahlten Arbeitsstunden für die Materialfertigung durch geeignete Maßnahmen der Materialwirtschaft zu senken und nicht das Hauptaugenmerk auf die produktiven Eigenlöhne und Gemeinkosten zu richten, die in der die Halbzeuge und Rohlinge verarbeitenden Werkstatt entstehen.

Das wird vielfach einen erheblich besseren Erfolg bringen, als die landläufigen Anstrengungen zur Minderung der Zahl der produktiven Arbeitsstunden im letzten, an der Fertigung eines Gegenstandes beteiligten Werk. Gewiß erfolgt eine Senkung der Materialkosten auch durch die Steigerung der Stückzahl eines Fertigungsgegenstandes; diese Senkung ist aber erheblich geringer als die der Eigenlohnkosten. Dabei ist zu beachten, daß die Senkung der Lohnkosten nicht oder nicht immer mit der Senkung der Arbeiterzahl identisch ist, da die Mechanisierung der Fertigung die Beteiligung minderbezahlter, ungelernter Arbeiter ermöglicht. Abb. 2 gibt einen Überblick über das Absinken der Material-, Lohn- und Gesamtherstellkosten nach Beispielen aus der amerikanischen Massenfertigung von Gegenständen (Kraftwagen, Radioapparaten usw.), die eigens für diese Fertigung konstruktiv und arbeitstechnisch vorbereitet worden sind. Diese Erfahrungswerte decken sich gut mit den in Deutschland erhaltenen und lassen erkennen, daß selbst bei einer sonst mit gut zu bezeichnenden Arbeitsvorbereitung die Senkung der Materialkosten mit zunehmender Stückzahl nicht entfernt den Umfang annimmt, wie die des Eigenlohnes, und daß es eine zwingende Aufgabe der technischen Wirtschaft ist, alle nur erreichbaren Mittel zur Minderung der Materialkosten, die ja auch in der Hauptsache wiederum nur Lohnkosten sind, aufzuwenden, da der Materialkostenanteil durchschnittlich den größten Anteil an den Herstellkosten ausmacht.

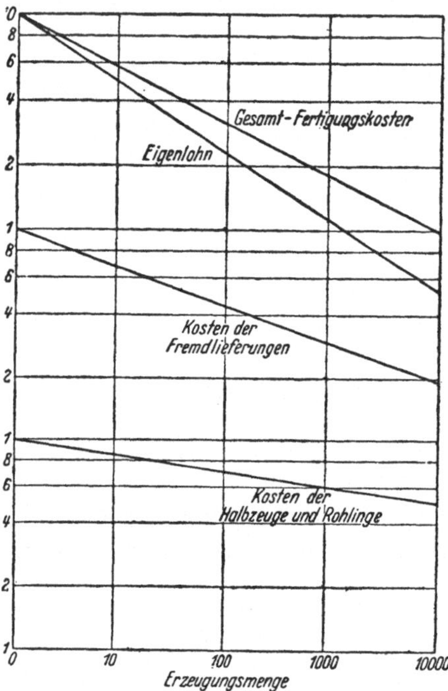

Abb. 2. Abfall der Herstellkosten mit steigender Erzeugnismenge des gleichen Gegenstandes.

II. Was ist Material?

Begriffe

Wohl auf keinem Gebiet der technischen Bezeichnungen herrscht eine solche Verschiedenheit der Auslegung und Anwendung derselben, wie auf dem in diesem Buche behandelten. Die Worte: Rohstoffe, Werkstoffe, Baumaterial, Baustoffe, Halbstoff, Halbzeug, Halbmaterial, Halbfabrikat, Verbrauchsstoff, Betriebsmittel, Verbrauchsmittel, Sparstoff, Heimstoff, Ersatzstoff, Abfall, Schrott, Rückstände, Altmetall,

Vormaterial usw. werden in Lehrbüchern, Verfügungen, gesetzlichen Bestimmungen und im öffentlichen Leben als wechselnde Benennungen für alle möglichen Dinge verwendet, teils um ein einzelnes Ding, teils um eine Sammlung derselben zu kennzeichnen. Bekannt ist die letzte Verwirrung auf diesem Gebiet, nämlich den Ersatzstoff für Leder Werkstoff zu nennen.

Eine der Ursachen dieses Durcheinanders ist die von Verdeutschungsausschüssen angestrebte Reinigung der deutschen Sprache von fremdstämmigen Worten der Technik, als man in einer Zeit allen Ernstes den Vierzylinderexplosionsmotor in den Viertöpfigen Zerknalltriebel, den Elektromotor in den Berntriebel umzubenennen und ähnlichen Zeitvertreib für angemessen hielt. In jener Verdeutschungsperiode ist das allen Männern der Technik geläufige und damals als Sammelbegriff bekannte, richtig angewandte Wort „Material" durch „Werkstoff" ersetzt worden, ein Zeichen dafür, daß der Verdeutscher die Bedeutung des Wortes „Material" nicht ausreichend kannte oder ihm die Handlung der Verdeutschung wichtiger erschien, als der Wert der klaren Verständigung unter den Männern der Technik. Denn „Werkstoff", ein Wort das bislang auch eine klare allbekannte Bedeutung hatte, nämlich den Stoff zum Werken bezeichnete, eignet sich nicht zum Sammelbegriff für Rohstoffe, Halbzeuge, Fertigteile, Abfälle usw. Es geht vielen Menschen nicht ein, eine Schraube, einen elektrischen Draht, eine Zündkerze, einen Luftreifen, eine Dichtungsscheibe, einen Schmiernippel, ein Schmiedestück, ein Gußteil u. dgl. mit „Werkstoff" bezeichnen zu müssen. Sie nennen alle diese Dinge und das Blech, das Rohr, den Kitt, die Farbe, den Lack, den Treibstoff, das Schmieröl u. dgl. „Material", schreiben Materiallisten, haben ein Materiallager, eine Materialverwaltung, eine Materialprüfung und, wenn sie ein Buch über Werkstoffe aufschlagen, dann finden sie darin den Stahl, das Kupfer, das Aluminium, das Glas, das Leder usw. behandelt, aber keine Angaben über Holzschrauben, Zündkerzen u. dgl.

Versuchen wir es also wieder mit dem alten Sammelbegriff für alle Dinge, die im Lager einer Fertigungs- oder Betriebsstätte liegen, dem „Material" und beachten folgende allgemein verständliche Begriffe.

Material ist ein Sammelbegriff für Rohstoffe, Grundstoffe, Werkstoffe, Betriebsstoffe, Verbrauchsmittel, Halbzeuge, Rohlinge, Halbfabrikate, Fertigteile, fertig angelieferte Teile (Zulieferungsteile) und Geräte, Abfälle.

Rohstoffe sind die zur Herstellung von Grundstoffen, Werkstoffen, Betriebsstoffen und Verbrauchsmitteln verwendeten Stoffe. Rohstoffe können sein:

Anorganische Rohstoffe: Asbest, Bauxit, Eisenerz, Glimmer, Kupfererz, Magnesit, Manganerz, Rohquarz u. dgl.

Organische Rohstoffe: Baumwolle, Holz, Kapok, Kautschuk, Kohle, Rohöl, Tierhaar, Tierhaut, Wolle u. dgl.

Grundstoffe. *Grundstoffe, aus den anorganischen Rohstoffen gewonnen:* Aluminium, Blei, Chrom, Eisen, Gold, Iridium, Kupfer, Magnesium, Mangan, Molybdän, Nickel, Platin, Silber, Vanadin, Wolfram, Zink, Zinn u. dgl.

Werkstoffe sind die aus den Rohstoffen oder Grundstoffen hergestellten, zur Fertigung von Halbzeugen und Rohlingen gebrauchten reinen (auf einen bestimmten Reinheitsgrad gebrachten), einfach oder mehrfach legierten Stoffe. Bei Metallen können die Werkstoffe aus Rohstoffen hüttenmännisch gewonnen (Neumetall) oder aus Schrott bzw. aus Abfällen (Altmetall), die bei der Fertigung von Halbzeugen und Rohlingen und bei anschließender Formgebung entstanden sind, zusammen mit Neumetall erschmolzen werden. Zu den Werkstoffen zählen also u. a.:

unlegierte Kohlenstoffstähle, ferner die mit Chrom, Silizium, Mangan, Molybdän, Nickel, Vanadin, Wolfram usw. legierten Stähle;

sonstige Schwermetalle: Blei, Kupfer, Zink, Zinn usw., rein oder miteinander und mit anderen Stoffen legiert (Buntmetalle);

Leichtmetalle: Aluminium und Magnesium rein, untereinander oder mit Kupfer, Mangan, Silizium, Eisen, Titan, Zink, Nickel usw. legiert;

Nichtmetalle: Gummi, Kunstharzpreßstoffe, Zellon, Zellwolle, Leder (gegerbt), Filz, Glas, keramische Stoffe, Farben, Lacke, Leime, Kitte, Öl (zur Kraftübertragung) u. dgl.

Die Werkstoffe werden je nach ihrer Art in Gußblöcken (Masseln), Walzplatten oder Walzbarren, Preßbolzen, Pulverform, als Flüssigkeit usw. geliefert.

Zu den Werkstoffen sind im Sinne einer Fertigung auch Gase und Flüssigkeiten zu rechnen, wenn diese mit zur Lieferung des zu fertigenden Gegenstandes gehören (z. B. Öl für die Hydraulik).

Betriebsstoffe sind diejenigen Stoffe, die bei ihrer Anwendung bei der Fertigung und dem Betrieb eines Gegenstandes restlos verbraucht oder unbrauchbar werden. Als solche gelten:

Kraftstoffe, Schmieröle, Fette, Lötsäure, Lötsalmiak, Schmirgel, Einschleifmasse, Petroleum, Karbid, Heizstoffe, Brems- und Spülflüssigkeit, Preßluft, Sauerstoff, Wasserstoff, Kühlflüssigkeit, Chemikalien für Bildzwecke, Arzneien (flüssige).

Zu den Betriebsstoffen ist auch elektrischer Strom zu rechnen.

Verbrauchsmittel sind diejenigen Stoffe oder Gegenstände, die Verbrauchseinheiten darstellen, bei ihrer Anwendung verbraucht werden, aber keine Betriebsstoffe sind:

Spreng- und Zündmittel, Filme, Lichtbildplatten und -papiere, Arzneitabletten, Schmirgelpapier, Schmirgelleinwand, Putzlappen, Putzleder, Putzwolle, Papier (in Format geschnitten), Bleistifte, Farbstifte, Schwämme, Lampenkohlen, Schleifkohlen, Lichte, Streichhölzer.

Halbzeuge sind die aus Werkstoffen durch Walzen, Ziehen, Pressen, Schneiden (Holz), Weben u. dgl. hergestellten Stangen, Rohre, Drähte, Seile, Tafeln, Bänder, Bohlen, Bretter, Sperrplatten, Gewebe usw., so gestaltet und bemessen, daß im allgemeinen die Querschnittsmaße (bei Stangen, Profilen, Rohren, Drähten) oder die Dicke (bei Blechen, Bändern, Brettern, Sperrholzplatten) der Halbzeuge im allgemeinen gleich denen der daraus gefertigten Gegenstände sind.

Die Halbzeuge können aus *einem* Werkstoff (Einstoffhalbzeug) oder aus *mehreren* Werkstoffen (Verbundhalbzeug, wie plattierte Halbzeuge, isolierte elektrische Drähte, Sperrholz, Schichtholz usw.) bestehen.

Rohlinge (Vorfabrikate, von Anhängseln, wie Trichter, Steiger, verlorene Köpfe, Grat, befreit) sind aus Werkstoffen durch Gießen, Schmieden und Pressen hergestellte Gegenstände, die erst durch mehr oder minder große Zerspanung oder Umformung in die Form der fertigen Gegenstände gebracht werden.

Rohteile sind von Halbzeugen oder Rohlingen roh (unfertig) abgeschnittene Stücke zur Fertigung von Einzelteilen, ferner die durch das Formgebungsverfahren der Endform sehr nahe gebrachten Teile, wie Kokillen- und Spritzguß- und Gesenkpreßteile.

Halbfabrikate (Vorfabrikate) sind Einzelteile, deren Vorbearbeitungszustand zwischen dem der Rohteile und dem der Fertigteile liegt, z. B. vorgefräste, gehärtete, aber noch nicht fertig geschliffene Teile, Blechzuschnitte (Ronden, Platinen) u. dgl.

Preßlinge sind Fertigteile, die gebrauchsfähig aus der Preßform kommen, abgesehen von dann noch nötigen kleinen Bearbeitungen, wie Glätten der Gratkante u. dgl.

Fertigteile sind Einzelteile in dem Zustand, in dem sie nach beendeter Bearbeitung zum Zusammenbau kommen, unbeschadet kleiner, in manchen Fällen dann noch nötiger Bearbeitungen, wie Bohren von Splintlöchern u. dgl.

Einzelteile sind Bauteile, die aus nur einem Werkstoff (einfachem oder Verbundwerkstoff) bestehen und für die eine bauliche Teilung nicht vorgesehen ist.

Sie bleiben auch dann Einzelteile im Sinne dieser Begriffsbestimmung, wenn sie mit Oberflächenschutzstoffen (z. B. Nickel, Kadmium u. dgl.) überzogen sind.

Normteile sind Bauelemente (Einzelteile und aus diesen zusammengesetzte Gebilde), deren Maße, Werkstoffe, Ausführung und Bezeichnung einheitlich so festgelegt worden sind, daß die Vielzahl der Formen und Maße beseitigt und auf eine Mindestzahl eingeschränkt ist, ohne daß ihre Verwendbarkeit bei den verschiedenen Industrieerzeugnissen darunter leidet.

Abfälle sind

a) Stoffteile, die bei der Gewinnung der Rohstoffe und Grundstoffe, bei der Herstellung der Halbzeuge und Rohlinge, beim Zuschneiden der Rohteile, beim Zerspanen und Verformen derselben bis zur Fertigstellung der Einzelteile, ferner bei ihrem Zusammenbau und ihrer Erprobung abfallen,

b) in den verschiedensten Fertigungszuständen befindliche Teile und daraus zusammengebauter Gebilde, die überhaupt oder zur Zeit keine Verwendung finden.

Der Abfall ist zu unterteilen in

Reste: Bei der Gewinnung der Roh-, Grund- und Werkstoffe oder bei der Herstellung der Halbzeuge und Teile übrig gebliebene Materialteile, die ohne Zustandsänderung für ihren Zweck bei passender Gelegenheit weiter verwendet werden können.

Verwendbare Teile: Teile, die bei einer früheren Fertigung überzählig, bei der Zerlegung unbrauchbar gewordener Gegenstände oder infolge von Konstruktions- und Auftragsänderungen freigeworden und ohne oder nach Änderung wie neue Teile in eignen und fremden Werkstätten zum Neubau oder zur Reparatur verwendet werden können.

Schrott: Bei der Herstellung der Halbzeuge und Rohlinge entstandene Abfälle, bei ihrer Bearbeitung erzeugte Späne, Schnitzel und für die Fertigung ohne Zustandsänderung unbrauchbare Materialreste, ferner durch Prüfung, Arbeits- und Materialausschuß, Abbrechen, Zerlegen, Veralten, Verrosten oder aus anderen Gründen für Fertigungszwecke unverwendbar gewordene, zum Neuschmelzen von Werkstoffen geeignete Halbzeuge, Rohlinge, fertige Teile und Gebilde.

Rückstände: Metallhaltige Rückstände, die bei der Gewinnung der Rohstoffe usw. anfallen, wie Asche, Schlacken, Krätzen, Schlämme und andere ähnliche Rückstände.

Verlorener Stoff: Stoff, der während der Roh-, Grund- und Werkstoff-Gewinnung, bei der Halbzeug- und Rohlingsherstellung, bei den Fertigungs- und Zusammenbau-Vorgängen verbrennt, verfliegt, verdunstet, entwendet oder auf andere Weise seinem beabsichtigten Verwendungszweck endgültig entzogen wird und dadurch verloren geht.

Die hier aufgezeigte Möglichkeit der Ordnung der technischen Begriffe ist noch lange nicht vollständig. Während der Deutsche Normenausschuß zwischen Stahl, Eisen und Nichteisenmetallen unterscheidet, machen andere Stellen einen Unterschied zwischen Eisen und Metall und meinen mit Eisen auch den Stahl und mit Metall alle andern Schwer- und Leichtmetalle. Die allgemein geltende Ordnung der Bezeichnungen

steht auf dem Materialgebiet also noch aus. Für die Zwecke dieses
Buches soll die oben und im Nachfolgenden angegebene Ordnung jedoch
gelten.

Rohstoffe

Die zur Herstellung von Grundstoffen, Werkstoffen, Betriebsstoffen
und Verbrauchsmitteln erforderlichen Rohstoffe werden dem Boden
der Erde als Erze, Salze, Gestein, Kohle, Erdöl, dem Feld als Baumwolle, Hanf, Flachs, dem Wald als Holz, Kautschuk, Harz, dem Tier
als Haut, Haar und Wolle usw. entnommen.

Diese Rohstoffe sind nicht gleichmäßig über die ganze Erde verteilt und stellen daher begehrte Handelsartikel zwischen den Staaten
dar, die die verschiedenen Gebiete der Erdoberfläche wechselnd be-
herrschen. Während der Zeit internationaler Verwicklungen entsteht
nach dem 'Aufbrauchen der vorsorglicherweise geschaffenen Vorräte
bei den einzelnen Staaten ein Mangel an denjenigen Rohstoffen, die
nicht mehr dem eigenen Bereich entnommen oder nicht mehr vom Aus-
land eingeführt werden können.

Die Tabelle 2 gibt die Beteiligung der einzelnen Länder der Welt
an der Erzeugung der für die Technik wichtigsten Rohstoffe außer
Eisen und Holz in Prozenten der Gesamtmenge an. Die dort angeführten Zahlen sind auf Grund von zuverlässigen amerikanischen und deutschen Angaben aus der Zeit vor 1939 zusammengestellt. Sie haben im
vorliegenden Fall nur den Zweck, darauf hinzuweisen, welches die
hauptsächlichsten Lieferplätze der Metalle in jener Zeit auf der Erde
gewesen sind, und in welchem Umfange diese Plätze der Lieferung
beteiligt waren. Die Lieferungsanteile bzw. -möglichkeiten verändern
sich mit der politischen Lage ständig. Diese zwingt zur Erschließung
neuer Rohstofflager, deren Ausbeutung nicht nur von der Menge der
erreichbaren Rohstoffe, sondern auch von der Erfüllung der sonstigen
Vorbedingungen, wie Menschen, Kraft, Maschinen, Transportmittel
usw., abhängig ist.

Tabelle 3 gibt als Beispiel aus der oben angegebenen Zeit die Beteiligung der einzelnen Erdteile an der Erzeugung der für die Technik
wichtigsten Rohstoffe außer Eisen und Holz in Prozenten der Gesamtmenge an. Die Tabelle läßt erkennen, über welche zum Teil sehr weiten
Wege die Rohstoffe oder die aus ihnen am Ort der Hebung hergestellten Grundstoffe nach Deutschland befördert werden müssen, z. B.
Kautschuk, Zinn und Wolfram aus Ostasien, Kupfer, Nickel und Glimmer aus Amerika. Diese Rohstofflage hat Veranlassung zum Schaffen
von neuen heimischen Kunststoffen gegeben, die anstelle der ausländischen Verwendung finden sollen und manchen derselben an Leistung übertreffen. Allerdings ist der Kostenaufwand für die Bereitung
der neuen Stoffe oft erheblich größer, als für die der ausländischen.

12 Was ist Material?

Tabelle 2. *Beteiligung der einzelnen Länder der Welt an der Erzeugung der für die Technik wichtigsten Rohstoffe außer Eisen und Holz (Richtwerte) in Prozenten der Gesamtmenge von 1939.*

Land	Antimon	Bauxit	Blei	Chrom	Glimmer	Kautschuk	Kupfer	Mangan	Nickel	Platin	Quecksilber	Seide	Wolfram	Zinn
Europa														
Alle Staaten außer Rußland	10,2	55,2	18,3	7,4	0,5		7,9	2,4	0,9		86,6	8,5	4,6	2,1
Rußland (europäisch und asiatisch)		6,7	4,1	13,2	7,9		4,8	35,8		53,2	2,6	1,6		
Asien														
Britisch-Indien	0,4	0,4	5,0	9,8	24,0	10,3	2,2	30,9	0,9			0,4	10,5	1,4
China	72,0		0,1					1,4			1,1	26,0	65,7	4,3
Niederländisch-Indien		6,1				42,0		0,8						20,1
Indo-China						1,5								0,3
Japan			0,7	1,3	3,7		5,8	0,6				63,0		0,3
Malaya		1,5				42,0							2,8	36,0
Thailand			1,0											4,6
Syrien												0,5		
Türkei			0,3	2,6										
Afrika														
Belgisch-Kongo							6,3							
Ägypten								3,4						
Äthiopien										1,6				
Goldküste								13,1						
Nigerien														5,6
Rhodesien				43,6	2,9		11,5							
Vereinigte Staaten von Südafrika				4,9	8,4		0,6	0,8		11,0				0,7

Tabelle 2 (Fortsetzung).

Land	Antimon	Bauxit	Blei	Chrom	Glimmer	Kautschuk	Kupfer	Mangan	Nickel	Platin	Quecksilber	Seide	Wolfram	Zinn
Amerika														
Bolivien	10,2		2,1				0,1						3,6	22,9
Brasilien		0,3				3,4		8,5						
Chile							17,7							
Britisch-Guayana		10,3												
Niederländisch-Guayana		10,6												
Kanada			12,8		15,2		13,4		88,5	7,2				
Kolumbien										27,0				
Kuba				7,2			0,7	0,5						
Mexiko	7,2		16,6			0,8	0,2							
Peru			3,2				2,2							
Vereinigte Staaten von Nordamerika		8,7	19,4		37,4		25,6	1,8	1,0		9,7		9,5	
Australien und Ozeanien														
Australien (Festland)		0,2	16,4				1,0						1,7	1,7
Neu-Kaledonien				10,0					8,7					
Tasmanien													1,6	

Tabelle 3. *Beteiligung der einzelnen Erdteile an der Erzeugung der für die Technik wichtigsten Rohstoffe außer Eisen und Holz in Prozenten der Gesamtmenge. Nach den Angaben der Tabelle 2 zusammengestellt.*

Rohstoff	Erzeugende Erdteile				
	Europa %	Asien %	Afrika %	Amerika %	Australien %
Antimon	10,2	72,4	—	17,4	—
Bauxit	61,9	8,0	—	29,9	0,2
Blei	22,4	7,1	—	54,1	16,4
Chrom	20,6	13,7	48,5	7,2	10,0
Glimmer	8,4	27,7	11,3	52,6	—
Kautschuk	—	95,8	—	4,2	—
Kupfer	12,7	8,0	18,4	59,9	1,0
Mangan	38,2	33,7	17,3	10,8	—
Nickel	0,9	0,9	—	89,5	8,7
Platin	53,2	—	12,6	34,2	—
Quecksilber	89,2	1,1	—	9,7	—
Seide	10,1	89,9	—	—	—
Wolfram	4,6	79,0	—	13,1	3,3
Zinn	2,1	67,0	6,3	22,9	1,7

Werkstoffe

Die Roh- und Grundstoffe für Bauzwecke werden im allgemeinen in die zwei Hauptgruppen „Metalle" und „Nichtmetalle" unterteilt. Diese Unterteilung dient auch der Zuordnung der aus den Roh- und Grundstoffen hergestellten Werkstoffe, die im Abschnitt Begriffe beispielsweise angegeben wurden. Es sind also:

Metallische Werkstoffe: Stahl und Eisen, Schwermetalle außer Stahl (auch Buntmetalle genannt), Leichtmetalle, Edelmetalle.

Nichtmetallische Werkstoffe: Steine, Glas, Porzellan, Holz, Leder, Faserstoffe, Gummi, Papier, Filz, Kunstharz, Farbe, Lack, chemische Stoffe.

Die Werkstoffe müssen, um für ihren Verwendungszweck in der Technik geeignet zu sein, bestimmte physikalische, chemische, Festigkeits- und technologische Eigenschaften aufweisen, die ihnen die Natur nur zum Teil mitgegeben hat. Die Werkstoffe (und unter ihnen besonders die metallischen) werden daher vor der Lieferung an ihren Verbraucher (manchmal auch bei diesem) gewissen chemischen und thermischen Prozessen unterzogen. Metalle werden miteinander verschmolzen, um Legierungen zu erhalten, deren Eigenschaften gegenüber denen der Ursprungsmetalle besser sind, worüber die verschiedenen DINormen Auskunft geben. Kunstpreßstoffe werden mit andern aus anorganischen und organischen Rohstoffen hergestellten Werkstoffen gemischt (siehe DIN 7704 bis 7708). Geschältes Holz wird unter hohem Druck mit Kunstharz getränkt, um Schichtholz mit größerer Festigkeit zu ergeben, Kautschuk mit Ruß, Kalk und anderen Stoffen vermengt, um Gummi zu ergeben, usw.

Durch diese Behandlungen werden die verlangten Festigkeits- und technologischen Eigenschaften, wie Bruchfestigkeit, Dehnung, Härte, Schweißfähigkeit, Härtefähigkeit, Hitze- und Kältebeständigkeit usw. und die chemischen Eigenschaften, besonders die Beständigkeit gegen Angriffe der Gase, Flüssigkeiten und benachbarten Werkstoffe, erzielt.

Es gelingt dabei in den seltensten Fällen, alle erwünschten Eigenschaften in *einem* Werkstoff zu erzeugen. Zum Beispiel sinkt mit zunehmender Festigkeit bei den Metallen die Dehnung. Kunstharzpreßstoffe weisen eine relativ hohe Druckfestigkeit auf, besitzen aber eine geringe Zugfestigkeit. Der elastische Weichgummi verliert in starker Kälte diese Eigenschaft meistens vollständig. Das uns zur Verfügung stehende leichteste, auf der Magnesiumbasis erzeugte Baumetall (z. B. Elektron) hat für viele Zwecke ausreichende mechanische Eigenschaften, ist aber noch wenig widerstandsfähig gegen Korrosion.

Die vielen verschiedenen Forderungen, die die Technik nun einmal zu stellen genötigt ist, und die nicht allen Forderungen entsprechenden Eigenschaften der Werkstoffe haben zu einer sehr großen Zahl von verschiedenen Werkstoffen geführt, unter denen die richtige Auswahl zu treffen oft schwer ist. Das DIN-Taschenbuch 4. Ausgabe 1941 enthält allein 103 verschiedene Stähle, 96 verschiedene Werkstoffe aus Schwermetall außer Stahl und 59 verschiedene Werkstoffe aus Leichtmetall. Der Zeitaufwand bei der Auswahl wird noch durch die große Zahl der Handelsmarken erschwert, unter denen man Werkstoffe auf den Markt bringt, die sich durch nichts oder nur wenig von anders benannten Werkstoffen unterscheiden. In dieser Beziehung hat sich in der Beschränkung noch kein Meister gezeigt. Bei der Auswahl spielt natürlich auch der Einkaufspreis eine Rolle.

Angaben der Werkstoffleistungen

Jeder Werkstoff hat bei seiner Verwendung für einen technischen Zweck eine gewisse Leistung herzugeben. Er muß entweder gewisse Festigkeitseigenschaften aufweisen oder gegen Gase und Flüssigkeiten undurchlässig sein, oder im Gegenteil sie aufnehmen können, oder sich als sehr warmfest oder kältebeständig erweisen, usw. Es werden gewöhnlich von einem Werkstoff mehrere dieser Leistungen gleichzeitig verlangt. Daher ist es notwendig, die von einem bestimmten Stoff erwarteten Eigenschaften im einzelnen und auch die Anweisungen zur Prüfung dieser Eigenschaften genau festzulegen. Dabei dürfen nicht nur die guten, sondern es müssen auch die schlechten Eigenschaften des betreffenden Werkstoffs angegeben werden, z. B. schlechte Schweißbarkeit, Sprödigkeit, Neigung zur Rißbildung und dgl. Es ist durchaus nicht wirtschaftlich, einen Werkstoff von der Verwendung überhaupt auszuschließen, weil er eine bestimmte Eigenschaft nicht aufweist. Es gibt Fälle, in denen diese Eigenschaft, z. B. eine Zugfestigkeit, gar nicht verlangt wird, und es werden von einem Werkstoff manchmal gewohnheitsmäßig Leistungen erwartet, die gar nicht erforderlich sind.

Die Werkstoffleistungen sollen sich andererseits nicht auf bestimmte Festigkeitseigenschaften gegenüber den Beanspruchungen beschränken, denen der Werkstoff im Werkteil ausgesetzt ist, sondern auch z. B. auf gute Zerspanbarkeit (erforderlich bei Automatenstahl), gute Tiefziehfähigkeit (erforderlich z. B. bei Karosserieblech) usw. erstrecken. Erforderlich sind auch Angaben über die richtigen Temperaturen bei Warmbehandlung (besonders wichtig bei Leichtmetallen) und dgl. Eigenschaften mehr.

Die bisherigen DINorm-Blätter über metallische Werkstoffe enthalten keine ausreichenden Angaben über alle Eigenschaften der Werkstoffe und ihre sich daraus ergebenden Leistungen. Bei allen Werkstoffen sind nur Angaben über die statische Zugfestigkeit, die Bruchdehnung und in Einzelfällen auch über die Streckgrenze und die Härte gemacht, nichts aber ist über Wechselfestigkeit, Kerbzähigkeit, Oberflächengüte u. dgl. gesagt.

Die Festigkeitswerte eines Werkstoffs hängen auch von dem Herstellungsverfahren, der Querschnittform und den Qerschnittsmaßen des Halbzeugs, z. T. auch von der Beanspruchungsrichtung (ob in Walzrichtung oder senkrecht dazu) ab. Auch hierüber sagen die DINormen der Werkstoffe und Halbzeuge nichts.

Aus allen diesen Gründen ist es erforderlich, die zu verwendenden Werkstoffe in ihrem Zustand im Halbzeug zu prüfen und die durchschnittlich zu verlangenden Mindestleistungen des Werkstoffs (auf einem Leistungsblatt für jeden einzelnen Stoff) schriftlich festzulegen.

Werden diese Leistungsblätter durch Technische Lieferbedingungen[1] für die einzelnen Halbzeugarten ergänzt, so sind einwandfreie Unterlagen für den Konstrukteur, den Fertigungsingenieur und den Prüfer des Halbzeugs geschaffen.

Solche Werkstoff-Leistungsblätter sind in der Industrie vereinzelt anzutreffen, in größerer Zahl und in ausreichender Form waren sie früher als Einzelblätter des Fliegwerkstoff-Handbuches aufgestellt worden.

Halbzeuge und Rohlinge

Die Metalle werden der verarbeitetenden Industrie (Maschinenfabrik, Schiffswerft, Kraftwagen-, Werkzeugmaschinen-, Hebezeug-Fabrik, Brückenbau, Feinmechanik usw.) in der Form von Halbzeugen, wie Rund-, Quadrat-, Sechskant-, Profilstangen, Drähte, Seile, Rohre, Blech in Tafel- und Bandform, Niete und in der Form von gegossenen,

---

[1] Siehe S. 167.

geschmiedeten und gepreßten Rohlingen angeliefert. In diesem Anlieferungszustand sind die Halbzeuge und Rohlinge je nach ihrer Art und den Festigkeitsanforderungen geglüht, vergütet, kaltnachverdichtet, kalt- oder warmausgehärtet usw. Es ist üblich, die Festigkeitszustände durch die Härte zu bezeichnen ($\frac{1}{4}$-, $\frac{1}{2}$-, $\frac{3}{4}$-hart und hart) und diese Härte durch Prüfung nach *Brinell*, *Vickers* oder *Rockwell* festzustellen. Die so gemessene Härte läßt nicht immer einen Rückschluß auf die sonstigen Festigkeitseigenschaften zu, wenngleich gewisse Beziehungen zueinander bestehen.

Die wirklichen oder vermeintlichen Notwendigkeiten der Technik haben zu einer sehr großen Zahl von Querschnittsformen und -maßen des Stangenmaterials und von Blechdicken geführt, wie die Profiltafeln und Normblätter deutlich erkennen lassen. Hinzu kommt, daß einzelne Stangenhalbzeuge gleicher Art und mit gleichen Nennmaßen nach verschiedenen Verfahren hergestellt werden. So gibt es z. B. nach den DINormen Rund-, Quadrat- und Sechskantstahl gewalzt und gezogen, den Rundstahl sogar mit zwei Maßgenauigkeiten (DIN V 1013 und 668), außerdem noch als Wellen (DIN 669). Ferner gibt es noch auf der Strangpresse hergestellte Profile gleicher oder ähnlicher Art. Die Gesamtzahl der Halbzeuge ist leider trotz der Normung sehr groß und erschwert die Auswahl unter ihnen, die durch die Zahl der verschiedenen Werkstoffe außerdem verwickelt gemacht wird. Allein im DIN-Taschenbuch 4 „Werkstoffnormen" (Ausgabe 1941) sind enthalten für Halbzeuge

aus Stahl	27	Normblätter	mit	2190	Nenngrößen
Schwermetall	22	„	„	1177	„
Leichtmetall	24	„	„	930	„

Sie umfassen also 73 verschiedene Halbzeuge mit zusammen 4297 Nenngrößen. Außerdem sind etwa 50 verschiedene Normblätter anderer Halbzeuge im Taschenbuch 4 nicht enthalten.

Außer den in den DINormen angegebenen Halbzeugen wird noch eine ganze Anzahl nicht genormter verwendet, so daß die Gesamtzahl der in der deutschen Industrie benutzten metallenen Halbzeugarten etwa 120 mit zusammen etwa 7000 Nenngrößen, und aus verschiedenen Werkstoffen hergestellt, beträgt.

Es werden zwar nicht alle Arten und Größen in einer Fabrik verwendet und dort bevorratet; die Zahl ist aber auch bei einem Unternehmen mittlerer Größe im Durchschnitt doch so erheblich, daß durch eine strenge Prüfung alle Arten und Größen aus den Konstruktionen ausgeschieden werden müssen, die weder durch den Zweck noch durch den Herstellungspreis bedingt sind.

Massives Holz wird meistens in Bohlen und Bretter mit handelsüblichen Querschnittsmaßen aufgeschnitten, vergütetes Holz in Form von Sperrplatten (Tafeln) oder in Blockform, Leder in Form ganzer

Tierhäute, Webstoffe in großen Längen und mit abgepaßter Breite, Glas, Fiber, Papier, Pappe, Asbest, Gummi für Dichtungszwecke in Tafeln, Farbe, Lack, Öl, Glyzerin usw. im flüssigen Zustand angeliefert (siehe auch Tabelle 8).

Es werden auch aus mehreren Werkstoffen zusammengefügte Halbzeuge (Verbundhalbzeuge) hergestellt, z. B. metallplattiertes Holz in Tafelform, aluminiumplattierte Duraluminbleche und -stangen, isolierte Leitungsdrähte u. dgl.

III. Materialordnung

Gegenstände des Ordnens

Gegenstände des Ordnens sind im vorliegenden Falle die Grundstoffe, Werkstoffe, Halbzeuge, Rohlinge und Fertigteile. Ihre Zahl ist so groß geworden, daß das ganze Gebiet nur durch eine klare und einfache Ordnung beherrscht werden kann.

Diese Ordnung ist am einfachsten bei den Grundstoffen durchzuführen, da sie meistens nahezu chemisch rein zur Verwendung gelangen. Verwickelter ist die Ordnungsarbeit bei den legierten metallischen und nichtmetallischen Werkstoffen, die in den verschiedensten Vermischungen auf den Markt gebracht und unter oft seltsamen Bezeichnungen und dem Betonen besonderer Eigenschaften Eingang in die Technik finden. Dafür gibt es auf den Gebieten Stahl, Schwermetall außer Stahl (Buntmetall) und Leichtmetall genügend Beispiele.

Besser gelingt es, Ordnung in die noch weit zahlreicheren Halbzeuge und Fertigteile zu bringen, zu denen auch die Normteile gehören, deren Zahl bei Berücksichtigung der vielen Arten, Abmessungen und Werkstoffe, aus denen sie gefertigt werden dürfen, in die Hunderttausende geht. Halbzeuge und Fertigteile sind Körper, die nach ihrer Form und ihren Maßen unterschieden werden können, so daß ihre Leistung, z. B. beim Halbzeug in Stabform das Widerstandsmoment seines Querschnitts, ermittelt und zur Ordnung der Größen eines aus einem Werkstoff mit bestimmten Eigenschaften hergestellten Halbzeugs verwendet werden kann.

Die Eigenschaften der metallischen, durch ihre chemische Zusammensetzung voneinander zu unterscheidenden Werkstoffe werden durch die Verwendung dieser Stoffe zur Herstellung von Halbzeugen und Rohlingen für die Technik nutzbar gemacht und können nur in dieser Form für Bauzwecke Verwendung finden.

Bei der Herstellung der Halbzeuge und Rohlinge erfährt das Gefüge der Werkstoffe durch mechanische Verdichtung infolge des Walzens, Ziehens, Schmiedens und Pressens und durch Warmbehandlung, wie Glühen, Vergüten, Härten usw., Veränderungen, die ihre mechanischen Eigenschaften in mehr oder minder hohem Maße beeinflussen. So wird

z. B. bei einem legierten Vergütungsstahl die Zugfestigkeit von 60 kg/mm² in geglühtem Zustand durch Vergüten auf 90 bis 100 kg/mm² gebracht. Zwischen der Zugfestigkeit eines gezogenen Rohrs und eines gewalzten Blechs aus Leichtmetall mit gleichen chemischen Eigenschaften und im gleichen Zustand können Unterschiede von 10% und mehr vorhanden sein.

Der Grad der mechanischen Verfestigung hängt bei gleichen chemischen Eigenschaften und gleicher Warmbehandlung des Werkstoffs auch von der Größe des Halbzeugquerschnitts ab. Abb. 3 und 4 zeigen

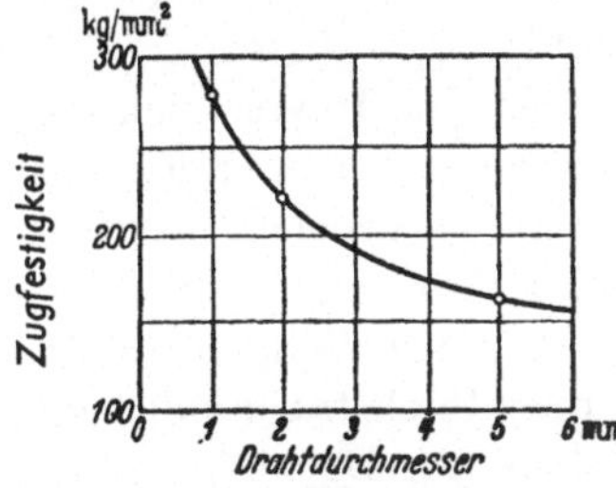

Abb. 3. Abfall der Zugfestigkeit bei einem Kohlenstoff - Federstahl-Draht mit steigendem Drahtdurchmesser.

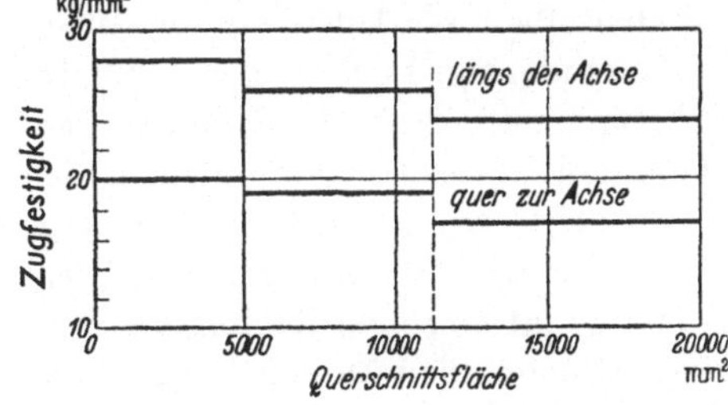

Abb. 4. Abfall der Zugfestigkeit mit zunehmender Querschnittfläche bei Stangen aus Leichtmetall. Mindestwerte.

zwei Beispiele des Absinkens der Zugfestigkeit mit zunehmendem Halbzeugquerschnitt. Abb. 4 läßt außerdem ersehen, daß die Festigkeit längs der Stangenachse größer ist (in vorliegendem Falle um 22 bis 40%) als quer zu dieser Achse.

Aus obigen Darlegungen geht hervor, daß ein Ordnen der Werkstoffe allein nach ihren Festigkeitseigenschaften nicht zweckmäßig ist, da diese bei gleichen chemischen Eigenschaften von der Form und den Maßen der Halbzeuge, in denen die Werkstoffe enthalten sind, abhängen.

Die Zahl der zu ordnenden Gegenstände ist zu groß, als daß diese hier einzeln aufgeführt werden können. Außerdem sind sie aus der Literatur der einzelnen Fachgebiete hinreichend bekannt.

Forderungen an die Ordnung

Vor dem Beginn einer Ordnung müssen ihr Gegenstand und Zweck klargestellt sein. Im vorliegenden Falle handelt es sich in erster Linie um die Ordnung von Materialien nach ihren Arten und Arteigenschaften *zum Zwecke der Übersicht über die Materialien und zur Vereinfachung und Sicherung des Verkehrs mit ihnen.* Es ist nicht Zweck der Ordnung, die Materialien nach irgendwelchen, womöglich wechselnden Merkmalen aneinanderzureihen und ihnen irgendwelche Kennzeichen zu geben. Die Ordnung muß vielmehr nach Arten und innerhalb der einzelnen Art nach Leistungen erfolgen, um derentwegen das einzelne Material Verwendung findet.

Der Zweck der Ordnung ist nur zu erreichen, wenn zur gleichen Zeit eine einheitliche Kennzeichnung aller Materialien aufgestellt wird, die den praktischen Bedürfnissen aller derjenigen entspricht, die sich mit den Materialien zu befassen haben. Ihre Zahl ist erheblich und die Anwendungsfälle gehen im Laufe eines Jahres in die Millionen, wenn man die Zahl der Materialangaben in den Zeichnungen, Stücklisten, Materiallisten, Vor- und Nachkalkulationen, Lagerkarten, Materialbezugscheinen, Materialbestellungen, -lieferscheinen und -rechnungen berücksichtigt.

Das *Werkstoff*-Kennzeichen muß z. B.

1. einen Namen ersetzen, damit nicht zwei oder mehr Bezeichnungen für denselben Werkstoff in der Anwendung sind;

2. eindeutig, kurz und von der Landessprache des Anwesenden unabhängig sein, denn das Kennzeichen muß täglich von Tausenden von Menschen gelesen, verstanden, geschrieben und gesprochen werden;

3. sich schnell und billig auf dem Material aufbringen lassen;

4. und nur aus arabischen Zahlen, nicht, wie noch vielfach üblich, auch aus lateinischen Zahlen, großen und kleinen Buchstaben oder aus einem Buchstaben-Zahlen-Gemisch bestehen, denn alle Buchstaben und lateinischen Zahlen müssen bei der im modernen Industriebetrieb unentbehrlichen Verwendung von Lochkarten doch durch arabische Zahlen ersetzt werden. Es dürfen ferner aus dem gleichen Grunde keine schrägen oder waagerechten Teilstriche u. dgl. Zeichen zur Anwendung kommen, was sich nicht immer vermeiden lassen wird.

Unter diesen Forderungen befindet sich nicht die Bedingung, daß das Kennzeichen irgendeine Eigenschaft des Werkstoffs erkennen lassen muß, wie das z. B. bei einigen Werkstoff-Markenbezeichnungen nach DIN der Fall ist. Ein solches Erkennen wurde früher als eine wesentliche Bedingung für ein Werkstoff-Kennzeichen angesehen und wird z. B. auch heute noch für wichtig gehalten, weil der Ordner glaubt, dem Benutzer der Kennzeichen die Möglichkeit geben zu müssen, aus dem Kennzeichen auf bestimmte chemische oder Festigkeitseigenschaften des Werkstoffs schließen zu können. In der modernen Technik entscheidet jedoch eine ganze Anzahl von Eigenschaften eines Materials über seine Anwendung, und obgleich Tausende Menschen das Kennzeichen benutzen, werden immer nur wenige unter ihnen die Bedeutung der einzelnen Zahlen und Buchstaben kennen, aus denen sich manche Kennzeichen zusammensetzen. Das Hervorheben einer einzelnen Eigenschaft birgt außerdem die Gefahr der einseitigen Einschätzung eines Werkstoffs, der neben guten Eigenschaften auch schlechte haben kann, z. B. nicht schweißfähig ist.

Die Ordnung des *Halbzeugs* erfolgt am einfachsten nach den Werkstoffen, aus denen sie hergestellt sind und dann nach ihrer Art:

Stücke (Teile von Walzblöcken),

Rund-, Vierkant-(Quadrat-), Sechskant-, Flach- und Breitflach-Stäbe,
Profilstangen, wie Winkel-, U-, T-, Doppel-T- und andere Profile,
  gewalzt, gezogen und gepreßt,
Drähte,
Rohre,
Bleche in Tafel- und Bandform,
Blechprofile,
Bohlen und Bretter,
Sperrholzplatten,
Schichtholzplatten,
Webstoffe aus Wolle, Flachs usw.

Das einzelne Halbzeug erfährt gewöhnlich durch Normung eine Festlegung seiner Maße, die nach praktischen Bedürfnissen und möglichst nach Normungszahlen (siehe DIN 323) gestuft sind, wobei auf sogenannte „runde" Maße Wert gelegt worden ist. Die Kennzeichnung der einzelnen Größen (Dicke, Durchmesser usw.) erfolgt durch die Nennmaße des Halbzeugs. Die Aneinanderreihung der Größen erfolgt nach steigenden Nennmaßen. Einzelheiten hierüber sind aus den DINorm-Blättern zu ersehen.

Die gegossenen, geschmiedeten und gepreßten *Rohlinge* werden nach dem Werkstoff, aus dem sie hergestellt sind und nach der Art ihrer Herstellung (Sandguß, Kokillenguß, Spritzguß u. dgl.) geordnet.

Von den *Fertigteilen* sind die immer wiederkehrenden, meistens öffentlichen oder Werk-Normteile in folgende Gruppen zu ordnen:

Schrauben und Zubehör.
  Schrauben, Bolzen, Stiftschrauben, Holzschrauben, Muttern, Schrau-
    bensicherungen, Unterlegscheiben, Federringe.
Verbindungsteile, außer Schrauben.
  Ketten, Federn, Stifte, Splinte, Keile, Stellringe, Riemen, Seile,
    Spanner, Bandschlösser, Schellen, Gelenke, Haken[1].
Bedien-, Verschluß- und Beschlagteile.
  Griffe, Handräder, Kurbeln, Schlüssel, Verschlüsse, Vorreiber,
    Gelenkbänder, Bodenzüge, Bediengestänge, Schieber.
Teile zur Drehbewegung.
  Lager, Lagerbuchsen, Kugeln, Seilrollen, Kettenräder, Zahnräder,
    Wellen, Kardangelenke.
Rohrleitungen und Leitungsgeräte.
  Schläuche, Schlauchbinder, Flansche, Rohrverschraubungen, Ab-
    sperrorgane (Rohrschalter), Öler, Schmiereinrichtungen, Dich-
    tungen, Dichtringe.

---

[1] Ungeschlagene Niete sind Rohteile und keine Fertigteile, auch wenn sie genormt sind.

Elektrische Leitungen und Leitungsgeräte.

    Kabel, Kabelschuhe, Abzweigdosen, Stecker, Sicherungen, Schutz-
rohre, Gerättafeln.

Weitere Gruppenbildungen sind nach Bedarf vorzunehmen.

Die Kennzeichnung dieser Teile muß ebenfalls nach einer gewissen gleichbleibenden Ordnung erfolgen, für die die oben, für die Kennzeichnung der Werkstoffe angegebenen Bedingungen ebenfalls zu gelten hätten.

Auch die für jeden neuen Konstruktionsgegenstand neu zu gestaltenden *Einzelteile* (*Sonderteile*) und die aus ihnen zusammengesetzten *Gebilde* (Untergruppen, Hauptgruppen usw.) lassen sich systematisch ordnen und allein durch Zahlen einwandfrei kennzeichnen. Bei dieser Ordnung muß man von der Tatsache ausgehen, daß Gegenstände zu fertigen die eigentliche Aufgabe ist, nicht das Herstellen von Zeichnungen dieser Gegenstände, und daß man daher vor allem die Gegenstände durch Zahlenreihen (Nummern) zu kennzeichnen hat und logischerweise ihren Zeichnungen die gleichen Nummern gibt, um den Zusammenhang zwischen dem Gegenstand und seiner Zeichnung einfach auszudrücken.

Selbstverständlich kann man auch eine ganze Maschine, ein Gerät, eine Anlage usw. durch eine Zahlenreihe kennzeichnen, die gleichzeitig die Nummer einer Technischen Lieferbedingung bildet, in der der Gegenstand ausreichend beschrieben ist.

Materialbezeichnung

Werkstoffe. Bei den vielen legierten Werkstoffen in den Halbzeugen und Rohlingen gleicher Art sind das Vorhandensein eines bestimmten Legierungsstoffs und seine Menge in diesen Gegenständen nur sehr umständlich festzustellen. Es ist bei einiger Materialkenntnis unschwer zu bestimmen, ob ein Gegenstand aus Stahl, Messing oder Leichtmetall ist. Die natürlichen Farben dieser Werkstoffe und auch das Gewicht erleichtern die Unterscheidung. Es ist aber praktisch nicht möglich, ohne eingehende chemische Prüfung zu ermitteln, ob ein Gegenstand aus einer art- und mengenmäßig angegebenen Metall-Legierung, einem bestimmten Kunstharz oder Gummi hergestellt ist.

Auf dem Halbzeug angebrachte Zeichen geben dagegen eine Möglichkeit, den Werkstoff zu erkennen, den der Halbzeughersteller verwendet hat und seinen Zustand. Das Bedürfnis für eine solche Kennzeichnung des Werkstoffs auf der Halbzeugoberfläche entstand, als die Zahl gleichartiger Werkstoffe mit verschiedenen Eigenschaften wuchs und ihre Verwechselung nachteilige Folgen haben konnte. Der Deutsche Normenausschuß setzte daher z. B. Kennfarben für unlegierte Stähle (siehe DIN 1599) fest, die meistens am Ende einer Stange oder längs einer Kante der Blechtafel, seltener auf der ganzen Oberfläche des Halbzeugs angebracht werden.

Diese Kennzeichnung durch Farben reicht praktisch nicht einmal in allen den Fällen aus, in denen nur aus wenigen verschiedenen Werkstoffen hergestellte Halbzeuge, in einem Werk verwendet werden. In allen Werken, in denen aber eine größere Zahl von Halbzeugsorten verarbeitet werden muß, der Gang der schnellen Werkteilentwicklung oder die Zeitverhältnisse immer wieder neue Werkstoffe in den Fertigungsbetrieb hineinbringen, oder die sichere Unterscheidung der Werkstoffe im Halbzeug aus Verantwortlichkeitsgründen eine zwingende Notwendigkeit wird, treten die wesentlichen Nachteile der Kennzeichnung durch Farben mehr und mehr in die Erscheinung und lassen sie für einen modernen Reihen- und Großreihenbau untragbar werden.

Ihre Nachteile sind die folgenden:

1. Die große Zahl der verschiedenen Werkstofflegierungen bedingt bei versuchter Kennzeichnung durch Farben sehr bald die Anwendung von drei und mehr Farben zur Kennzeichnung einer Legierung, da nur die sieben Farben: schwarz, weiß, blau, gelb, grün, rot, violett zur Verfügung stehen und mehrere hundert verschiedene Werkstoffe gekennzeichnet sein müssen, (das DIN-Taschenbuch 4 enthält allein 102 verschiedene Stähle!). Mit hellen und dunklen Tönungen einzelner Farben ist nicht viel anzufangen.

2. Die Zahl der farbenblinden Menschen ist prozentual groß. Wenn zwei und mehr Farben zur Kennzeichnung eines Werkstoffs verwendet werden müssen, bestimmt meistens ihre Reihenfolge die Kennung. Diese hängt also davon ab, von welchem Ende der Farbenreihe diese gelesen wird. Die Farben verändern außerdem ihre Tönung durch den Einfluß des Metalls, auf dem sie aufgetragen sind, und der Luft. Aus allen drei Gründen ist die Gefahr des falschen Werkstofferkennens nach Farben mit allen Folgen vorhanden.

3. Das Aufbringen und Trocknen der Farbenreihen ist teuer. Es verlangt Farbstoff und Zeit. Letztere ist bei schnellem Werkstoffdurchgang durchs Werk selten vorhanden. Deshalb kommt es in materialknappen Zeiten nur zu leicht vor, daß ungezeichnetes Material in die Verarbeitungswerkstätten geht. Das Halbzeug muß also bereits auf dem Werk des Halbzeugerzeugers gekennzeichnet werden.

4. Die Farbenreihe kann zur Werkstoffbezeichnung aus praktischen Gründen nicht anstelle der üblichen durch Namen, Buchstaben und Zahlen in die Materiallisten und auf die Materialforderscheine geschrieben werden. Ihre Weitergabe von Mund zu Mund wäre untragbar. Daher wird die in den Listen stehende Werkstoffbezeichnung bis zum Lager gebraucht und muß dort vom Lagerarbeiter mit Hilfe einer Farbentafel in die Farbenreihe umgedeutet werden, wobei die unter 2. angegebenen Vorgänge oft eintreten werden, Zeit verloren geht und unrichtiger Werkstoff herausgegeben wird, mit allen sich daraus ergebenden üblen Folgen.

Eine weit sicherere Methode ist das Aufbringen derjenigen Kennzeichnung auf das Halbzeug, den Rohling und bei Bedarf auf das Fertigteil, die in den Materiallisten und Materialforderscheinen angegeben ist. Auch der einfachste Mann wird durch den direkten Vergleich der Bezeichnungen auf dem Papier und dem Halbzeug das aus dem verlangten Werkstoff hergestellte Halbzeug erkennen. Natürlich

Abb. 5. Kennzeichnen des Werkstoffs auf einer Tafel.

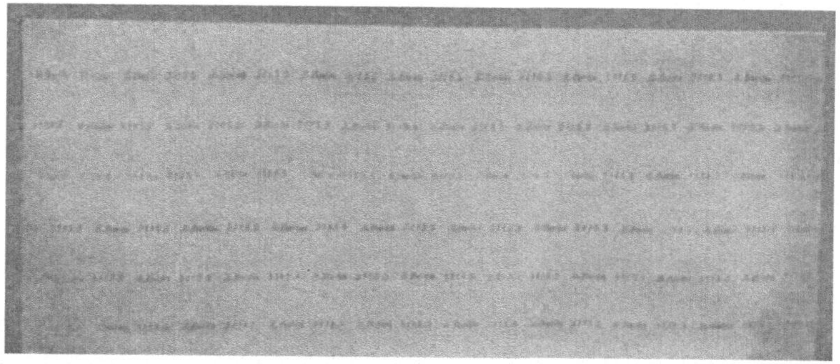

Abb. 6. Mit Kennzeichen versehene Tafel.

kostet auch das Aufbringen dieser Kennzeichnung Werkstoff und Zeit, läßt sich jedoch auf mechanischem Wege mittels eines Rollstempels mit beachtlicher Geschwindigkeit und ohne gefährlichen Irrtum durchführen. (Siehe Abb. 5 und 6.) Dabei ist natürlich die Hauptbedingung zu erfüllen, daß die Werkstoffkennzeichnung völlig eindeutig ist und bleibt, möglichst kurz und einheitlich ist und von den Menschen, die sie verwenden, ohne Schwierigkeit gemerkt wird. Nach der vorliegenden Erfahrung werden nicht zu lange Zahlenzusammenstellungen, z. B. Fernsprechnummern, die ja nur eine Ideenverbindung mit einer Stelle oder einer Person geben, gut behalten, ohne diese zu charakterisieren.

Die deutschen Industrie-Normen geben Werkstoff-Bezeichnungen an, deren Art aus den nachfolgenden Beispielen gut zu erkennen ist.

1. Schraubeneisen nach DIN 1613

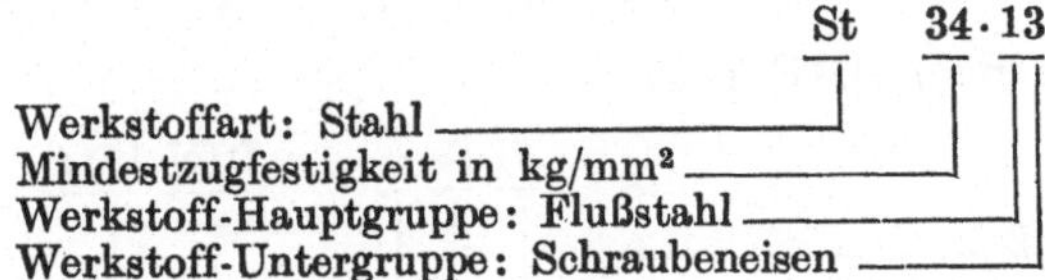

2. Einsatz- und Vergütungsstahl nach DIN 1661

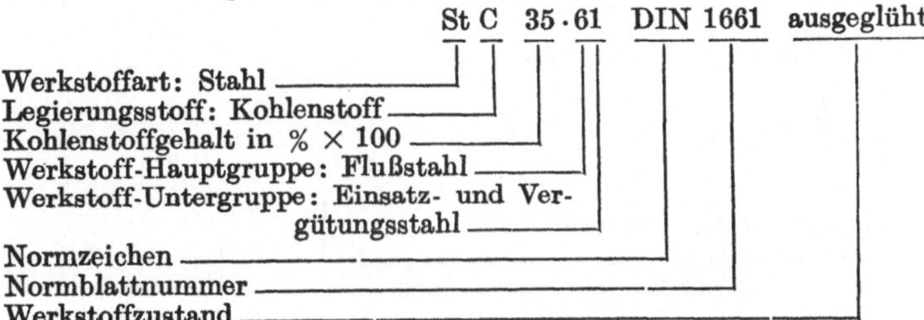

3. Chrom-Nickel-Vergütungsstahl nach DIN 1662 weich

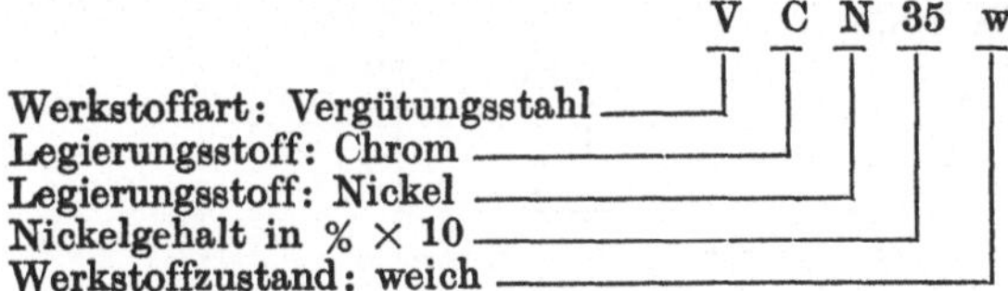

4. Chrom-Molybdän-Vergütungsstahl nach DIN 1663

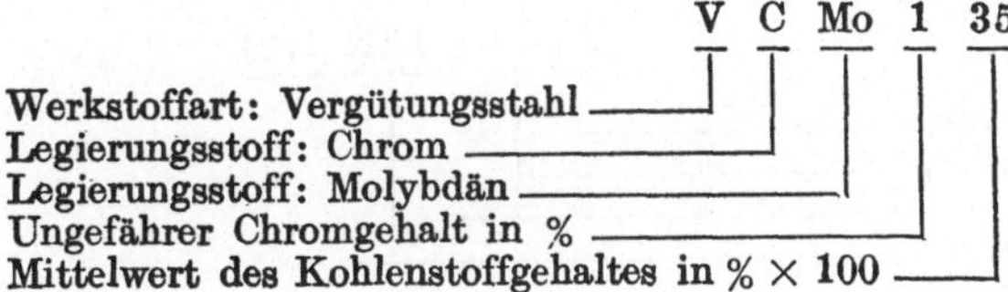

5. Rein-Aluminium nach DIN 1712

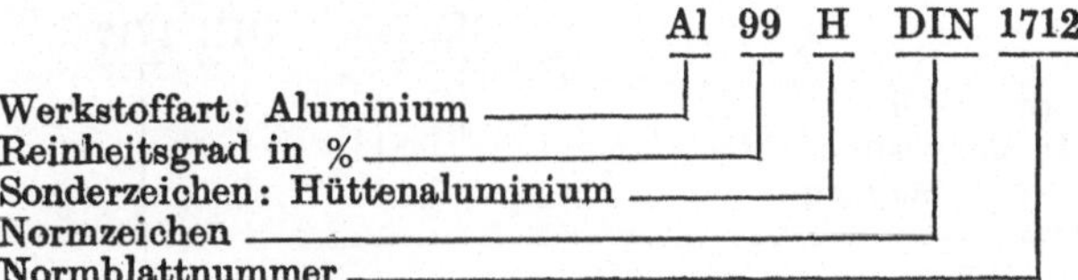

6. Aluminium-Legierung nach DIN 1713

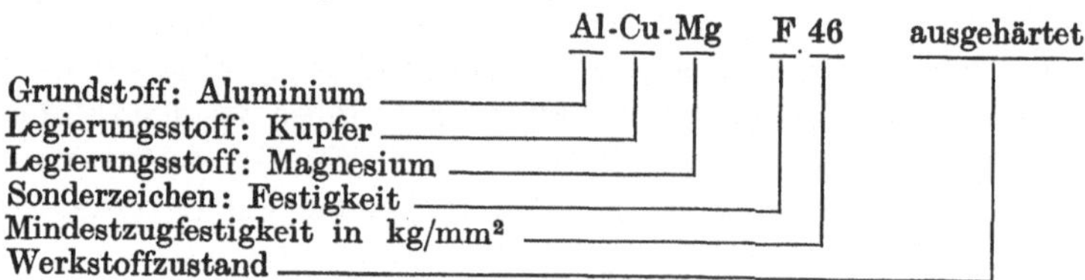

7. Aluminium-Bronze nach DIN 1714

Gußlegierung

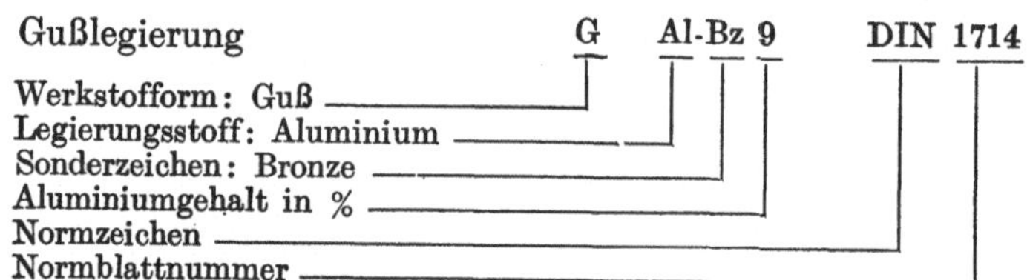

Knetlegierung

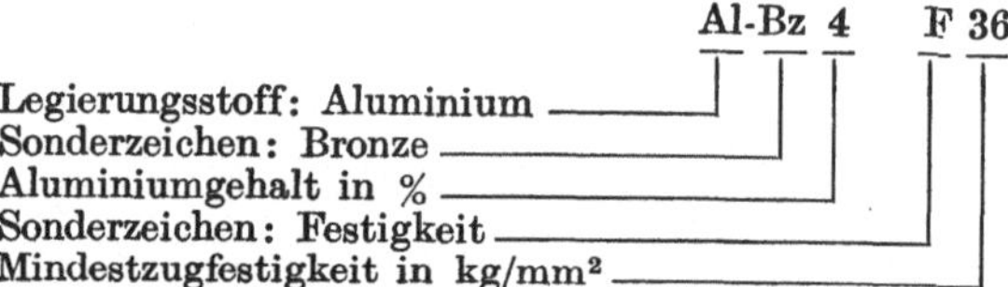

8. Kupfer nach DIN 1708

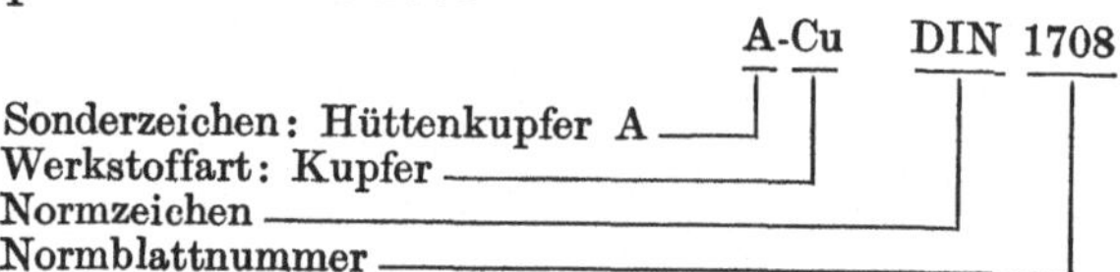

9. Zinn nach DIN 1704

10. Magnesium-Gußlegierung nach DIN 1717

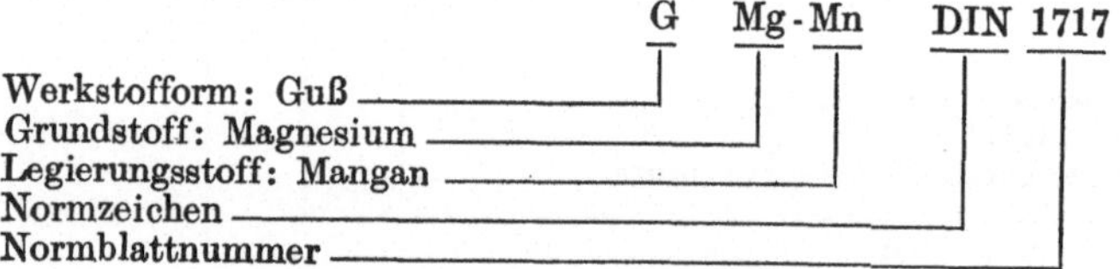

11. Kunstharz-Preßstoff nach DIN 7701

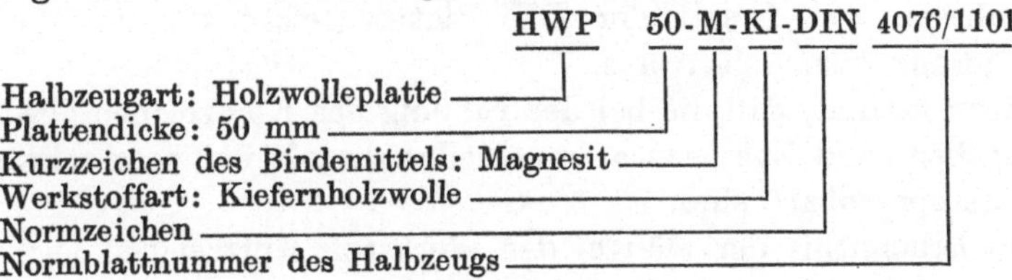

12. Vergütetes Holz (Halbzeug) nach DIN 4076

Normen heißt ordnen und diese Tätigkeit setzt eine gewisse Einheitlichkeit der Durchführung voraus. Daß sie bei der Auswahl der Werkstoff-Kurzzeichen nicht gewahrt worden ist, geht bereits aus den wenigen oben angegebenen Beispielen hervor. Noch deutlicher erkennt man die Uneinheitlichkeit aus den Angaben des Normblatts 1800: Genormte Werkstoff-Kurzzeichen, Stahl und Eisen, Metalle, Kunstharz-Preßstoffe, Holz und Gummi. Die dort zu ersehende starke Abwechselung im Aufbau der Kurzzeichen vermindert den Wert der Normung, der in der Förderung der Rationalisierung, (der Arbeitsverminderung bei gleichem Ergebnis) besteht. Das Erkennen eines Werkstoffs aus den angegebenen Kurzzeichen ist zu einer Wissenschaft für sich geworden, die man bei den verschieden vorgebildeten Menschen, die sich mit den Stoffen zu beschäftigen haben, nicht voraussetzen darf. Beim Aufbau der genormten Werkstoff-Kurzzeichen sind römische und arabische Zahlen, große und kleine lateinische Buchstaben allein oder in buntem Durcheinander verwendet worden und mit wechselnder Bedeutung.

Bei der Aufstellung der Werkstoff-Kurzzeichen nach DIN (abwechselnd Markenbezeichnung, Bezeichnung und Kurzzeichen genannt) hat man chemische Zeichen, Zugfestigkeitszahlen, Prozentzahlen einzelner Legierungsstoffe und dergleichen verwendet, mit dem Ziel, den Fachleuten die Möglichkeit zu geben, aus dem Kurzzeichen den Werkstoff bzw. einzelne Legierungsstoffe, einzelne Festigkeitswerte, Verwendungszwecke u. dgl. zu erkennen und danach die Wahl des erforderlichen Werkstoffs zu treffen. Man wollte zweifellos Gedächtnisstützen schaffen, wie sie auch in andern Fällen als praktisch angesehen worden sind. Die Praxis der Anwendung hat jedoch ergeben, daß die wenigsten der Anwender der Kurzzeichen ihre Deutung verstehen. Sie ist auch in vielen Fällen nicht ausschlaggebend bei der Werkstoffwahl. Die im Werkstoff-Kurzzeichen enthaltene Angabe der Zugfestigkeit des Werkstoffs in einem bestimmten Zustand wird nicht immer allein die für seine Anwendung ausschlaggebende Rolle spielen. Nach dem heutigen Stande der Erkenntnis sind andere Festigkeits- oder technologische Eigenschaften des Stoffs oft von größerer Bedeutung, zwingen dazu, sich einen vollständigeren Überblick über die Stoffeigenheiten zu verschaffen und zu diesem Zwecke über den Stoff nachzulesen. Der Inhalt der DIN-Blätter reicht zur erforderlichen Orientierung aber selten aus.

Hinzu kommt, daß die bei der Bildung der Kurzzeichen gewählten Buchstaben- und Zahlenzusammenstellungen oft nur sehr schwer les- und aussprechbar sind.

Die Erkenntnis der Mängel der Werkstoff-Kurzzeichen nach DIN hat vor etwa einem Jahrzehnt zu einem andersgearteten Aufbau solcher Kurzzeichen geführt, der von den Werkstoffeigenschaften, Werkstoffzusammensetzungen usw. unabhängig war und der gleichartigen Kennzeichnung genormter und nicht genormter Werkstoffe für eine große deutsche Sonderindustrie diente. Die Kennzeichnung bestand aus einer geordneten Numerierung der erforderlichen Werkstoffe und ist mit Erfolg jahrelang angewendet worden. Ihre Eigenart ist aus nachstehenden Angaben zu entnehmen.

Die Kennzeichnung jedes einzelnen metallischen und nichtmetallischen Werkstoffes erfolgte durch eine vierzifferige Zahl, die den Grundstoff bezeichnete, und aus einer daran anschließenden einzifferigen, der Zustandszahl des Stoffes. Diese fünf Ziffern bildeten die Werkstoff-Kennzahl.

Die erste Ziffer bezeichnete die Werkstoff-Hauptgruppe, und zwar

    1 Stahl
    2 Schwermetall außer Stahl (Buntmetall)
    3 Leichtmetall
    4 Holz
    5 Gummi, Leder
    6 Gewebe, Papier, Filz, Roßhaar, Kapok
    7 Farbe, Lack, Leim, keramische Masse
    8 Kunstharzstoffe
    9 Sonstige Werkstoffe

und umfaßte damit alle für den Bau der betreffenden Gegenstände erforderlichen Werkstoffe.

Die zweite Ziffer kennzeichnete die Untergruppe in der Hauptgruppe. Beispiele hierfür sind für die Metalle in der Tabelle 4 angegeben.

Die dritte und vierte Zahl diente der Einreihung der Werkstoffe in der Untergruppe, ohne besondere Eigenschaften der Stoffe zu kennzeichnen. Dagegen haben die daran anschließenden Zustandszahlen 0 bis 9 eine von der Werkstoff-Hauptgruppe abhängende Bedeutung

Tabelle 4. *Untergruppen-Zahlen der metallenen Werkstoffe und ihre Bedeutung*

U-Gr.	Stahl und Eisen	U-Gr.	Schwermetalle (außer Stahl)	U-Gr.	Leichtmetalle
0	Kohlenstoffstähle	0	Reine Metalle	0	Reine Metalle
1	„	1	Rotguß, Messing	1	Al-Cu-Mg-Legierungen Al-Zn-Legierungen
2	Einfach leg. Stähle	2	Sondermessing	2	Al-Si-Legierungen Al-Mn-Legierungen
3	„ „ „	3	Bronze	3	Al-Mg-Legierungen
4	Mehrfach leg. Stähle	4	Sonderbronze	4	Sonst. Al.-Legierungen
5	„ „ „	5	Nickel-Legierungen Zinn-Legierungen	5	Mg-Legierungen
6	„ „ „	6	Zink-Legierungen Blei-Legierungen	6	Sonstige Leichtmetalle
7	„ „ „	7	Hartmetalle	7	„ „
8	Stahlguß	8	Edelmetalle	8	„ „
9	Gußeisen	9	Sonst. Schwermetalle	9	„ „

des Werkstoffzustandes im Halbzeug oder Rohling bei der Anlieferung oder im Fertigteil. Einige Beispiele hierfür gibt Tabelle 5.

Die von dem einzelnen Werkstoff zu verlangenden physikalischen, Festigkeits-, chemischen und technologischen Eigenschaften waren auf einem mit der Werkstoff-Kennzahl (ohne Zustandszahl) versehenen

Tabelle 5. *Zustandszahlen von Werkstoffen und ihre Bedeutung*

Stahl und Eisen	Schwermetalle (außer Stahl)	Leichtmetalle	Gummi	Kunststoffe
0 ohne Nachbehandlung	0 ohne Nachbehandlung	0 ohne Nachbehandlung	0 ohne besond. Eigenschaft.	0 ohne besond. Eigenschaft.
1 geglüht	1 geglüht	1 geglüht	1 „	1 „
2 „	2 „	2 geglüht und nachgerichtet	2 elastisch hochwertig	2 —
3 gehärtet oder vergütet	3 „	3 „	3 mechanisch hochwertig	3 mechanisch hochwertig
4 „	4 ausgehärtet	4 ausgehärtet	4 thermisch hochwertig	4 thermisch hochwertig
5 „	5 ausgehärtet und kalt verfestigt	5 ausgehärtet und nachgerichtet	5 elektrisch hochwertig	5 elektrisch hochwertig
6 „	6 „	6 ausgehärtet und kalt verfestigt	6 —	6 hygrokopisch hochwertig
7 kalt verfestigt	7 kalt verfestigt	7 kalt verfestigt	7 chemisch hochwertig	7 chemisch hochwertig
8 „	8 „	8 „	8 tropisch hochwertig	8 tropisch hochwertig
9 nach besond. Angaben behandelt	9 nach besond. Angaben behandelt	9 nach besond. Angaben behandelt	9 sonst. hochwertig	9 sonst. hochwertig

Blatt, dem „Leistungsblatt", eindeutig angegeben. Diese Angaben gingen auch bei den öffentlich genormten Werkstoffen erheblich über den Inhalt der in Frage kommenden DIN-Blätter hinaus und gaben dem Konstrukteur und Fertigungsingenieur alle für seine Arbeit erforderlichen Kenntnisse.

Die fünfzifferige Zahl diente zur eindeutigen Kennzeichnung des Werkstoffes und seines Zustandes und damit seiner Leistungen im Halbzeug oder Rohling.

Das folgende Beispiel der Kennzahlbildung läßt die Einfachheit derselben gut erkennen:

Werkstoff: Chrom-Molybdän-Vergütungsstahl, geglüht.

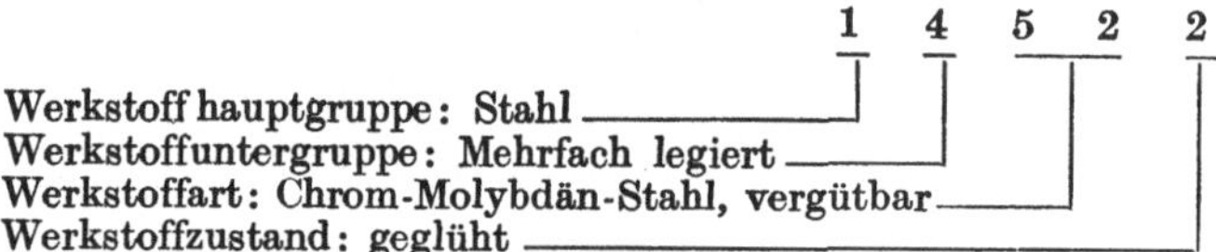

Die Zahl 1452.2 wurde auf dem Rohling oder Fertigteil je nach Zweckmäßigkeit, auf dem Halbzeug (Stange, Rohr, Blech usw.) soweit das praktisch möglich war, so vielfach aufgebracht, daß die Werkstoffkennzahl auch noch auf kleineren Halbzeugresten lesbar blieb. Das ist dann besonders wichtig, wenn bei dem Einschmelzen von Materialresten die aus verschiedenen Werkstoffen bestehenden Reste auseinandergehalten werden müssen, was besonders bei einigen Schwer- und Leichtmetallen der Fall ist.

Wenn zwischen die sich wiederholenden Kennzahlen das Kennzeichen des Halbzeug- oder Rohlingserzeugers gesetzt wird, dann hat man den besonderen Vorteil, den Erzeuger bei späteren Beanstandungen eindeutig feststellen zu können, was sonst schwierig ist, wenn mehrere Lieferanten an der Herstellung gleicher Halbzeuge oder Rohlinge beteiligt waren.

Beispiel einer Kennzeichnung auf einem Halbzeug:

3115.5 VLW 3115.5 VLW 3115.5 VLW   3115.5   VLW

Werkstoffkennzahl
Kennzeichen des Erzeugers

Die in der Tabelle 6 gegebenen Beispiele der Kennzeichnung lassen den Unterschied in der Länge und dem davon abhängenden Arbeitsaufwand der Werkstoffbezeichnung nach DIN und der hier mitgeteilten anderen Art (Flw.) deutlich erkennen. Das ausreichende, aber kürzere Kennzeichen ersparte bei den tausendfachen Eintragungen der Werkstoff-Kennzeichen in Stück- und Werkstofflisten, Zeichnungen, Materialbestellungen, Materialforderscheinen, Arbeitsplänen usw. und bei ihrer Kontrolle in größeren Werken viele tausend Arbeitsstunden. Die neue Art der Kurzzeichen trug also zur Leistungssteigerung entsprechend bei.

Tabelle 6.

Gegenüberstellung der Werkstoffbezeichnungen nach DIN und anderer Art (FLW)

Werkstoff	Werkstoffbezeichnung nach DIN	anderer Art (Flw)
Vergütungsstahl nach DIN 1661 ausgeglüht, mit $\sigma_B = 50$—60 kg/mm²	St C 35.61 ausgeglüht	1120.2
Messing nach DIN 1774 in Blech, hart mit $\sigma_B = 41$—50 kg/mm²	Ms 63 F 41 hart	2160.9
Aluminium-Legierung nach DIN 1745 mit Kupfer- und geringem Magnesium-Gehalt und $\sigma_B = 42$ kg/mm², ausgehärtet und nachgerichtet	Al-Cu-Mg F 44/39 ausgehärtet und nachgerichtet	3115.5

Halbzeuge und Normteile. Bei der eindeutigen Bezeichnung eines Halbzeugs oder Normteils handelt es sich nicht nur um die Kennzeichnung seiner Art, sondern auch um die Angabe seiner Nennmaße und des Werkstoffs, aus dem der Gegenstand hergestellt ist, also alles in allem um seine Leistung für den Zweck der Anwendung. Dadurch wird die Bezeichnung manchmal etwas länger, als sie wegen des vielfachen Schreibens derselben in den Stücklisten usw. aus praktischen Gründen sein dürfte. Die folgenden Beispiele zeigen den in Deutschland durch die Normung festgelegten Aufbau der Bezeichnung der Halbzeuge und Normteile. Weitere zahlreiche Beispiele bieten die DINorm-Blätter.

1. Flachstahl, gezogen, ISA-Toleranzfeld h 11

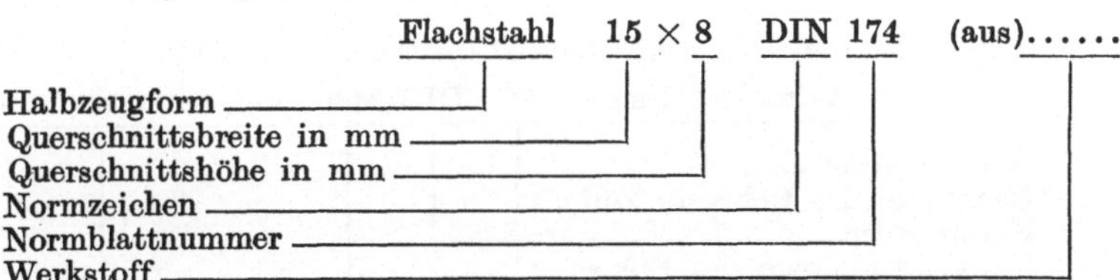

2. Sechskantstahl, gewalzt, für allgemeine Zwecke

3. Messingblech, kalt gewalzt, aus Ms 63 F 35

Messingblech 0,7×550×1900 fest DIN 1751 aus Ms 63 F 35

Halbzeugform
Blechdicke
Blechbreite
Blechlänge
Maßzustand: Bedeutet, daß Breite und
  Länge eingehalten werden müssen
Normzeichen
Normblattnummer
Werkstoff

Außerdem müssen bei der Bestellung der Härtezustand nach DIN 1774 und die Oberflächenbeschaffenheit nach DIN 1750 angegeben werden.

4. Blech aus Aluminium-Knetlegierung nach DIN 1713

Blech 0,5×600×2000 DIN 1785 aus Al-Cu-Mg F 38/39 ausgehärtet

Halbzeugform
Blechdicke
Blechbreite
Blechlänge
Normzeichen
Normblattnummer
Werkstoff

5. Rohr aus Magnesium-Knetlegierung nach DIN 1717

Rohr 30×1,5 DIN 9709 aus Mg-Al 6

Halbzeugform
Rohraußendurchmesser
Rohrwanddicke
Normzeichen
Normblattnummer
Werkstoff

6. Gewöhnliche Gewinderohre aus Stahl nach DIN 2440

Nahtloses Gasrohr 2'' DIN 2440 aus St 00.29 DIN 1629

Halbzeugform
Nennweite des Rohrs in Zoll
Normzeichen
Normblattnummer des Rohres
Werkstoff

7. Handrad nach DIN 92020

Handrad 250×19 DIN 92020

Gegenstand
Radkranzdurchmesser in mm
Nabenvierkantmaß in mm
Normzeichen
Normblattnummer

8. Flache Rändelschraube mit Rundkuppe nach DIN 653

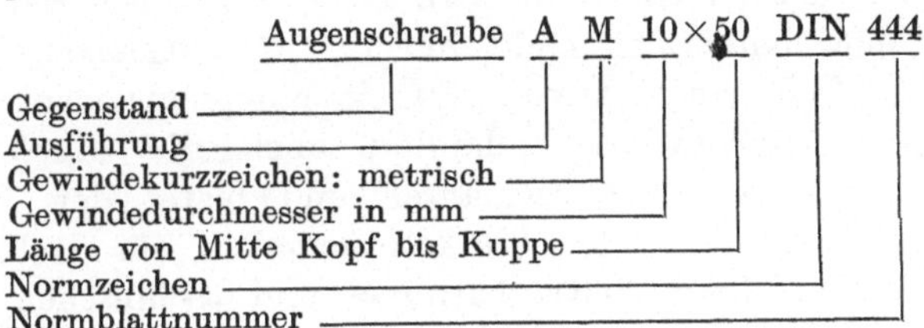

9. Augenschraube nach DIN 444

Die Werkstoffangabe steht auf dem Normblatt (Flußstahl, falls keine besondere Festigkeit verlangt wird).

Die vorstehenden Beispiele zeigen eine gute Gleichmäßigkeit des Aufbaus der Halbzeug- und Normteilbezeichnung. Sie besteht durchweg aus der Benennung des Gegenstands, aus einigen Maßen, auf die es bei seiner Wahl ankommt, dem Normzeichen und der Normblatt-Nummer Der Werkstoff, aus dem das Halbzeug hergestellt ist, wird stets dahinter angegeben, da eine solche Angabe in der Bezeichnung der Normteile nicht gemacht wird. Der Werkstoff kann je nach der Angabe auf dem Normblatt des Teils verschieden sein.

Diese mögliche Werkstoffverschiedenheit bei gleicher Form des Teils, und ohne daß sie in der Normteilbezeichnung zum Ausdruck kommt, kann zu Verwechselungen mit nachteiligen Folgen führen.

Es wird bei einer Reihe von nebensächlichen Teilen auf besondere Werkstoffeigenschaften nicht ankommen. Auf ihren Normblättern ist dann als Werkstoff einfach Flußstahl, Messing u. dgl. angegeben. Auf manchen Blättern, z. B. DIN 1433, steht auch „Werkstoff bei Bestellung angeben", d. h. die verschiedenen Besteller können den gleichen Gegenstand aus ganz verschiedenen Werkstoffen hergestellt erhalten und in ihre Maschinen und Geräte einbauen, ohne daß man später diese Werkstoffverschiedenheit erkennt.

Um den daraus entstehenden Gefahrensmöglichkeiten für die Betriebssicherheit eines Teils vorzubeugen und um zu verhindern, daß zu teuere Werkstoffe unnötig oder zur Fertigung von Teilen verwendet werden, die dafür nicht geeignet sind, ist es erforderlich, entweder die

Werkstoffangabe in der Normteilbezeichnung oder auf dem Normteil selbst· zu machen oder aber, was im ganzen wirtschaftlicher sein wird, jedes durch eine bestimmte Nummer gekennzeichnete Normteil nur aus *einem* ihm zugeordneten Werkstoff herzustellen und ihm eine andere Nummer zu geben, wenn er außerdem noch aus einem andern Werkstoff hergestellt wird.

Auf den Blättern einer Anzahl jetzt nicht mehr verwendeter genormter Halbzeuge und Teile war kein Werkstoff angegeben, sondern auf ein Normblatt (z. B. LgN 12090) verwiesen, auf dem für jedes Halbzeug oder Normteil der dafür ausgewählte Werkstoff angegeben war. Eine solche Handhabung entspricht nicht nur der Gepflogenheit, jedem nicht genormten Teil einen seinem Zweck entsprechenden Werkstoff zuzuordnen, sondern es verhindert auch die durch Verwechselung entstehenden Betriebsgefahren und bietet den Vorteil der schnelleren Umstellung der Werkstoffangaben für Halbzeuge und Teile bei einem durch Zeitverhältnisse und technischen Fortschritt verursachten Werkstoffwechsel. In einem solchen Falle ist es nur erforderlich, das Werkstoff-Angabenblatt und nicht alle betroffenen, manchmal zahlreichen Normteil-Blätter zu ändern oder auszuwechseln.

Der Nachteil der in Deutschland üblichen Bezeichnung der Halbzeuge und Normteile durch Buchstaben und Zahlen liegt in deren notwendigen Ersatz der ersteren durch Zahlen bei der Herstellung von Lochkarten für die mechanische Herstellung von Übersichten, Auszügen und andern die Arbeitsvorbereitung, -durchführung und -abrechnung beschleunigenden Arbeiten. Die Umstellung dieser Bezeichnungen auf reine Zahlenreihen ist daher anzustreben und ohne weiteres möglich.

Sonderteile. Die Bezeichnung der für einen neuen Gegenstand neu zu konstruierenden besonderen Einzelteile (Sonderteile) und der daraus zusammengebauten Gebilde (Untergruppen, Hauptgruppen, fertige Gegenstand) erfolgt heute vielfach schon durch Zahlen, z. T. noch durch ein Gemisch von Zahlen und Buchstaben. Im letzteren Falle besteht die Notwendigkeit, bei der Herstellung von Lochkarten für die mechanische Herstellung von Übersichten die Buchstaben durch Zahlen zu ersetzen, so daß es zweckmäßiger wäre, von vornherein nur Zahlen zur Bezeichnung der Sonderteile zu verwenden. Das ist durchaus möglich, wie die Erfahrung in den letzten Jahren gezeigt hat. Die Ziffernreihen können für einen Gegenstand, für alle seine Einzelteile und Teilegruppen ohne Schwierigkeit so aufgebaut werden, daß mindestens innerhalb eines größeren Bereichs, einer Firma oder eines Wirtschaftsverbandes nicht mehr als ein Gegenstand eine bestimmte Ziffernreihe (Sachnummer) als Bezeichnung hat.

Es ist heute ganz selbstverständlich, daß ein Gegenstand zum Zwecke der Arbeitsvorbereitung, -durchführung und -abrechnung systematisch in Teilegruppen verschiedenen Umfangs und diese in Einzelteile aufgeteilt werden, und es ist einfach, die Sachnummern dieser Fertigungs- und Zusammenbau-Gegenstände voneinander abzuleiten und dadurch schon ihre Zusammengehörigkeit zu belegen. Das Schema in Abb. 7 und die Zahlen in der Tabelle 7 lassen die Durchführung eines solchen Vorgangs erkennen.

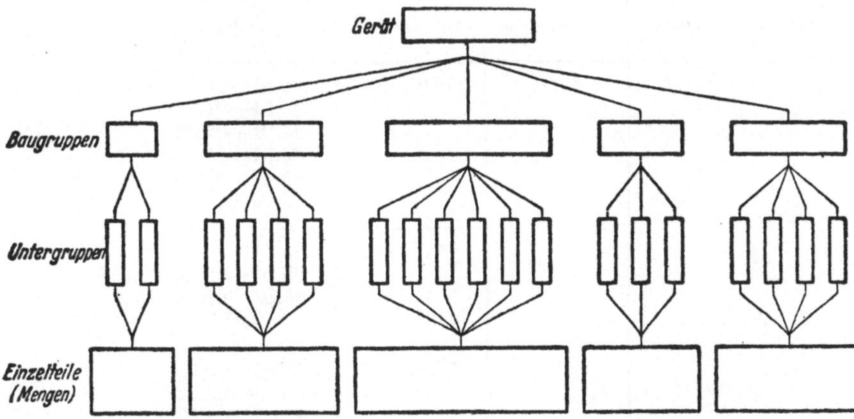

Abb. 7. Schema der konstruktiven Aufteilung eines Gerätes für die Fertigung.

Man muß auf jeden Fall den Grundsatz beachten, daß kein Teil oder Gebilde mehr als eine Bezeichnung haben und daß diese auch nicht gewechselt werden darf, sonst sind Verwechselungsmöglichkeiten mit allen ihren technisch und wirtschaftlich nachteiligen Folgen unausbleiblich. Daher ist es selbstverständlich, daß Normteile, wenn sie an der Stelle von Sonderteilen verwendet werden, ihre Normteilbezeichnung behalten, sofern nicht an den Normteilen aus Gründen besserer Geeignetheit Gestaltungsänderungen vorgenommen werden. In diesem Falle wird aus dem Normteil ein Sonderteil mit eigener Sachnummer. Es ist ferner selbstverständlich, daß alle Sonderteile auch dann ihre bei ihrer Entstehung gegebene Sachnummer behalten, wenn diese Teile anderweitig unverändert verwendet werden. Andererseits muß jedes genormte und nicht genormte Teil (Sonderteil) eine andere Sachnummer erhalten, wenn seine Leistung geändert wird. Unter Leistung ist seine Form, bestimmt durch die Maße und ihre Toleranzen, ferner seine Festigkeit, seine Oberflächenbeschaffenheit und sein Oberflächenschutz zu verstehen.

Die Bezeichnung eines Halbzeugs und eines Normteils bzw. die Sachnummer eines Sonderteils stellen einen Hinweis auf ein mit Normzeichen und Nummer versehenes Normblatt oder auf eine mit der Nummer des Sonderteils versehene Zeichnung oder Beschreibung dar, in welcher Fertigungsunterlage ausreichend genau angegeben sein muß, wie und woraus jedes, nach diesen Unterlagen gebaute Teil gestaltet oder zusammengebaut sein muß.

Tabelle 7. *Beispiel einer Aufstellung von Sachnummern für Sondereinzelteile und -gruppen eines Gerätes.*

Gerät	Hauptgruppe	Untergruppe	Einzelteile
85	85.01	85.01—01	85.01—01.01 85.01—01.02 85.01—01.03 85.01—01.04 85.01—01.05 usw.
		85.01—02	85.01—02.01 85.01—02.02 85.01—02.03 usw.
		85.01—03	85.01—03.01 85.01—03.02 85.01—03.03 85.01—03.04 usw.
	85.02	85.02—01	85.02—01.01 85.02—01.02 85.02—01.03 85.02—01.04 85.02—01.05 85.01—01.06 usw.
	85.1	85.120—44	85.120—44.01 85.120—44.02 85.120—44.03 — 85.120—44.106
	usw.	usw.	usw.

Die Angabe der Norm- oder Sachnummer allein muß genügen, um jederzeit ein Halbzeug, Normteil oder Sonderteil zu erhalten, dessen Leistungen mit denen des unter der gleichen Bezeichnung gelieferten Gegenstandes völlig übereinstimmen. Ist das nicht der Fall, dann hat die Materialbezeichnung ihren eigentlichen Zweck: zu ordnen, zu sichern und dadurch unnötige Verluste zu vermeiden, also die Materialwirtschaft zu verbessern, verfehlt.

IV. Materialmengenermittlung

Gegenstände der Ermittlung

Die Ermittlung der Materialmenge hat den Zweck, die Werkstatt, in der ein Gegenstand gefertigt werden soll, mit den notwendigen Mengen an Halbzeugen in Form von Blechen, Rohren, Stangen, Drähten usw. und an Rohlingen in Form von Guß-, Schmiede- und Preßteilen, Nieten usw. zu versorgen.

Zur Herstellung der Halbzeuge und Rohlinge gehören u. a. Werkstoffe und zu deren Herstellung Rohstoffe. Folglich müssen auch die Mengen der letzteren ermittelt werden.

Es sind also im einzelnen festzustellen:

1. Halbzeug- und Rohlingsmengen, die der weiterverarbeitenden Werkstatt zugeführt werden müssen.

2. Werkstoffmengen, die zur Herstellung der Halbzeuge und Rohlinge erforderlich sind,

3. Rohstoffmengen, die zur Herstellung der Werkstoffe, rein und legiert, vorhanden sein müssen.

Die Ermittlung dieser Materialmengen findet auf verschiedene Weise und gewöhnlich an verschiedenen Stellen der Industrie statt.

Mengeneinheiten

Als Mengeneinheiten gelten für die Mengenberechnung in der Hauptsache das

Längenmaß .... m oder mm
Flächenmaß .... m^2 (nicht qm!) oder mm^2
Raummaß .... m^3 (nicht cbm!)
Gewicht .... kg oder t (1000 kg)
Stückzahl .... Stck,

ferner finden die Einheiten: Tafel, Haut, Rolle u. dgl. Verwendung.

Die Anwendung der einzelnen Mengeneinheiten erfolgt nach der technischen Notwendigkeit oder aus handelsüblichen Gepflogenheiten heraus. Bei der Angabe des Gewichts eines fertigen Gegenstandes dient das Kilogramm (kg) und bei schweren Gegenständen, wie Eisenbahnwagen, Schiffen, Brücken u. dgl. auch die Tonne (t) als Mengeneinheit. Beim Vergleich des Gewichts des fertigen Gegenstandes mit dem Gewicht des zu seiner Fertigung aufzuwendenden Materials werden die gleichen Einheiten verwendet. Für die Bestellung des Materials beim Lieferanten und für die Preisberechnung gelten z. T. andere Mengeneinheiten, die nicht immer feste Beziehungen zum Gewicht des Materials haben. Das ist z. B. beim Holz der Fall, bei dem das Verhältnis zwischen Raum und Gewicht je nach dem Feuchtigkeitsgehalt wesentlich verschieden ist.

Die Tabelle 8 gibt einige Beispiele handelsüblicher Mengeneinheiten bei der Materialbestellung und -berechnung.

Tabelle 8. *Handelsübliche Mengeneinheiten bei der Materialbestellung und Preisberechnung.*

Material	Mengeneinheiten bei der	
	Materialbestellung	Preisberechnung
Vollmaterial (Stücke und Stangen) aus Schwer- und Leichtmetall	in der Regel in kg, in Sonderfällen Stangen mit bestimmten Längen in m	in kg
Sonderprofil aus Leichtmetall . . .	in der Regel in m, in Sonderfällen Stangen mit bestimmten Längen	in kg
Rohr aus Schwermetall	in der Regel in m, vielfach in bestimmten oder Mindestlängen	in m
Rohr aus Leichtmetall	in der Regel in m, vielfach in bestimmten oder Mindestlängen	in kg
Blech in Tafelform	in Tafeln, auch bei Maßblechen	in kg
Blech in Bandform	in m, unter Angabe der Breite	in kg
Seile, Kabel, Litzen, Schläuche	in m	in kg
Draht	in der Regel in kg, in Sonderfällen in m	in kg
Lötzinn	in kg	in kg
Guß	in Stücken	in kg
Schmiede- und Gesenkpreßteile . .	in Stücken	in kg
Vollholz	in m³	in m³
Sperrholz	in Tafeln	in m²
Hanfschnur	in Knäueln	in kg
Nähgarn	in Rollen	in Rollen
Asbest	in Tafeln	in kg
Gummi in Tafelform	in m²	in kg
Segeltuch, Leinen, Seide.	in m	in m
Leder	in Häuten	in m²
Polstermaterial	in kg	in kg
Farbe, Lack, Kitt, Kaltleim	in kg	in kg

Ziffernanzahl bei Mengenangaben

Es ist nicht zweckmäßig, die Größen der Werkstoffmengen zu weit zu zergliedern und z. B. an eine drei- oder vierzifferige Zahl noch zwei und mehr Dezimalen anzuhängen. Bei der Materialmengenermittlung hat man immer mit Fehlern von mindestens 2 bis 3% zu rechnen, so daß es gegeben ist, die Genauigkeit der Mengenangaben nicht weiter zu treiben, als die Umstände es bedingen. Zweifellos ist es z. B. richtig, das Gewicht der Platinteile auf ein Gramm genau anzugeben, aber unpraktisch, bei einer Tonne Stahl noch Bruchteile von Kilogrammen für wichtig zu erachten. Eine technische Rechnung kann wohl solche Zahlen ergeben, man muß sie aber am Schluß aufrunden. Die Anzahl der Ziffern bei Mengenangaben soll im allgemeinen vier nicht überschreiten.

Beispiel hierfür bietet Tabelle 9.

Tabelle 9. *Ziffernanzahl bei Mengenangaben.*

Statt	1526,6	152,66	15,266	1,5266	0,1527	0,0153	0,0015
aufgerundet . . .	1527	152,7	15,27	1,53	0,153	0,015	0,002

Halbzeug- und Rohlingsmenge

Die zur Fertigung eines Gegenstandes zu beschaffende Materialmenge umfaßt nicht nur die im fertigen Gegenstand enthaltene, sondern auch die zum Teil wesentlich größere Menge, die notwendig ist, um den mit der Fertigung verbundenen Materialnebenaufwand und Materialverlust zu decken.

Zu der im fertigen Zustand enthaltenen Materialmenge sind *Zuschläge* zu machen für

die beim Halbzeugtransport vom Lieferanten zum Verbraucher beschädigten Stangen- und Rohrenden, Tafelkanten, Gußteile usw.

die Materialprüfung vor der Verwendung,

die zum Einrichten von Werkzeugen, Werkzeugmaschinen, Vorrichtungen und dgl. und die für Probearbeiten benötigte Menge,

die Trenn- und Bearbeitungszugaben,

die durch Abbrand, Abschrotten und Abgraten bei Guß-, Schmiede- und Gesenkpreß-Teilen entstehenden Abfälle,

die übrigbleibenden Reste der Halbzeuge, die in handelsüblichen Größen geliefert werden,

die durch Schrumpfen (bei Holz, Leder usw.) und Legierungsfehler, Rost, Fäulnis und dgl. entstehenden Mengenverluste,

den infolge von Material- und Arbeitsausschuß und von Konstruktionsänderungen erforderlich werdenden Ersatz, das beim Zusammenbau durch Unachtsamkeit und auf andere Weise verlorengehende Material in Form von Nähgarn-, Bindedraht-, Lot-, Leim- und anderen Resten und in Form von Kleinzeug, wie Schrauben, Unterleg- und Dichtungsscheiben, Muttern, Nieten, Splinten usw.

Die Größe dieser Zuschläge ist sehr verschieden und nur auf Grund von Erfahrungen in der Herstellung und Lieferung des Gegenstandes und mit der angewendeten Fertigungsweise annähernd richtig einzuschätzen.

Bei der Bemessung der Zuschläge ist z. B. folgendes zu berücksichtigen:

Beim Zerspanen die Art und Anzahl der Arbeitsgänge. Je größer ihre Zahl und je kleiner die Maßtoleranzen, desto größer ist die Gefahr der Fehlarbeit,

bei Schmiede- und Preßteilen kann Fehlarbeit sowohl in der Schmiede und Presserei, als auch bei dem nachfolgenden Zerspanen entstehen,

bei Gußteilen ist hauptsächlich die vermutliche Fehlarbeit beim Zerspanen voll zu berücksichtigen, der durch Ausschuß in der Gießerei selbst entstehende Mehraufwand nicht in vollem Umfange,

beim Verformen von Blech, z. B. Tiefziehen, die Dehnungsfähigkeit des Werkstoffs und die Form des Werkstücks. Von beiden hängt der Prozentsatz der Ausschuß werdenden Stücke ab,

bei allen Arbeiten die Erfahrung und das fachliche Können der Arbeiter, Vorarbeiter und Meister.

Werkstoffmenge

Die Herstellung zu der Halbzeuge und Rohlinge einzusetzende Werkstoffmenge ist größer als die in ihnen enthaltene Menge. Der Werkstoffzuschlag zu dieser Menge hängt unter anderem von der Werkstoffart, der Halbzeugform (Blech, Rohr, Stange, Draht usw.) und dem Herstellungsverfahren des Halbzeugs (Walzen, Ziehen, Strangpressen) und des Rohlings (Gießen, Schmieden, Gesenkpressen) ab.

Der beim Herstellen der Halbzeuge entstehende Abfall, z. B. beim Kantenbeschneiden der gewalzten Bleche und der Bretter, beim Ablängen der Stangen und Rohre auf die handelsüblichen oder Sondermaße, der beim Schmieden entstehende Abfall durch den Abbrand, das Entgraten und den Rest des verwendeten Halbzeugs, ferner der beim Gießen unvermeidliche Abfall, der durch den Abbrand der Trichter, Steiger, Kanäle usw. und durch deren Abschneiden verursacht wird, ist nur zum Teil für die Neufertigung von Gegenständen wieder verwendbar, zum Teil geht er überhaupt verloren.

Tabelle 10 gibt einige Grenzwerte für das Verhältnis der Werkstoffeinsatzmenge zum Gewicht der daraus hergestellten Halbzeuge und Rohlinge an. Die unteren Grenzwerte gelten für die größeren Halbzeugquerschnitte und Rohteilgewichte, die oberen Grenzwerte für die kleineren Maße bzw. Gewichte derselben. Nur bei den freiformgeschmiedeten Rohlingen wächst die Verhältniszahl im allgemeinen mit dem Gewicht derselben. Siehe auch die Angaben der Tabellen 25 bis 27 und 30.

Tabelle 10. *In der Praxis festgestellte Grenzwerte der Werkstoffeinsatzmenge im Verhältnis zum Gewicht der daraus heraus hergestellten Halbzeuge und Rohlinge*

Gegenstand	Einsatzmenge in Prozenten des Halbzeug- und Rohlingsgewichts
Gewalztes Blech	130—145
Gewalzte Stangen.	120—130
Gezogene Stangen	110—115
Gezogene Rohre	135—170
Gesenkschmiedeteile.	130—150
Freiformschmiedeteile	110—140
Stauchschmiedeteile	115—125
Sandformgußteile aus Eisen und Stahl . .	170—350
Sandformgußteile aus Leichtmetall	200—500
Spritzgußteile aus Leichtmetall.	125—500

Von der Abfallmenge geht ein Teil des Werkstoffes durch Späne beim Schneiden der Halbzeuge auf Maß und Putzen der Rohlinge verloren, der größte Teil wird als Schrott wieder eingeschmolzen, wobei jedoch eine gewisse Menge durch Abbrand verloren geht. Diese Menge ist bei den einzelnen Legierungsbestandteilen der Metalle infolge ihrer sehr verschiedenen Schmelztemperatur verschieden groß.

Es zeigt sich oft, besonders bei Leichtmetallen, daß ein zu großer Schrotteinsatz die Eigenschaften der Halbzeuge und Rohlinge nicht verbessert, man also mit steigenden Festigkeitsansprüchen den prozentualen Schrottanteil am Werkstoff vermindern muß und daher die restlose Wiederverwendung des Schrotts nicht immer erfolgen kann.

Bei den nichtmetallischen Werkstoffen, wie dem vergüteten Holz und den Kunstharzpreßstoffen, ist der Werkstoffabfall zur Herstellung neuer Werkstoffe nicht wieder verwendbar.

Rohstoffmenge

Die in den Werkstoffen enthaltenen Mengen von Legierungsstoffen sind nach der in Prozenten angegebenen chemischen Zusammensetzung der Werkstoffe zu berechnen. Wenn Grenzwerte für die einzelnen Stoffe angegeben sind, also z. B. 0,9 bis 1,2%, ist der Mittelwert in die Rechnung einzusetzen.

Die als Verunreinigungen der Werkstoffe anzusehenden Stoffe, wie z. B. Schwefel und Phosphor, und die nützlichen Begleitstoffe, wie

Kohlenstoff im Stahl, sind im allgemeinen für die Rohstoffmengen-
ermittlung nicht von Interesse.

Die zur Herstellung der Werkstoffe benötigte Menge der Rohstoffe
ist größer als die in den fertigen Stoffen enthaltene Menge, da bei dem
Schmelzen, dem Legierungsvorgang und der Erstellung der Werkstoffe
in der Form von Blöcken, Brammen, Masseln usw. Teile der Legierungsstoffe durch Abbrand, Transport usw. verloren gehen. Nähere Angaben
hierüber bietet die Tabelle 30.

Tabelle 11. *Gewichte von rohen Sandgußstücken aus Silumin in kg,
in fünf verschiedenen Gießereien hergestellt.*

| Gegenstand | Gewicht des geputzten Gußstücks in kg | | | | | Unterschied zwischen dem größten und kleinsten Gewicht in % des kleinsten |
| | Gießerei | | | | | |
	1	2	3	4	5	
Kurbelgehäuse . . .	125 (1,00)	132 (1,05)	127 (1,01)	128 (1,02)		5
Zylinderkopf . . .	53,5 (1,05)	52,0 (1,02)	51,0 (1,00)	53,5 (1,05)		5
Filtergehäuse . . .	2,6 (1,00)	3,1 (1,19)	3,8 (1,46)	3,2 (1,23)		46
Gehäuse	26 (1,08)	27,3 (1,14)	26 (1,08)	24 (1,00)		14
Deckel	8 (1,07)	7,9 (1,05)	7,5 (1,00)	—		7
Wanne	5,8 (1,00)	6,2 (1,07)	6,0 (1,03)	6,14 (1,06)		7
Deckel	5,5 (1,04)	5,3 (1,00)	—	—		4
Zylinderkopf. . . .	16,4 (1,00)	18,5 (1,13)	16,6 (1,01)	—		13
Gehäuse	21,3 (1,00)	21,7 (1,02)	23 (1,08)	—		8
Gehäuse	18,5 (1,00)	19,8 (1,07)	20 (1,08)	—		8
Träger	10,3 (1,00)	11,3 (1,10)	12 (1,17)	—		17
Rahmen	19,8 (1,08)	18,8 (1,02)	19,5 (1,06)	18,4 (1,00)	19,1 (1,04)	8
Strebe	15,1 (1,12)	14,2 (1,05)	15,6 (1,15)	13,5 (1,00)	14,8 (1,09)	15
Beschlag	6,5 (1,00)	7,0 (1,08)	—	—	—	8
Träger	0,90 (1,00)	1,15 (1,28)	—	—	—	28
Lager	11,70 (1,00)	12,45 (1,06)	—	—	—	6

Anmerkung: Die eingeklammerte Zahl ist die Verhältniszahl des jeweiligen
Gewichts zum Kleinstgewicht des Gegenstandes.

Tabelle 12. *Gewichte von rohen Gesenkschmiedestücken aus Stahl in kg, in fünf verschiedenen Schmieden hergestellt.*

Gegenstand	Gewicht des entgrateten und geputzten Schmiedestücks in kg Schmiede					Unterschied zwischen dem größten und kleinsten Gewicht in % des kleinsten
	1.	2	3	4	5	
Hauptpleuelstange .	18,50 (1,15)	16,10 (1,00)	16,40 (1,02)	24,16 (1,50)	—	50
Nebenpleuelstange .	9,30 (1,06)	10,50 (1,19)	9,00 (1,02)	12,17 (1,38)	8,8 (1,00)	38
Laufbüchse	46,00 (1,64)	28,00 (1,60)	48,00 (1,71)	50,00 (1,78)	—	78
Nockenwelle	19 50 (1,05)	30,00 (1,62)	18,50 (1,00)	25,00 (1,35)	—	62
Lagerkörper	5,15 (1,47)	4,20 (1,20)	5,45 (1,56)	3,50 (1,00)	5,50 (1,57)	57
Welle	6,80 (1,42)	5,99 (1,25)	6,00 (1,25)	7,50 (1,56)	4,80 (1,00)	56
Welle	4,90 (1,23)	4,60 (1,15)	6,00 (1,50)	5,60 (1,40)	4,00 (1,00)	50
Zahnrad	8,90 (1,01)	9,31 (1,06)	8,80 (1,00)	11,70 (1,33)	—	33
Zahnrad	6,50 (1,00)	7,01 (1,08)	9,14 (1,40)	8,84 (1,36)	—	40
Zahnrad	50,0 (1,00)	51,95 (1,04)	52,00 (1,04)	61,50 (1,23)	63,00 (1,26)	26

Anmerkung: Die eingeklammerte Zahl ist die Verhältniszahl des jeweiligen Gewichts zum Kleinstgewicht des Gegenstandes.

Ermittlung der Menge im fertigen Gegenstand[1]

Die Ermittlung dieser Menge kann durch Wiegen des fertigen Gegenstandes oder durch Berechnen des Rauminhalts R des Körpers jedes seiner Einzelteile, Multiplizieren des R mit der Wichte γ des Werkstoffs, aus dem das Einzelteil hergestellt ist, und durch Zusammenrechnen der Gewichte,

$$G = R \times \gamma$$

der Einzelteile erfolgen. — Hinzu kommt gegebenenfalls das Gewicht der Bindestoffe, wie Schweißdraht, Lot, Leim, und der Oberflächenschutzstoffe, wie Zink, Zinn, Farbe (trocken) u. dgl.

Die Berechnung des Rauminhalts des Körpers erfolgt mit Hilfe der Flächenlehre (Planimetrie) und Körperlehre (Stereometrie), deren Formeln in technischen Handbüchern, z. B. in der „Hütte"[2], enthalten sind und bei einiger Übung in der Aufteilung von Körpern in geo-

---

[1] In diesem Abschnitt ist als Mengenmaß das Gewicht angewendet. Bei Material, dessen Mengen mit anderen Maßen ermittelt werden, sind diese an die Stelle des Gewichts zu setzen.

[2] Hütte, Des Ingenieurs Taschenbuch. Berlin: Wilhelm Ernst u. Sohn.

metrisch einfache Abschnitte die· Berechnung der Raumgröße erleichtern. Auch die Gewichtstabellen der Halbzeuge bieten eine gute Hilfe. Auf einer Anzahl von Normblättern fertiger Teile sind deren Gewichte angegeben, z. T. bei Verwendung verschiedener Werkstoffe.

Die Gewichtsrechnung wird vielfach mit der Schwerpunktrechnung verbunden, die natürlich auch graphisch mit Hilfe der Seilpolygone erfolgen kann. Das berechnete Gewicht wird mit dem später gewogenen nur selten übereinstimmen. Bei etwas verwickelten Teilen ist die Rechnung nicht immer ganz richtig; die Maße der fertigen Teile liegen innerhalb ihrer Toleranzen, können also größer oder. kleiner als die Nennmaße sein, mit denen die Körperberechnung ausgeführt wird. Außerdem schwankt auch.die Größe der Wichte des Werkstoffs etwas. Jedoch werden die Gewichtsunterschiede bei einer einigermaßen richtigen Rechnung nicht sehr groß sein.

Ermittlung der Menge im Rohling und Rohteil

Das Rohgewicht eines von einem Halbzeug abgeschnittenen Teils (Rohteil) oder eines gegossenen, geschmiedeten oder gepreßten Teils (Rohling) ist stets größer als das Gewicht des daraus hergestellten Fertigteils.

Das *Rohgewicht* ist

a) bei einem *Gußteil* gleich dem Gewicht des fertig geputzten Rohlings nach dem Abschneiden der Trichter, Steiger, Kanäle usw., vor dem Bearbeiten;

b) bei einem *Freiformschmiede-*, *Gesenkschmiede-* oder *Gesenkpreßteil* gleich dem Gewicht des entgrateten und geputzten Schmiede- oder Preßteils vor dem Bearbeiten;

c) bei einem *Fertigteil*, das durch Zerspanen oder durch Verformen eines gewalzten, gezogenen, stranggepreßten oder auf andere Weise hergestellten Halbzeugs hergestellt wird, gleich dem Gewicht des vom Halbzeug abgeschnittenen Stücks vor dem Bearbeiten;

d) bei einem *Fertigteil*, das aus einem Halbzeug gefertigt wird, dessen Menge nicht nach dem Gewicht bemessen wird (siehe Tabelle 8) gleich der Menge des vom Halbzeug abgeschnittenen Stücks vor dem Weiterbearbeiten.

Die Größe des Unterschieds zwischen Roh- und Fertiggewicht hängt von der je nach den Halbzeugmaßen oder aus anderen Gründen verschieden großen Bearbeitungszugabe ab.

Die Berechnung des Rohgewichts erfolgt durch Zuschlag des in der Bearbeitungszugabe enthaltenen Gewichts zum Fertiggewicht des Werkteils.

Bei der Gewichtsermittlung ist der mittlere Häufigkeitswert aus den Gewichten einer Anzahl gleicher Rohteile festzustellen, da selten zwei oder mehrere dieser Teile gleich schwer ausfallen werden. Beispiele hierfür bieten die Tabellen 11 und 12.

Bei Rohteilen, die durch Abschneiden von Halbzeugen entstehen, ist die Ermittlung mit Hilfe des auf den Normblättern oder in den Gewichtstabellen der Halbzeuge angegebenen Gewichts je Einheit, z. B. kg/m² oder kg/lfd.m, einfach durchzuführen.

Ermittlung der Einsatzmenge[1]

Die Werkstoffmenge, die eingesetzt sein muß, um einen Gegenstand herzustellen, ist stets größer als die im Rohteil enthaltene Menge.

Das Einsatzgewicht ist

a) bei einem *Gußteil* gleich dem Gesamtgewicht des zur Herstellung des Rohgusses vergossenen Werkstoffs einschließlich der zur Bildung der Trichter, Steiger, Kanäle usw. benötigten und durch Abbrennen und auf andere Weise beim Gießen verlorengehenden Werkstoffmenge;

b) bei einem *Freiformschmiede-, Gesenkschmiede- oder Gesenkpreßteil* gleich dem Gewicht des vom Knüppel, der Stange, dem Stück abgeschnittenen Materialteils, das geschmiedet ins Gesenk geschlagen oder gepreßt wird, um das Rohteil herzustellen, vermehrt um die Trennzugabe beim Abschneiden des Materialteils vom Vormaterial (siehe S. 46);

c) bei einem *Fertigteil*, das durch Zerspanen eines gewalzten, gezogenen oder stranggepreßten Halbzeugs (Stange, Rohr) oder das durch Verformen eines gewalzten Halbzeugs (Blech in Tafel- und Bandform) hergestellt wird, gleich dem Gewicht des als Rohteil abgeschnittenen Halbzeugteils, vermehrt um die Trennzugabe an der Trennstelle des Halbzeugs und die weiter unten angegebene Sonderzugabe;

d) bei einem *Fertigteil*, das aus einem Halbzeug gefertigt wird, dessen Menge nicht nach dem Gewicht bemessen wird (siehe Tabelle 8), gleich der Menge des als Rohteil abgeschnittenen Halbzeugteils, vermehrt um die Trennzugabe an der Trennstelle des Halbzeugs und um die unten angegebene Sonderzugabe.

Die Größe des Unterschieds zwischen dem Einsatzgewicht und dem Rohgewicht hängt also vom Herstellungsverfahren und von den Maßen der Halbzeuge ab.

Die Berechnung des Einsatzgewichts erfolgt durch den Zuschlag des Gewichts der Trennzugabe und gewisser auf Grund der Erfahrung bemessenen Sonderzugaben zum Rohteilgewicht.

Für die Größen dieser Zugaben geben die folgenden Abschnitte Richtwerte an.

---

[1] In diesem Abschnitt ist als Mengenmaß das Gewicht angewendet. Bei Material, dessen Mengen mit anderen Einheiten ermittelt werden, sind diese an die Stelle des Gewichts zu setzen.

Trennzugabe

Trennzugaben sind Zugaben zu den Rohteilmaßen zwecks Deckung des durch das Abtrennen des Rohteils vom Halbzeug entstehenden Materialverlustes.

Die Trennzugabe wird nicht zu den Bearbeitungszugaben gerechnet, wenngleich in manchen Fällen bei dem Trennvorgang gleichzeitig eine ausreichende Bearbeitung der Schnittfläche als Begrenzungsfläche des Werkstücks erfolgt und dann eine besondere Bearbeitungszugabe an dieser Stelle nicht zu machen ist.

Das Trennen erfolgt normal bei

Rund-, Sechskant- und Flachstangen an *einem* Stangenende,

Rohren an *einem* Rohrende,

Blech in Tafel- und Bandform an *einer*, *mehreren* oder *allen* Rohteilkanten.

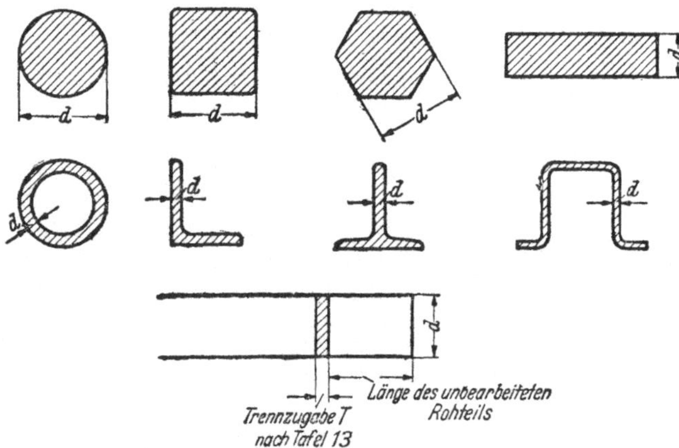

Abb. 8. Querschnittsdicke *d*, von der die Größe der Trennzugabe bei Halbzeugstangen abhängt.

Gelegentlich kommt auch ein Herausschneiden eines dünneren Rohteils aus einem Block, einer Bohle oder einem dicken Brett vor. Dann sind Trennzugaben an mehreren oder allen Seiten des Rohteils zu machen.

Tabelle 13. *Trennzugaben in mm bei Teilen aus Stangen, Rohren und Profilen (Richtwerte). Trennen durch Zerspanen bzw. Abschmelzen. An den spanabhebend zu bearbeitenden Stellen der Schnittkanten ist außerdem eine entsprechende Bearbeitungszugabe zu machen.*

Querschnittsdicke *d* in mm	< 5	5 bis 20	20 bis 50	50 bis 100	100 bis 200	200 bis 300
Trennen mittels						
Abstechmeißel .	—	3	4	6	8	—
Bogensäge . . .	2	2	2	3	4	—
Kaltsäge	—	2	4	6	8	10
Schneidbrenner .	—	2	3	4	5	6—7

Die Trennung erfolgt gewöhnlich in der zu einer Oberfläche des Halbzeugs senkrechten Richtung durch einen geraden oder kurvenförmigen Schnitt mittels einer Schere, einer Säge, einer Lochstanze, einem Fräser oder einem Schneidbrenner und erzeugt eine Trennfuge von einer Breite, die vom Trennwerkzeug und der Halbzeugdicke d (siehe Abb. 8) abhängig ist.

Das Entsprechende trifft auch für das Ab- oder Ausstechen von Teilen auf der Drehbank zu.

Die Tabellen 13 und 14 enthalten Richtwerte für die Größe der Trennzugaben.

Tabelle 14. *Trennzugaben in mm bei Blechteilen (Richtwerte). Trennen durch Zerspanen. An den spanabhebend zu bearbeitenden Stellen der Schnittkante ist außerdem eine entsprechende Bearbeitungszugabe zu machen.*

Blechdicke	< 1	1 bis 2	2 bis 4	4 bis 6	8 bis 10
Trennen mittels Säge . . .	—	2	2	2	2
Lochstanze, Knabber . .	4	4	6	10	12
Schaftfräser	8	bei Einzelblechen oder Blechpaketen aus Leichtmetall bis 26 mm Dicke			

Beim Schneiden des Blechs mittels der normalen Schere, der Stechschere, der Scheibenschere oder des Warm- oder Kaltmeißels entsteht kein direkter Materialverlust an der Trennstelle, dafür aber meistens eine unerwünschte Verformung an der Trennstelle, z. B. durch Schlängeln oder Abschrägen, die eine größere Bearbeitungszugabe an der Trennfläche zur Folge hat. Besonders bei Kurvenschnitten und der Führung des Werkzeugs oder Werkstücks mit der Hand entstehen Formabweichungen, die nur durch Materialzugaben ausgeglichen werden können.

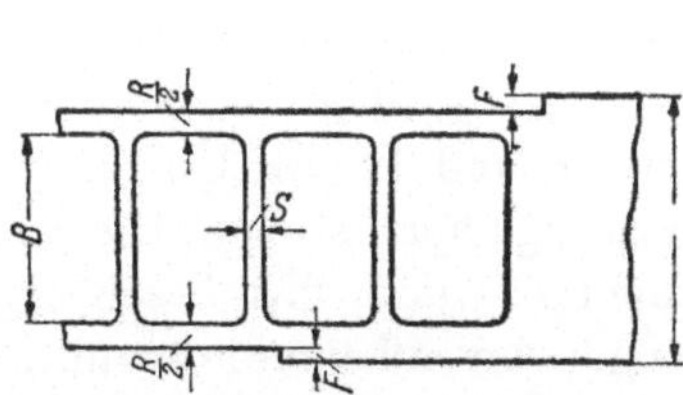
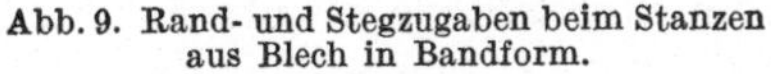

Abb. 9. Rand- und Stegzugaben beim Stanzen aus Blech in Bandform.

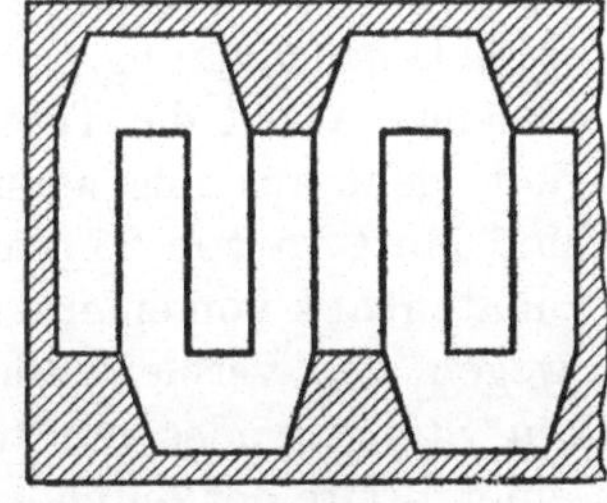

Abb. 10. Zusätzliche Blechmenge bei Schnitten ohne Trennzugabe.

Außerdem bedingt das Schneiden der Blechteile aus Tafel und Band eine von dem angewendeten Verfahren und den Blechflächenmaßen abhängende zusätzliche Materialmenge, die nicht zu den Bearbeitungszugaben zu rechnen ist, da sie mit der auf das Schneiden folgenden Bearbeitung des Blechteils nichts gemein hat.

Bei Teilen, die aus Band oder aus auf passende Breite parallel geschnittenen Tafelstreifen gestanzt werden, ist statt der Trennzugabe eine Materialzugabe am ganzen Rande der Teile (Randbreiten R_2 und Stegbreiten S) vorzusehen, um das Blech während des Stanzens zu halten. Bei hoher Schnittgeschwindigkeit ist bei Anwendung von Seitenschneidern für den sogenannten Führungsschnitt eine weitere Breitenzugabe F nach Erfahrung zu machen. Siehe Abb. 9. Tabelle 15 gibt Richtwerte für R und S bei Stanzteilen aus Blech.

Wenn es die Form des Teils gestattet und es auf die Genauigkeit nicht ankommt, kann auch steglos geschnitten werden, wie Abb. 10 zeigt.

Bei dem Schneiden von Feinblechen mittels des Gummikissens, ein Verfahren, das bei Teilen mit kurvenförmig verlaufenden Schnittkanten Eingang gefunden hat und meistens in Verbindung mit dem Formstanzen der Teile angewendet wird, müssen Rand- und Stegbreite wesentlich größer genommen werden als beim Schneiden mit Stahlwerkzeugen. Die Angaben der Industrie über den Mindestabstand der Teile voneinander und vom Blechrand sind noch nicht einheitlich. Nach amerikanischen Angaben soll der erstere mindestens 19 mm ($^3/_4$ Zoll) und der letztere 38 mm ($1\,^1/_2$ Zoll) betragen. Nach andern Angaben muß beim Schneiden mit Gummi und bei einer Schnittplattendicke von 7 mm mit einem Mindestabstand der Blechteile voneinander gleich 23 mm und mit mehr als 50 mm vom Kissenrande gerechnet werden, um günstige Schnittbedingungen zu erhalten.

Außer diesen Materialzugaben, und zum Teil durch sie veranlaßt, entsteht bei Blechteilen mit kurvenförmig verlaufender Schnittkante ein weiterer Materialaufwand infolge der zum Teil sehr unvollkommenen Blechflächenausnutzung.

Welchen Anteil die Trennzugabe an der Materialmenge im Einzelfall hat, geht aus folgendem, häufig vorkommenden Beispiel hervor. Es sind Muttern von 25 mm Schlüsselweite und 12 mm Höhe auf der Automatenbank von einer 5 mm langen Stange herzustellen. Die Stange ist wegen des verbleibenden Einspannendes und des beschädigten andern Stangenendes nur in einer Länge von 4900 mm ausnutzbar. Bei einer Breite der durch einen Abstechmeißel herzustellenden Trennfuge von 3 mm beträgt die Zahl der von der Stange abzutrennenden Muttern

$$\frac{4900}{12+3} = \frac{4900}{15} = 326$$

Dann ist die Summe der Breite der Trennfugen $326 \times 3 = 978$ mm, $978 : 4900 = 0{,}20$ der Stangenlänge, also werden 20% derselben bereits beim Trennen in Späne umgewandelt.

Tabelle 15. *Randbreitenzugabe R und Stegbreite S in mm bei Stanzteilen aus Blech (Richtwerte)* [1]

Steglänge bzw. Streifenbreite in mm	Blechdicke in mm	1	2	3	4	5	6	7	8	9	10
10	R	4	5	6	7	8	9	10	11	13	15
	S	1,5	2	2,5	3	3,5	4	4,5	5	6	7
50	R	5	6	7	8	9	11	12	14	16	18
	S	2	2,5	3	4	4,5	5	5,5	6	7	8
100	R	6	7	9	10	11	12	14	16	18	20
	S	2,5	3	4	4,5	5	5,5	6	7	8	9
200	R	7	8	9	11	14	15	16	18	20	22
	S	3	3,5	4	5	6	6,5	7	8	9	10
300	R	8	9	11	14	15	16	18	20	22	24
	S	3,5	4	5	6	6,5	7	8	9	10	11
400	R	9	10	11	14	16	18	20	22	24	26
	S	4	4,5	5	6	7	8	9	10	11	12
500	R	12	13	14	15	16	18	20	22	26	28
	S	5	5,5	6	6,5	7	8	9	10	12	13

Bearbeitungszugabe

Die Maße eines Rohteils ergeben sich aus den Maßen des Fertigteils nach seiner Zeichnung, vermehrt um die Maßzugabe für die Bearbeitung des Rohteils, das selten vollständig in der Gestalt des Fertigteils hergestellt werden kann.

Die Bearbeitung erfolgt in der Hauptsache spanabhebend durch Drehen, Fräsen, Hobeln, Bohren, Räumen, Feilen und Schleifen in ihren verschiedenen Abarten und Stufen, wie Schruppen, Schlichten, Grobschleifen, Feinschleifen, Hohnen und Läppen. Diese spanabhebende Bearbeitung setzt eine gewisse Mindestdicke der abzuarbeitenden Schicht voraus, abhängig von dem anzuwenden Bearbeitungsvorgang. Diese Dicke muß mindestens vorhanden sein, damit das Werkzeug gut angreifen und eine möglichst gleichmäßige Oberfläche herstellen kann. Die größte Bearbeitungszugabe richtet sich auch nach dem geforderten Ausfall der Oberflächenebenheit (Planheit), die besonders bei gewöhnlichen Schmiedeteilen und Sandgußteilen in der Regel nicht gleichmäßig genug ist. Die Größe der entstehenden Abweichung von der Planheit wächst gewöhnlich mit der Größe der Oberfläche. Lange

---

[1] Unter Benutzung der Richtlinien für Werkstoffersparnis bei Schnitt- und Stanzteilen. AWF 5971.

Halbzeuge pflegen leicht krumm, große gegossene Flächen leicht wellig
oder buckelig zu sein. Flächen, die unter 90° zueinander stehen müssen,
zeigen oft einen davon abweichenden Winkel.

Die Materialzugaben erforderlich machende spanabhebende Bearbeitung erfolgt

bei Guß-, Schmiede- und Preßteilen an den auf der Fertigteil-
zeichnung angegebenen Stellen, vielfach auch auf der ganzen Oberfläche des Teiles,

bei Teilen aus gewalzten, gezogenen und gepreßten Rund-, Sechs-
kant-, Flach- und Profilstangen, Rohren und dgl. meistens nur an den
Schnittflächen derselben, selten auf der bei der Herstellung entstandenen
Oberfläche,

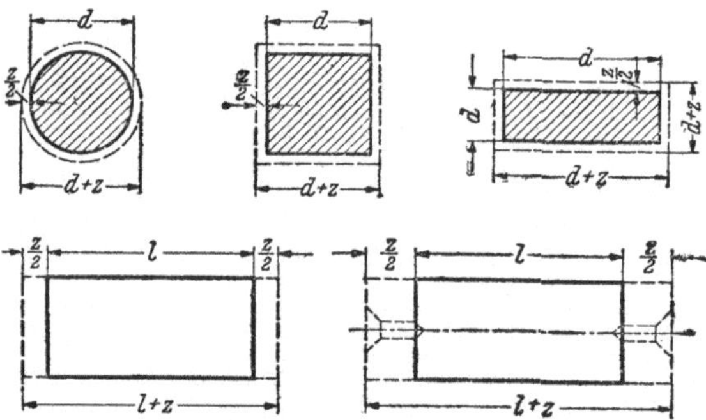

Abb. 11. Hinzurechnung der Bearbeitungszugabe zum Fertigmaß

bei Teilen aus Blech gewöhnlich nur an allen Kanten, selten auf
der Oberfläche.

Die gute Oberfläche der gewalzten, gezogenen und gepreßten Halbzeuge erübrigt ihre spanabhebende Bearbeitung, (wenn die Dickenmaße
nicht geändert werden sollen) und bedingt in keinem Falle eine Materialzugabe. Darin liegt einer der wirtschaftlichen Vorteile dieser Halbzeuge.

Die spanlose Verformung des Blechs, z. B. durch Formstanzen,
Tiefziehen, Streckziehen usw. bedingt eine Blechzugabe, um die Rohteile während des Verformungsvorgangs am Rande festhalten zu können.

Die auf Grund der praktischen Erfahrungen bei der Zerspanung
für notwendig angesehenen Bearbeitungszugaben sind aus den Tabellen
15 bis 22 zu ersehen. Die dort angegebenen Zahlen sind Richtwerte,
deren Größe bei genauerer Fertigung des Rohteils etwas unterschritten
werden kann, bei gröberer Fertigung etwas größer genommen werden
muß, um ein maßhaltiges Fertigteil mit sauberer Oberfläche zu erhalten. Bei den Rohteilmaßen sind Toleranzen einzuhalten, deren Größe
gewöhnlich zwischen $\pm\,^1/_5$ und $\pm\,^2/_5$ der Bearbeitungszugabe liegt.

Aus der Abb. 11 geht hervor, daß die in den Tabellen angegebenen
Bearbeitungszugaben immer für zwei gegenüberliegende Flächen zu-

sammen gelten, d. h. wenn z. B. die aus der Tabelle zu entnehmende
Zugabe 12 mm beträgt, an jeder der gegenüberliegenden Flächen nur
12/2 = 6 mm mehr Material zugesetzt werden soll.

Die Größe der Bearbeitungszugabe steigt bei langgestreckten Teilen,
wie Wellen, Achsen und dgl., sowohl für die Quer-, als auch für die
Längenmaße mit der Länge des Teils, weil lange Rohteile selten eine
gerade Achse haben.

Die Bearbeitungszugabe zur Länge ist meistens 50 bis 100% größer
als die zu den Quermaßen, besonders bei Drehteilen, da diese an den
beiden Enden Zentrierlöcher
erhalten (Körner), die am
Schluß der Bearbeitung meistens abgestochen werden,
weshalb das Rohteil entsprechend länger sein muß.

Die Bemaßung eines Roh-
lings für ein zylindrisches
Freiformschmiedestück unter
Anwendung der Bearbeitungs-
zugaben aus den Tabellen 16 und 17 ist als Beispiel in der Abb. 12
angegeben.

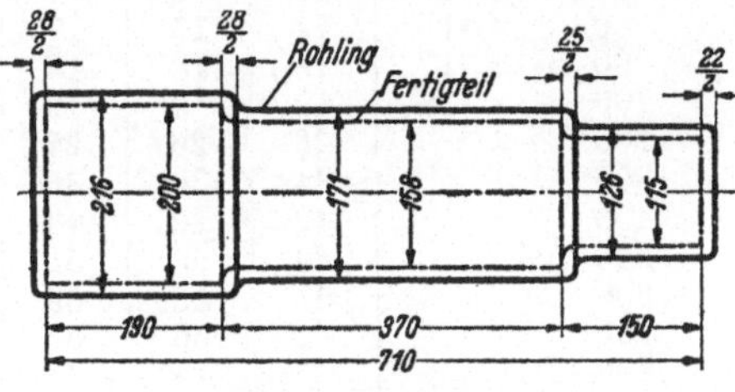

Abb. 12. Rohlingsmaße eines zylindrischen
Freiformschmiedeteils.

Das spanlose Verformen des Blechs erfolgt nach dem teilweise mit

Tabelle 16. *Bearbeitungszugaben für Teile aus Stahlguß (Richtwerte) bei sorgfältiger
Fertigung des Rohlings.*

Durchmesser oder Länge in mm	Art der Abmessungen			
	Bearbeitungszugabe in mm für			
	Außendurchmesser und Breite der Seilscheiben, Schwungräder, Radkörper usw. abhängig vom Außendurchmesser	Bohrungsdurchmesser und Breite der Buchsen, Lagerkörper, Lagerschalen, Schalenkupplungen, Zylinder, Naben u. dgl. abhängig vom Bohrungsdurchmesser	Durchmesser runder, scheibenförmiger, Länge und Breite plattenförmiger Teile und Höhe dieser Körper unabhängig vom Durchmesser oder der Länge	Länge, Breite und Höhe kastenförmiger Gußteile, wie Lagerstühle, Ständer u. dgl. abhängig von der Länge
≦ 100	2 — 2,5	2,5—3,5	2,5— 4,5	4,5— 6,5
200	2 — 2,5	4 —5,5	2,5— 5	4,5— 6,5
300	2 — 3	6 —7,5	3 — 5,5	5 — 7
400	2 — 3	7,5—9,5	3 — 6	5 — 7
600	2,5— 3,5	—	3,5— 6,5	5,5— 8
800	3 — 3,5	—	4 — 7	6 — 9
1000	3 — 4	—	4,5— 8	7 —10
1500	4 — 5	—	6 — 9,5	8 —11
2000	5 — 6,5	—	7 —11	9 —13
2500	5,5— 7	—	8 —13	10 —15
3000	6,5— 8	—	9 —15	12 —17
3500	7 — 9,5	—	10 —16	13 —18
4000	8 —10,5	—	12 —18	14 —20

Tabelle 17. *Bearbeitungszugabe Z_l für die Längsmaße von Freiform-Schmiedestücken (Richtwerte). Abgerundete Werte nach der Formel* $Z_l = 0{,}08\ N_m + 0{,}002\ L + 10^{l}$.

Quermaß N_m	Länge L								
	50	100	200	400	1000	2000	3000	4000	5000
10	11	11	11	12					
20	12	12	12	13					
30	13	13	13	14					
40	13	13	14	14					
50	14	14	15	15	16				
60	15	15	15	16	17				
70	16	16	16	17	18	19			
80	16	17	17	17	18	20			
90	17	18	18	18	19	21	23		
100	18	18	19	19	20	22	24		
200		26	26	27	28	30	42	34	26
300		34	34	35	36	38	40	42	44
400		42	42	43	44	46	48	50	52
500		50	50	51	52	54	56	58	60
600		57	58	59	60	62	64	66	68
700			66	67	68	70	72	74	76
800			74	75	76	78	80	82	84
900			82	83	84	86	88	90	92
1000			90	91	92	94	96	98	100

einer Zerspanung verbundenen Schneiden der Blechteile aus Tafel und Band durch Formstanzen (nicht Prägen!), Tiefziehen, Drücken, Streckziehen, Abkanten usw. Die Bearbeitung der Blechkanten beschränkt sich bei den mittels Schnitten, Scheren, Sägen, Gummikissen und dgl. entstandenen auf ein einfaches Entgraten und Kantenbrechen, das praktisch keine Materialzugabe erforderlich macht, sofern mit scharfem Werkzeug getrennt und das Werkzeug oder Werkstück nicht mit der Hand geführt wird. Ist letzteres der Fall, so muß ebenso wie bei Blechkanten, die durch Trennen mit der Lochstanze, dem Brennschneider oder dem Schaftfräser entstehen, und in allen Fällen, in denen die Kanten glatt und geometrisch gleichmäßig sein müssen, eine Bearbeitungszugabe gemacht werden, deren Größe sich nach den Trennspuren zu richten hat, die das Trennwerkzeug hinterläßt, ferner nach der Länge der Kante. Gewöhnlich kommt man in solchen Fällen mit einer Bearbeitungszugabe für die Blechkanten gleich ½ Blechdicke, jedoch nicht unter 2 mm aus.

Bei Blechteilen, die durch Tiefziehen, Streckziehen und dgl. verformt werden, ist eine durch das Festhalten der Rohteile in der Presse während des Verformungsvorganges erforderlich werdende Flächenzugabe zu machen, die als Bearbeitungszugabe angesehen werden muß, nach dem Verformen abgeschnitten wird und dann nicht mehr als Baumaterial verwendbar ist, weil die Dicke und das Werkstoffgefüge des Blechs ungleichmäßig geworden sind. Die Größe der Oberfläche des zugeschnittenen Blechstücks beträgt vor der Verformung meistens das 1,2- bis 1,5fache der Oberfläche des Fertigteils und steigt bei Streckziehteilen auf das 2fache und darüber. Dementsprechend steigt das Gewicht des Rohteils. Lineare Maßzugaben mit allgemeiner Geltung lassen sich hierfür nicht machen. Sie hängen von der Form und dem Werkstoff des jeweiligen Blechteils außerordentlich ab und werden am besten durch Versuche ermittelt. Fachbücher geben darüber erschöpfende Auskunft. Ein Beispiel eines tiefgezogenen Kastens bietet Abb. 13.

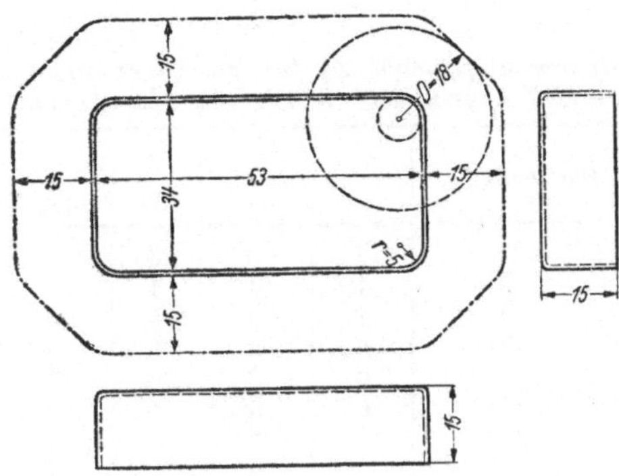

Abb. 13. Ermittlung der Maße des Rohteils für einen tiefgezogenen Blechkasten.

Die Bearbeitungszugabe muß in jedem Falle so klein wie möglich gehalten werden, besonders, wenn es sich um Material mit hohem Preis je kg handelt. Je kleiner die erforderliche Zugabe, desto geringer der Werkstoffverlust und desto größer die Entlastung der Werkzeugmaschinen und Werkzeuge, besonders bei der Zerspanung.

Durch Gießen und Schmieden können die Maße des Rohlings nahe an die des Fertigteils herangebracht werden. Hierbei hängt viel von der Größe der Toleranzen der Fertigteilmaße ab. Diese dürfen nicht unnötig fein gewählt werden. Auch die Ansprüche an das Aussehen der Fertigteil-Oberflächen dürfen nicht übertrieben werden. Sie führen vielfach zur Zerspanungsarbeit, die die Brauchbarkeit

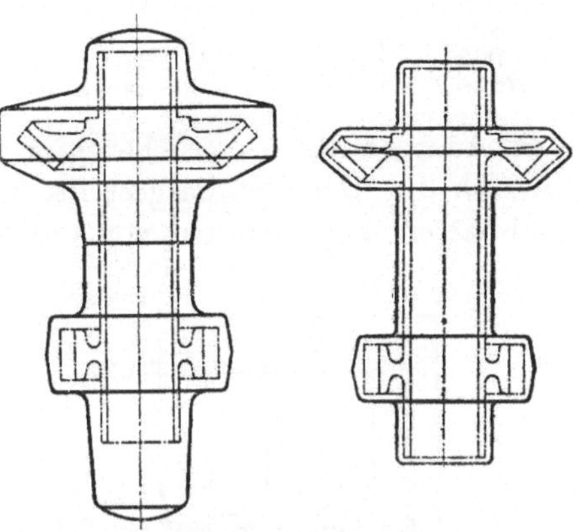

Abb. 14. Materialeinsparung durch Änderung des Schmiedeverfahrens

des Fertigungsgegenstandes nicht immer verbessert.

Die Maßrichtigkeit und Oberflächengestaltung der Halbzeuge und Rohlinge, ferner das bei der Herstellung der letzteren angewendete Verfahren üben einen wesentlichen Einfluß auf die Größe der Bearbeitungszugabe aus. Abb. 14 zeigt ein Beispiel der möglichen Einsparung an Material und Zerspanungsarbeit an einem vorgeschmiedeten Maschinenteil, bei dem durch Ausschmieden des Rohlings im Rollgesenk eine Materialeinsparung von 35% erreicht wurde

Am größten ist die Bearbeitungszugabe bei allen Teilen, die durch Zerspanen aus dem Vollen herausgearbeitet werden müssen. Die Prüfung der Geeignetheit des verwendeten Halbzeugs ist nur mittels des

Tabelle 18.

Bearbeitungszugabe Z_q für die Quermaße von Freiform-Schmiedestücken (Richtwerte). Abgerundete Werte nach der Formel $Z_q = 0{,}06\ N_m + 0{,}0017\ L + 2{,}8$[1].

Quermaß N_m	Länge L								
	50	100	200	400	1000	2000	3000	4000	5000
10	3	3	3						
20	4	4	4	5					
30	4	4	5	5					
40	5	5	6	6					
50	6	6	6	7	7				
60	6	6	6	7	8				
70	7	7	7	7	8				
80	7	8	8	8	9	11			
90	8	8	8	9	10	13			
100	9	9	9	10	12	14	16		
200		15	15	16	17	18	20	22	24
300		21	21	22	22	24	26	28	30
400		26	27	27	29	30	32	33	35
500		32	33	33	34	36	38	39	41
600		38	39	39	41	42	44	46	48
700			45	45	47	48	50	52	54
800			51	51	53	54	56	58	60
900			57	57	59	60	62	64	66
1000			63	63	65	66	68	70	72

Ausnutzungsgrades A_H (siehe S. 91) möglich. Ein Beispiel hierfür gibt Abb. 15. Der dort dargestellte Doppelzylinder aus hochwertigem Stahl hat ein Fertiggewicht von 12,8 kg. Bei der Herstellung aus einer

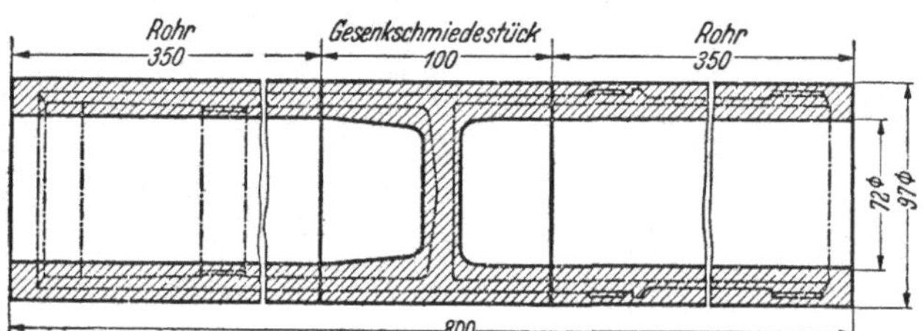

Abb. 15. Materialausnutzung bei einem hohlen Maschinenteil.

massiven Rundstange beträgt das Rohteilgewicht 43,5 kg, also $A_H = 12{,}8{:}43{,}5 = 0{,}29$. Bei der Herstellung aus zwei Rohren und einem Gesenkschmiedeteil, alle Teile miteinander stumpf verschweißt, beträgt das Rohteilgewicht nur 18,5 kg, $A_H = 12{,}8{:}18{,}5 = 0{,}69$. Bei einer Großreihenfertigung des Zylinders wurden durch den Übergang

[1] Bearbeitungs-Zugaben und Schmiedetoleranzen für Freiform-Schmiedestücke. Mitgeteilt vom Ausschuß für Schmiedetechnik. Maschinenbau. Der Betrieb. Bd. 11, Heft 7/8. 1932. Gilt auch für Tabelle 17 auf Seite 52.

Tabelle 19. *Bearbeitungszugabe für die Quermaße von Rohteilen aus gewalztem oder gezogenem Rund-, Vierkant- und Flachmaterial. Richtmaße für Halbzeuglängen bis 10 d. Bei größeren Längen ist die angegebene Bearbeitungszugabe um 1 bis 2 mm zu vergrößern, gut gerichtetes Halbzeug vorausgesetzt. Wenn sich das unter Hinzurechnung der Bearbeitungszugabe ergebende Maß d nicht mit dem Nennmaß eines genormten Halbzeugs deckt, dann ist es auf ein genormtes Nennmaß aufzurunden.*

Halbzeug	d	≤ 10	11 bis 29	30 bis 48	50 bis 58	60 bis 68	70 bis 78	80 bis 88	90 bis 98	100
rund	Z	2	3	4	5	6	7	8	9	10
4-kt flach	Z	2	3	4	4	5	5	5	5	6

Tabelle 20. *Bearbeitungszugabe für die Längsmaße von Rohteilen aus gewalzten oder gezogenen Stangen (Rund-, Vierkant-, Sechskant- und Flachmaterial) und Rohren. — Werden die Rohteile aus den Stangen auf der Drehbank bearbeitet, dann ist anstelle der hier angegebenen Bearbeitungszugabe eine Zugabe für die nach der Beendigung der Bearbeitung abzuschneidende Zentrierung nach Tabelle 21 zu machen.*

Halbzeug	d	< 10	10 bis 29	30 bis 48	50 bis 58	60 bis 68	70 bis 78	80 bis 88	90 bis 98
Stange	Z	3	4	5	6	7	8	9	10
Rohr	Z	2	2	3	3	3	3	3	5

von der ersten zur zweiten. Fertigungsart bei einer jährlichen Betriebszeit einer Drehbank von 4400 Stunden etwa 30 Drehbänke eingespart.

Verbindungszugabe

Die durch Schweißen oder Löten erzeugte Verbindung von Metallen bedingt eine Materialzugabe, die von der Art der Verbindung abhängt.

Die Größe der Zugabe für den Abbrand an jedem der durch Stumpfschweißen zu verbindenden Teile ist aus der Tabelle 24 zu entnehmen.

Bei der Gasschmelz- und der Lichtbogenschweißung hängt die Menge des Schweißdrahtes bzw. der Elektrode außer von der Schweißnahtlänge in erheblichem Maße von dem Nahtquerschnitt ab, der bei der V-Naht durch die Wahl des Öffnungswinkels derselben wesentlich beeinflußt werden kann. Wird dieser Winkel z. B. von 80° auf 70° verkleinert, dann

Tabelle 21. *Zugabe für die Zentrierabstiche bei Drehteilen. Diese Zugabe ist nur dann erforderlich, wenn die Zentrierbohrungen nicht im Werkstück verbleiben dürfen.*

d	5 bis 9	10 bis 14	15 bis 19	20 bis 39	40 bis 79	80 bis 160
Z	6	7	8	10	12	15

Tabelle 22. *Bearbeitungszugabe Z_q für die Quermaße von Gesenkschmiedestücken aus Stahl (Richtwerte)[1].*

Quermaß N_m	Länge L			
	<300	600	1000	2000
50	3	3	4	5
50— 149	4	5	6	7
150— 249	5	6	7	8
250— 349	6	6	7	8
350— 449	6	7	8	9
450— 599	6	7	8	9
600— 799	6	7	8	9
800—1000	6	7	9	10

[1] Die bei den Gesenkschmiedestücken vorhandene Seitenschräge (maximal $\sim 11°$ bei den Innenflächen und $\sim 6°$ bei den Außenflächen ist stets ein zusätzliches Maß, sofern sie nicht im Fertigteil verbleiben soll.

Tabelle 23. *Bearbeitungszugabe Z_l für die Längenmaße von Gesenkschmiedestücken aus Stahl (Richtwerte)*[1].

Länge	100	200	300	400	500	600	800	1000	1200	1500	1800	2000
Z	5	7	9	10	12	12	14	16	17	20	22	24

verringert sich der Nahtquerschnitt um etwa 17%. Wird eine X-Naht an Stelle der V-Naht verwendet, so vermindert sich der Nahtquerschnitt und damit die aufzuwendende Schweißdrahtmenge um rd. 40%. Ihre Menge ist dem Werte Querschnitt × Nahtlänge verhältig.

Die durch das Nieten bedingten Materialzugaben bestehen aus dem Gewicht der Niete (nicht nur der Nietköpfe) und dem der Überlappungen, Laschen und Unterlegstreifen. Beide Gewichte zusammen betragen etwa zwischen 4 + 6 bis 6 + 6% des Walzmaterials, so daß eine genaue Mengenermittlung und der meistens damit verbundene Versuch des Einsparens zweckmäßig ist.

Tabelle 24. *Zugabe für den Abbrand an jedem der durch Stumpfschweißen zu verbindenden Teile. Richtwerte.*

Runder oder quadratischer Querschnitt in mm²	bis 100	105 bis 350	355 bis 700	705 bis 1200	1205 bis 2000	2005 bis 3000	3005 bis 4000	4005 bis 5000	5005 bis 6400
Abbrandzugabe in mm etwa	4	5	6	7	8	9	10	11	12

Sonderzugabe

Außer den Trenn-, Bearbeitungs- und Verbindungszugaben ist aus besonderen Gründen eine weitere Materialmengenzugabe zu machen.

Die Halbzeugstangen, von denen die Rohteile für das Schmieden und Zerspanen, ferner die Bleche in Tafel- und Bandform, die Holzbretter, Häute usw., von denen die Rohteile zur Weiterverarbeitung abgeschnitten werden, haben handelsübliche oder andere Maße, deren Größe innerhalb zum Teil großer Toleranzen oder aus natürlichen Gründen (z B. bei den Tierhäuten) stark schwankt. Ein vollständiges Aufschneiden der abfallenden Halbzeugreste (Stangenenden, Blechabschnitte und dgl.) an sich brauchbar für den Fertigungszweck, für den das Material eingekauft worden ist, kann in den seltensten Fällen erfolgen. Es verbleiben also Reste. Zur *Materialprüfung* und zu *Probearbeiten*, zum *Einspannen* von Halbzeugstangen in die Spannfutter der Drehbänke, Revolver- und Automatenbänke, zum *Anfassen* beim Biegen von Rohren usw. sind zusätzliche Materialmengen erforderlich. (Die zum Festhalten der Bleche beim Tiefziehen und Streckziehen be-

---

[1] Die bei den Gesenkschmiedestücken vorhandene Seitenschräge (maximal ~11° bei den Innenflächen und ~ 6 bei den Außenflächen) ist stets ein zusätzliches Maß, sofern sie nicht im Fertigteil verbleiben soll.

nötigte zusätzliche Blechmenge ist nicht als Sonderzugabe, sondern als Bearbeitungszugabe zu behandeln!)

Beim Sand-, Kokillen- und Spritzguß entsteht ein wesentlicher Mehraufwand durch die Materialmenge in den *Trichtern, Kanälen, Steigern* usw. und ein Verlust durch Abbrand. Die Größe dieser Menge geht aus Tabelle 25 hervor, die Richtwerte für die Größe der Einsatz-

Tabelle 25. *Größe der Einsatzmenge im Verhältnis zum Gewicht des geputzten Sandgußrohlings aus Stahl. Richtwerte.*

Art der Gußteile	Gewicht des geputzten Rohlings in Kilogramm							
	1	10	50	100	500	1000	5000	10000
Massivguß ohne Kern	2,2	2,0	2,0	1,9	1,85	1,80	1,75	1,70
Rippenguß mit kleinen Kernen. .	2,6	2,5	2,4	2,3	2,2	2,2	2,0	2,0
Maschinenguß mit großen Kernen .	4,0	3,5	3,2	3,0	2,8	2,6	2,5	2,3
Sehr schwieriger Guß	16,5	15,0	10,0	—	—	—	—	—

menge im Verhältnis zum Gewicht des geputzten Sandgußrohlings aus Stahl angibt. Dieses Verhältnis hängt vom Grad der Verwickeltheit der Form und von den Dichtigkeitsforderungen an den Guß ab und wird mit steigendem Rohlingsgewicht im allgemeinen kleiner. Bei Guß aus anderm Werkstoff weist das Verhältnis ähnliche Werte auf. Siehe Tabelle 26 für Leichtmetalle. Wenn auch die zum Guß benötigten

Tabelle 26. *Größe der Einsatzmenge im Verhältnis zum Gewicht des geputzten Sandgußrohlings aus Leichtmetall. Richtwerte.*

Art der Gußteile	Gewicht des geputzten Rohlings in Kilogramm							
	0,5	1	5	10	20	50	100	200
Einfacher Guß	5,4	4,3	3,5	3,0	2,5	2,1	1,90	—
Schwieriger Guß	8,0	6,3	5,0	4,2	3,3	2,6	2,2	2,0

Trichter, Steiger usw. wieder eingeschmolzen werden können, geht doch ein Teil des Materials (8 bis 12%) bei dem jedesmaligen Schmelzen und Gießen desselben Materials durch Abbrand usw. verloren. Jedenfalls muß zum Gießen eines jeden Gegenstandes die gesamte benötigte Materialmenge vorhanden sein, die ein Mehrfaches der im fertigen Gußstück enthaltenen Menge ist.

Beim Schmieden entsteht der Materialmehraufwand durch den *Abbrand* (etwa 4 bis 6%) beim Erwärmen auf Schweißhitze und beim Schmieden, durch übrigbleibende Reste des Vormaterials (etwa 4%) und durch den *Grat* beim Gesenkschmieden. Die Gratmenge hängt in hohem Maße von der Form des Schmiedestückes und dem dadurch bestimmten Verfahren des Schmiedens ab. Sie ist gleich null bei dem reinen Stauchen von Stangen und am höchsten bei sehr unregelmäßig geformten Teilen, die freiformvorgeschmiedet und dann im Gesenk fertiggeschmiedet werden. Tabelle 27 gibt Richtwerte für die Größe der Einsatzmenge im Verhältnis zum Gewicht des entgrateten Gesenkschmiederohlings aus Stahl. Die Verhältniszahl liegt bei diesen Rohlingen (bis 300 kg Gewicht) im Durchschnitt zwischen 1,30 und 1,40.

Tabelle 27. *Größe der Einsatzmenge im Verhältnis zum Gewicht des entgrateten Gesenkschmiederohlings aus Stahl. Richtwerte.*

Art der Gesenkschmiedeteile	Gewicht des entgrateten Rohlings in Kilogramm					
	< 0,5	0,5 bis 1	> 1 bis 3	> 3 bis 5	> 5 bis 10	> 10
Flache und gestreckte Umdrehungskörper	1,35	1,25	1,15	1,15	1,13	1,10
Hebel, Lager, Stangen	1,80	1,55	1,50	1,45	1,35	1,35
Kurbelwellen und dgl.	—	—	1,50	1,50	1,45	1,45
Unregelmäßige Körper	1,65	1,55	1,50	1,42	1,35	1,33

Der bei der Herstellung rohbleibender Teile entstehende Mehrverbrauch an Material hängt vom Gegenstand und dem bei seiner Herstellung verwendeten Verfahren ab. Tabelle 28 gibt einige Beispiele für die Größe der Sonderzugabe, in der auch die Zugabe für die gegebenenfalls noch erforderliche Zerspanung enthalten ist.

Tabelle 28. *Größe der Materialeinsatzmenge in Prozenten des Gewichts des rohen Teils aus Stahl. Richtwerte.*

Gegenstand	Einsatzmenge in Prozenten des Rohgewichts
Warmgepreßte Muttern	145
Kaltgepreßte Muttern	200
Schrauben aus gezogenem Material gestaucht	115
Schlüsselschrauben	135
Holzschrauben, gewalzt	122
Spannschlösser	150
Handelsketten, geschweißt	113
Stegketten, geschweißt	120
Schraubenschlüssel nach DIN	167

Ferner entsteht bei der Fertigung unvermeidlicher *Material-* und *Arbeitsausschuß* durch wechselnde Materialeigenschaften, nicht früh genug erkennbare Schlackeneinschlüsse, Lunker und Risse, durch ungeeignete Werkzeuge, mangelnde Fachkenntnisse der Arbeiter und dgl.

Beim Zerspanen ist die Art und Anzahl der Arbeitsgänge von Einfluß auf den Arbeitsausschuß. Je größer diese Anzahl und je feiner die Maßtoleranzen sind, desto größer wird die Ausschußgefahr sein. Beim Gießen, Schmieden und Pressen kann die Fehlarbeit bei der Rohlingsherstellung, und auch bei dem daranschließenden Zerspanen entstehen.

Aus allen diesen und ähnlichen Gründen entsteht ein Materialmehrverbrauch, der über die im Rohteil plus Trennzugabe enthaltene Menge hinausgeht und bei der Ermittlung der Gesamtmenge für einen bestimmten Fertigungsfall berücksichtigt werden muß, damit nicht während der Fertigung eine Materialknappheit entsteht, die auch ein gut vorgeplante Fertigung empfindlich stören und unwirtschaftlich machen kann.

Die Größe des Sonderzuschlags hängt von so vielen Dingen ab, daß man in allen den Fällen auf grobe Schätzung angewiesen ist, in denen nicht bereits längere Erfahrungen mit dem Fertigungsgegenstand, den Fachkenntnissen der Belegschaft, der Leistungsfähigkeit der Halbzeug-, Gußteil- und Schmiedeteil-Lieferanten usw. vorliegen. Zur Steigerung der Erfahrung und der damit verbundenen Erhöhung der Schätzungssicherheit ist die für die Durchführung der einzelnen Fertigungen benötigte Materialmenge dem Gewicht der Fertigteile gegenüberzustellen und der Materialausnutzungsgrad zu berechnen und zu bewerten, über den auf S. 90 und folgende nähere Angaben gemacht werden.

Die Sonderzugabe schließt *nicht* den Materialmehrbedarf ein, der infolge besonderer, unregelmäßig vorkommender Ereignisse eintritt. Siehe folgenden Abschnitt.

Materialmenge zur Einzelteilfertigung

Bezeichnet man mit

G_F die im Fertigteil

G_{Rt} die in dem vom Halbzeug oder Rohling abgeschnittenen Rohteil

G_T die in der Trennzugabe

G_B die in der Bearbeitungszugabe

G_S die in der Sonderzugabe für übrigbleibende Halbzeug- und Rohlingsreste, für Materialprüfung, Versuchsarbeiten, Einspannenden, Gießtrichter, -steiger und -kanäle, für Abbrand, Grat, Material- und Arbeitsausschuß

enthaltene Materialmenge, dann ist die für das einzelne Rohteil erforderliche Halbzeug- oder Rohlingsmenge

$$G_{Rt} = G_F + G_T + G_B$$

und die für das zu fertigende Einzelteil bereitzustellende, bei der Mengenermittlung normal einzusetzende Materialmenge

$$G_E = G_{Rt} + G_S = G_F + G_T + G_B + G_S.$$

Wenn auch der Abfall, also die über G_F hinausgehende Menge nicht in jedem Fall nur Schrott oder verlorener Stoff ist, sondern zu einem mehr oder weniger großen Teil zur Fertigung anderer Teile Verwendung finden kann, so ist es doch in den meisten Fällen fraglich, in welchem Umfange und wann mit einer nutzbringenden Verwertung zu rechnen ist. Einen Sonderfall bildet das zur Herstellung von Gußstücken in den Trichtern,

Steigern, Kanälen usw. benötigte zusätzliche Material, das von den fertigen Gußstücken abgeschnitten und wieder eingeschmolzen wird, Es gehört zur Einsatzmenge, wird aber nicht gänzlich verbraucht. Nur der Abbrand, der im Durchschnitt 6 bis 8% des umlaufenden Materials, bei einzelnen Legierungsmetallen jedoch bedeutend mehr beträgt (siehe S. 67), ist verloren.

In welchem Umfange die zum Teil erhebliche Materialmenge, die in dem beim Schmieden entstehenden Grat enthalten ist, der vollwertigen Wiederverwertung zugeführt wird, hängt von den Nebeneinrichtungen der Schmiede ab und muß in den meisten Fällen ganz zur Einsatzmenge für ein Schmiedestück gerechnet werden.

Materialmehrbedarf infolge besonderer Ereignisse

Auf dem Wege vom Materialerzeuger zum -verbraucher entstehen infolge unsachgemäßer Verpackung und Verladung Materialmengen- und -gütemängel. Stangenenden, Rohrenden und Tafelkanten werden beschädigt. Infolge von Wasser- und Lufteinwirkung treten Rost- und andere Schäden auf.

Infolge von Konstruktionsänderungen werden vorgearbeitete und fertige Teile nutzlos und müssen durch neue ersetzt werden. Infolge von erforderlich werdenden Verstärkungen der Teile oder von Berichtigungen der Materialmengen-Berechnung tritt ein zum Teil wesentlicher Mehrbedarf ein.

Beim Zusammenbau geht infolge von Unachtsamkeit Material, besonders Kleinzeug, wie Muttern, Unterlegscheiben und Splinte, ferner Schweißdraht, Lot und Leim verloren. In den Materiallägern tritt Schwund durch Verderben oder Unehrlichkeit ein. Durch Unordnung im Lager wird Material verkramt oder falsch geleitet, z. B. an Unterlieferanten, die dafür die nicht aufgegebene Verwendung haben, und findet sich nicht zur Zeit wieder an.

Verspätet eintreffendes Material veranlaßt die Verwendung von vorhandenem, das vielleicht für andere Zwecke vorgesehen war und zu einer größeren Abfallmenge führt.

Unterlieferanten liefern mit großer Verzögerung und bedingen dadurch Parallelfertigung an anderer Stelle.

Durch Brand, falsche Warmbehandlung oder andere nicht zu verhindern gewesene Ereignisse werden fertige Gegenstände, halbfertige Teile, Halbzeuge usw. vernichtet.

Aus diesen und ähnliche Gründen wird in der Wirklichkeit noch mehr Material für die Fertigung von Gegenständen notwendig, als nach dem Einsatzgewicht berechnet, erforderlich erscheint. Wie groß der so entstehende Mehrbedarf durchschnittlich ist, läßt sich im voraus mit einiger Sicherheit nicht sagen. Er wird auch je nach dem Fertigungsgegenstand und den damit zusammenhängenden Fertigungsweisen verschieden groß sein.

Konstruktionsänderungen können, besonders, wenn die Konstruktion verhältnismäßig schnell durchgeführt werden mußte, oder der Auftraggeber seine Forderungen an den Fertigungsgegenstand während der Fertigung ändert, einen Mehraufwand an Material von durchschnittlich 20 bis 25% bringen. In einem solchen Falle können die Teile aber mit Recht als Gegenstände eines neuen Auftrags angesehen werden.

Nieten und ähnliches Kleinzeug gehen bei Außenmontagen von Eisenkonstruktionen und dgl. in Mengen von etwa 15% der nach den Listen benötigten Zahl verloren. In Kilogramm umgerechnet macht dieser Verlust zwar keinen erheblichen Prozentsatz der Gesamtmaterialmenge aus, trotzdem wird sich z. B. ein Fehlen von Nieten beim Zusammenbau sehr nachteilig auswirken.

Die durch Brand und dgl. unbrauchbar werdenden und Ersatz fordernden Materialmengen lassen sich von vornherein niemals übersehen und werden erst dann zu bemessen sein, nachdem der Zerstörungsfall eingetreten ist.

Da aus allgemeinwirtschaftlichen Gründen und besonders zu einer Zeit großen Materialbedarfs nicht mehr Material bestellt und im Lager gehalten werden darf, als zur Durchführung der vorliegenden Aufträge wirklich notwendig ist, muß die Mengenermittlung sehr genau sein und darf nicht mehr Materialreserve einschließen, als nach den vorliegenden Erfahrungen mindestens erforderlich erscheint. Es gibt auch Sonderfälle, in denen mit einem wesentlich größeren Materialaufwand gerechnet werden muß. Wird z. B. ein einzelnes Gußteil aus einer Sonderlegierung verlangt, für die im allgemeinen kein Bedarf ist, so muß für dieses Teil manchmal wegen der Schmelztiegelgröße usw. eine Werkstoffmenge geschmolzen werden, die erheblich größer ist, als sie das Gießen des Teils verlangt, und der Rest in der Erwartung auf eine weitere Verwendung derselben Legierung als Werkstoff eine Zeitlang auf Lager genommen werden. Durch einen solchen Vorgang erhöht sich die zu beschaffende Materialmenge und verteuert sich das Gußstück erheblich.

Wie groß der von vornherein in die Mengenberechnung einzubeziehende Mehrbedarf wegen unvorherzusehender Ereignisse angenommen werden kann, hängt in Zeiten der behördlichen Materialzuteilung von dem Einverständnis der Zuteilungsstelle ab. Es empfiehlt sich, deren Zustimmung zur Höhe des Zuschlags möglichst vor der Aufstellung der Materialmengen zwecks Erlangung des Material-Kontingents (d. h. die auf den eigentlichen Bedarf beschränkte Menge) für den vorliegenden Fall einzuholen.

Gesamtmaterialmenge

Die Ermittlung der für einen Fertigungsfall vom Hersteller zu beschaffende, bei der Preisbemessung der Fertigungsgegenstände und der Materialbestellung zu berücksichtigenden Gesamt-Materialmenge ist nach den in den voraufgehenden Abschnitten gemachten Angaben nicht einfach. Sie verlangt die volle Aufmerksamkeit des mit der Mengenermittlung betrauten Ingenieurs und gute Kenntnisse der Fertigungsverfahren. Es ist in jedem Falle zweckmäßig, die Menge mit dem Fertigungsbetrieb abzustimmen.

Es besteht vielfach die Gewohnheit, die Halbzeug- und Rohlingsmengen, die zur Fertigung der von Unterlieferanten bezogenen Fertigteile erforderlich sind, nicht zu ermitteln. Oft kümmert man sich auch nicht um das Material für die Normteilfertigung, selbst wenn diese im eigenen Werk vorgenommen wird. Im letzteren Falle werden Normteile meistens auf Lager gearbeitet und erscheinen bei der Vorbereitung und Abrechnung des Fertigungsgegenstandes in ihrem Fertigzustand als Material.

Wenn die zur Fertigung der in einem Gegenstand enthaltenen Normteile erforderliche Materialmenge im Verhältnis zur Gesamt-Materialmenge groß ist, — und sie wächst mit zunehmender Verwendung von Normteilen, — dann führt die Nichtberücksichtigung der zur Normteilfertigung erforderlichen Materialmengen zu einer unrichtigen Materialmengenermittlung für den herzustellenden Gegenstand. Diese Ermittlung wirkt sich meistens dann besonders nachteilig aus, wenn der Normteilverbraucher aus irgendwelchen Gründen gezwungen ist, die benötigten Normteile selbst zu fertigen.

Hinzukommt, daß durch das Nichterfassen *aller* zur Durchführung eines Fertigungsauftrages benötigten Materialmengen Fehlmaßnahmen der unter gewissen Verhältnissen mit der Sicherstellung des Materials beauftragten zivilen und staatlichen Stellen entstehen müssen, und dann zu wesentlichen Störungen des Lieferprogramms führen.

Andererseits werden manchmal Mengenzuschläge für Ersatzteile gemacht, für die zwar noch keine Aufträge vorliegen, deren Absatz jedoch nach Lage der Dinge zu erwarten ist, oder für Versuchsgegenstände, die man zur Weiter- oder Neuentwicklung fertigen will. Eine solche, in manchen Fällen gerechtfertigte Materialmenge darf aber keineswegs zur Einsatzmenge für einen eindeutigen Fertigungsauftrag gerechnet werden, da sonst Materialausnutzungsgrade ermittelt werden, die ein völlig falsches Bild ergeben.

Es ist zweckmäßig, zur Materialbestellung die Halbzeugmengen in die handelsüblichen Maße, wie Stangenlängen, Rohrlängen, Tafelgrößen usw. umzurechnen, die auf den Normblättern der Halbzeuge angegeben sind, sofern nicht andere Größen, wie abgepaßte Stangenlängen, Maßbleche und dgl. vorteilhafter erscheinen. Tabelle 29 gibt einige Vorzugsgrößen von Halbzeugen aus Schwer- und Leichtmetall nach den DINormen an.

Bei dieser Umrechnung erfolgt meistens eine Mengenaufrundung, die wirtschaftlich sein kann, aber nicht erfolgen darf, wenn die wirklich benötigte Menge nur einen Bruchteil einer Stange, einer Blechtafel usw. beträgt. Bei teuerem Material, z. B. Edelmetallen, darf man die Menge nicht auf 1 kg aufrunden, wenn nur einige Gramm dieses Materials erforderlich sind.

Es gibt auch Handelsgebräuche, die die Übereinstimmung der Materialplanung mit der -lieferung stark gefährden können. Nach den Richtlinien z. B. für die Herstellung und Lieferung von Gesenkschmiedestücken aus Stahl, die die Wirtschaftsgruppe Werkstoffverfeinerung und verwandte Eisenindustriezweige in Hagen herausgegeben hatte, waren zum Teil recht beachtliche Stückzahlabweichungen in % der Liefermengen zulässig. Von den Gesenkschmiedeteilen im Gewicht bis 0,1 kg mußten mindestens 100 Stück, im Gewicht von 0,1 bis 1,0 kg mindestens 6 Stück angefertigt und natürlich auch abgenommen werden, wenn die Schmiede die Mehrlieferung über den Bedarf des Auftraggebers hinaus nicht anderweitig unterbringen konnte. Bei Teilen im Stückgewicht von 1,0 kg betrug die zuzulassende Mehrlieferung bei 100 Stück 10%, bei 1000 Stück 7%, bei 10000 Stück 4%, das waren im letzten Falle also bis 400 (!) über den angefallenen Bedarf hinaus. Ähnliche Handelsgebräuche können immer wieder entstehen. Die im August 1944 erschienene DIN 7521: Schmiedestücke aus Stahl, Technische Richtlinien für Lieferung, Gestaltung und Herstellung enthält Angaben über zulässige Stückzahlabweichungen, die von den oben angegebenen nicht wesentlich verschieden sind.

Ermittlung der Einsatzmenge der Werkstoffe

Die zur Herstellung der Halbzeuge und Rohlinge einzusetzende Werkstoffmenge ist größer als die in ihnen enthaltene Menge. Der Werkstoffzuschlag zu dieser Menge hängt unter anderem von der Werkstoffart, der Halbzeugform (Stange, Profil, Rohr, Draht, Blech usw.) und dem Herstellungsverfahren des Halbzeugs (Walzen, Ziehen, Strangpressen) und des Rohlings (Gießen, Schmieden, Gesenkpressen) ab.

Der bei der Herstellung des Gießblocks der Metalle und der späteren Warmbehandlung bis zur Fertigstellung der Halbzeuge und Rohlinge entstehende Abbrand ist ein absoluter Werkstoffverlust. Der bei der Halbzeugherstellung entstehende Abfall, z. B. beim Beschneiden der gewalzten Bleche, gesägten Bohlen und Bretter, beim Ablängen der Stangen, Profile und Rohre auf die handelsüblichen, genormten oder

Tabelle 29. *Lagergrößen oder Vorzugsmaße der Halbzeuge aus Metall nach Angaben der Dinormen im DIN-Taschenbuch 4 vom Juli 1941.*

Halbzeug-art	Werkstoff	Halbzeugform und Formmaße	Lagergrößen, Vorzugsmaße
Stange	Stahl, gewalzt	Rund, Durchmesser in mm 5 bis unter 70 70 „ „ 120 120 „ „ 170 170—200 Quadrat, Maße in mm 8 × 8 bis unter 70×70 70×70 „ „ 120×120 120×120 „ „ 160×160 Sechskant 5—100 mm Flach von 12—150 mm Br.	 3—15 m 3—10 m 3— 8 m 3— 6 m 3—15 m 3—10 m 3— 8 m Nach Vereinbarung 3—15 m
	Stahl, gezogen	Flach Präzisionsrund Rund, bis 3 Paßeinheiten Wellen, gerichtet und poliert Rund, blank gezogen Vierkant, Sechskant	bis 7 m „ 2 m 2—4 m 5—7 m bis 7 m „ 7 m
	Messing, gezogen Messing, gepreßt	Rund bis 1,80 mm ⌀ über 1,80 mm ⌀ Flach, Vier- und Sechskant Flach- Vier- und Sechskant	2 m 2—4 m 2—4 m 2—4 m
	Kupfer, gezogen	Rund, flach	2—4 m
	Aluminium Aluminium-Leg.	Flach, Winkel Rund, Vier- und Sechskant	2—4 m mind. 2 m
	Magnesium-Leg.	Flach, Rund, Vier- und Sechskant	mind. 2 m
Rohr	Stahl, gezogen	Nahtlos	2—7 m
	Messing, gezogen	Nahtlos	mind. 3 m
	Kupfer, gezogen	Nahtlos	mind. 3 m
	Aluminium- und Magnesium-Leg.	Nahtlos gezogen gepreßt	mind. 3 m
Blech	Stahl, Fein	Dicke in mm 0,18—0,24 0,28—0,32 0,38—0,44 0,50—0,63 0,75—0,88 1,00—1,75 2,00—2,75	Breite×Länge in mm 650　1000 750　1500 800　2000 1000　2250 1100　2500 1250　3000 1400　3500
	Stahl, Mittel	3,00—4,75	1000　2000 1250　2500 bis　bis
	Stahl, Grob	5—6 mm über 6—7 mm	2000 mm　6 m 2300 mm　7 m

Tabelle 29 (Fortsetzung).

Halbzeug-art	Werkstoff	Halbzeugform und Formmaße	Lagergrößen, Vorzugsmaße
Blech	Stahl, Grob	Dicke in mm über 7—10 mm „ 10—15 mm „ 15—20 mm „ 20—45 mm „ 45—50 mm „ 50—60 mm	Breite × Länge in mm bis bis 2600 mm 8 m 3000 mm 9 m 3300 mm 10 m 3600 mm 10 m 3600 mm 11 m 3600 mm 12 m
	Messing	Dicke in mm 0,10—0,25 0,30—0,35 0,40—5,00 Vorzugsbreiten bis 2 mm Dicke	Breite bis Länge bis 800 mm 1—3 m 900 mm 1—3 m 100 mm 1—3 m 500, 550, 600 mm
	Kupfer	Dicke in mm 0,10—0,25 0,30—0,35 0,40—5,00 Vorzugsbreiten bis 0,45 mm Dicke über 0,45 mm „	Breite bis Länge bis 800 mm 1—3 m 900 mm 1—3 m 1000 mm 1—3 m 400, 500, 600, 750, 1000 mm
	Zink	0,15—6 mm Dicke	Breite × Länge in mm 650 × 2000 800 × 2250 1000 × 2500
	Aluminium	Dicke in mm 0,20—0,25 0,30—0,35 0,40—5,00 Vorzugsbreiten bis 1 mm Dicke über 1 mm „	Breite bis Länge bis 800 mm 1—3 m 900 mm 1—3 m 1000 mm 1—3 m 350, 500, 600, 750, 1000 mm
	Aluminium-Leg.	Dicke in mm 0,2— 0,5 0,6— 4,0 5,0—15 20 —30	Breite × Länge in mm 500 × 2000 1000 × 2000 700 × 2000 600 × 2000 500 × 2000 500 × 2000 300 × 1500
	Magnesium-Leg.	Dicke in mm 0,3—0,4 0,5 0,6 0,8—5,0 6 8 10	Breite × Länge in mm 400 × 2500 400 × 3000 500 × 3000 650 × 3000 650 × 2500 650 × 1800 650 × 1450

Sondermaße, ist nur zum Teil für die Neufertigung dieses Materials wieder verwendbar.

Das gleiche ist bei dem Abfall der Fall, der beim Gießen durch die Trichter, Steiger, Kanäle usw. und der beim Schmieden durch den Grat entsteht. (Dieser Abfall ist in der Einsatzmenge für die Werkstückfertigung bereits berücksichtigt.)

Tabelle 30. *Größe der Werkstoffeinsatzmenge im Verhältnis zum Gewicht des fertigen Halbzeugs aus Stahl. Richtwerte.*

Halbzeugart	Einsatzmenge in Prozenten des Halbzeuggewichts
Stabstahl, gezogen	110
„ gezogen und geschliffen	115
„ geschält	120
Stahldraht, gezogene	110
Stahlseil ohne Hanfseele	115
Schweißdraht, handelsüblich, in Ringen	107
„ „ „ Stäben	108
„ niedrig- und mittellegiert, in Ringen	110
„ „ „ „ „ Stäben	115
„ hochlegiert, in Ringen	115—120[1]
„ „ „ Stäben	120—125[1]
Stahlniete	110
Gasrohr, nahtlos aus vorgewalztem Material	130—145[1]
„ geschweißt	130
Warmgewalzte Qualitätssiederohre, kleine $\varnothing$	140
„ „ mittlere $\varnothing$ bis 300 mm	135
„ „ „ $\varnothing$ über 300 mm	135—160
Präzisionsstahlrohre	155—200[1]
Präzisionsrohr aus abgedrehtem und gebohrtem legiertem Rundstahl	170—220[1]
Grob- und Mittelblech	130
Feinblech	140
Bandstahl, kalt gewalzt,	
C bis 0,25 %, mit Naturwalzkanten	130
„ beschnittenen Kanten	135
C über 0,25 %, mit Naturwalzkanten	140
„ beschnittenen Kanten	150

Die Größe der Einsatzmenge der unlegierten und legierten Werkstoffe im Verhältnis zum Gewicht des fertigen Halbzeuges hängt von dem Herstellverfahren und der Halbzeugart ab und ist sehr verschieden. Tabelle 30 gibt einige Richtwerte für Halbzeuge aus Stahl.

ı Zum Herstellen des Gußblocks zum Vorschmieden und Fertigschmieden werden 150÷170÷190% des Gewichts des nicht abgegrateten und geputzten Rohlings benötigt.

Material- und Arbeitsausschuß bei der Halbzeugherstellung sind in diesen Prozentsätzen nicht enthalten.

---

[1] die höheren Prozentzahlen gelten für die kleineren Maße.

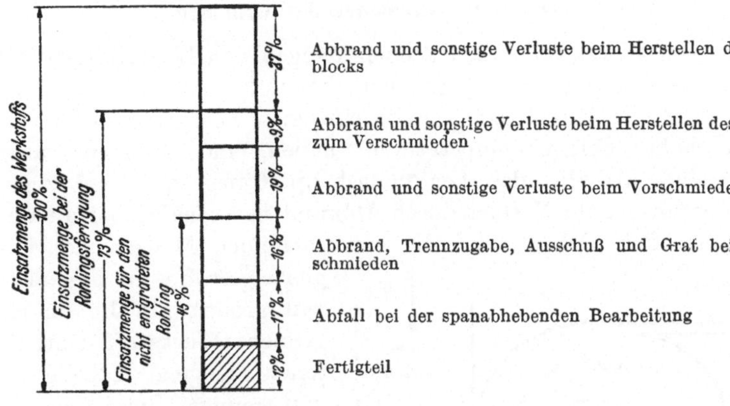

Abbrand und sonstige Verluste beim Herstellen des Rohgußblocks

Abbrand und sonstige Verluste beim Herstellen des Gußblocks zum Verschmieden

Abbrand und sonstige Verluste beim Vorschmieden

Abbrand, Trennzugabe, Ausschuß und Grat beim Gesenkschmieden

Abfall bei der spanabhebenden Bearbeitung

Fertigteil

Abb. 16. Werkstoffmengenaufwand bei den Vorgängen vom Einschmelzen des Werkstoffs bis zur Fertigstellung eines Schmiedestückes.

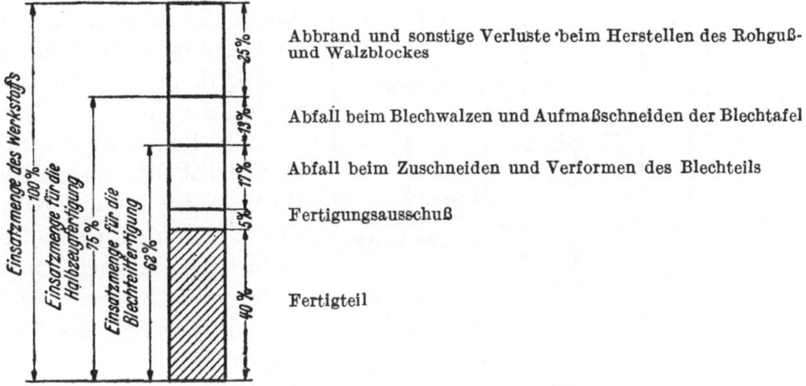

Abbrand und sonstige Verluste ·beim Herstellen des Rohguß- und Walzblockes

Abfall beim Blechwalzen und Aufmaßschneiden der Blechtafel

Abfall beim Zuschneiden und Verformen des Blechteils

Fertigungsausschuß

Fertigteil

Abb. 17. Werkstoffmengenaufwand bei den Vorgängen vom Einschmelzen des Werkstoffs bis zur Fertigstellung eines Blechteil ohne Löcher.

Tabelle 31. *Prozentualer Zuschlag zu der Menge des im legierten Werkstoff verbleibenden einzelnen Legierungsstoffes.*

Legierungsstoff	Zuschlag zum Grundstoff		Legierungsstoff	Zuschlag zum Grundstoff	
	Stahl %	Bunt- und Leichtmetall %		Stahl %	Bunt- und Leichtmetall %
Aluminium .	100	5	Nickel. . . .	—	3
Antimon. . .	—	10	Silizium . . .	100	5
Blei.	—	15	Titan	100	5
Chrom . . .	150	5	Vanadium . .	200	5
Eisen	15	—	Wolfram . .	180	—
Kupfer . . .	—	5	Zink	—	5
Mangan . . .	100—200	5	Zinn	5	5
Molybdän . .	40				

Ermittlung der Einsatzmenge der Grundstoffe

Die in den Werkstoffen enthaltenen Mengen von Legierungsstoffen sind nach der in Prozenten angegebenen chemischen Zusammensetzung der Werkstoffe zu berechnen. Da die einzelnen Legierungsstoffe verschieden hohe Schmelztemperaturen haben, die meistens aber niedriger sind als die des Legierungshauptstoffes, dem sie zugemischt werden, ist ihr Verlust durch Abbrand meistens größer als der des Hauptstoffes. Daher sind die einzusetzenden Mengen der Legierungsstoffe im allgemeinen größer, als die im legierten Werkstoff enthaltenen Mengen. Tabelle 31 gibt einige Zuschläge zu dem im Werkstoff verbleibenden Legierungsstoffmengen an. Wenn z. B. in einem Chrom-Mangan-Stahl 14% Chrom enthalten sein sollen, dann sind ihm beim Legieren etwa $14 + 1{,}50 \cdot 14 = 35\%$ hinzuzufügen. Die in der Tabelle angegebenen Prozentsätze sind Richtwerte. Die im Einzelfall erforderlichen Mengen hängen auch vom Schmelzverfahren und der Art des Halbzeuges ab.

Bei der Herstellung der Werkstoffe werden große Mengen Schrott dem jungfräulichen Grundstoff zugesetzt, z. B. beim Eisen 40 bis 80%, bei Leichtmetallen 50 bis 70%. Dadurch wird zwar der Bedarf an jungfräulichen Stoffen, aber nicht die gesamte Einsatzmenge zur Werkstoffherstellung vermindert.

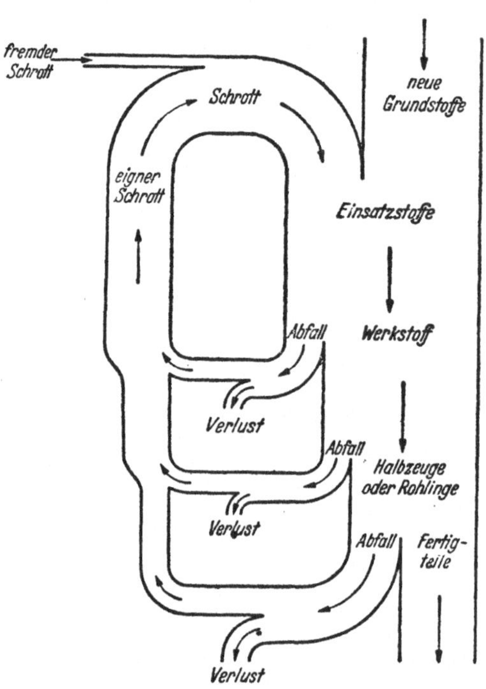

Abb. 18. Materialfluß vom Grundstoff zum Fertigteil.

Mengenüberschlag

Art der Richtwerte. Da es bei der hohen Verantwortung, die mit der Materialmengenermittlung verbunden ist, stets erforderlich sein wird das Ermittlungsergebnis zu überprüfen, so sind Richtwerte aufzustellen die die Möglichkeit eines im allgemeinen ausreichend genauen Mengenüberschlags bieten.

Solche Richtwerte können z. B. sein

1. das Verhältnis des Gesamt-Materialgewichts zum Fertiggewicht des unter Verwendung des Materials hergestellten Gegenstandes: Brücke, Schiff, Kraftwagen, Dampfmaschine, Pumpe, Kessel und dgl.

2. das Verhältnis des Gewichts der einzelnen Werkstoffarten: Stahl, Buntmetall, Leichtmetall, Holz, Gummi, Leder und anderer nicht-metallischer Stoffe, zum Gesamt-Materialgewicht.

3. das Verhältnis des Gewichts der einzelnen Halbzeugarten: Rund-, Sechskant-, Vierkant-, Profilstangen, Rohre, Bleche usw., und der Rohlinge: Guß-, Schmiede- und Preßteile zum Gesamt-Materialgewicht oder auch zum Gesamtgewicht der Halbzeuge und Rohlinge aus gleichem Werkstoff.

Mit Hilfe einer überlegten statistischen Auswertung der bei vorangegangenen Fertigungsgegenständen ermittelten Verhältniswerte lassen sich zwischen dem Gewicht des Materials und dem des Fertigteils oft einfache Beziehungen feststellen, deren Genauigkeitsgrad meistens ausreicht, um verantwortlich zu prüfen, ob die Mengenrechnung für einen neuen art-, aber nicht größengleichen Fertigungsgegenstand ein praktisch richtiges Ergebnis gebracht hat. Doch darf man solche Richtwerte nicht als Ersatz für die genaue Berechnung der Mengen verwenden.

Gesamtmaterialgewicht und Fertiggewicht. Während das Verhältnis zwischen dem Materialgewicht und dem Fertiggewicht bei den verschiedenen Einzelteilen, aus denen sich ein Fertigungsgegenstand zusammensetzt, stark schwankt, und je nach dem angewendeten Fertigungsverfahren größer oder kleiner sein kann, wie aus der Tabelle 37 hervorgeht, pflegt dieses Verhältnis bei den aus den Einzelteilen zusammengebauten Gegenständen, also der Durchschnittswert aus allen Einzelwerten, im allgemeinen erheblich weniger zu schwanken.

Man kann auch mit Vorteil Verhältnisse zwischen dem Gewicht und den Raummaßen des Fertigungsgegenstandes bilden, auf die vielfach auch sein Fertiggewicht bezogen wird, um für dieses Überschlagswerte zu erhalten.

Einen solchen Überschlagswert bildet z. B.

das Schiffskörpergewicht in t zu dem Rauminhalt eines diesen Körper umgebend gedachten, aus Länge, Breite und Seitenhöhe des Schiffes gebildeten Parallelepipeds, d. h. eines Kastens mit rechteckigen parallelen Wänden, in m³;

das Gewicht eines Verbrennungsmotors in kg zu dem Gesamthubvolumen seiner Zylinder in l;

das Gewicht eines kastenförmigen Behälters in kg zur Oberfläche eines raumgleichen Würfels in m² (Oberfläche $F = 6 \cdot \sqrt[3]{J^2}$, worin J der Behälterinhalt in m³);

das Gewicht eines Kraftwagenreifens in kg zum Produkt $D \cdot B^2$, worin D den äußeren Reifendurchmesser, B die äußere Reifenbreite in m bezeichnet;

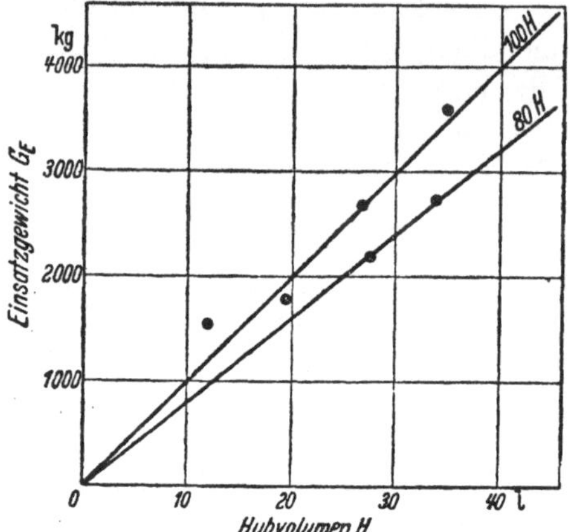

Abb. 19. Abhängigkeit des Gesamteinsatzgewichts vom Hubvolumen der Ölmotoren.

das Gewicht eines Anstriches in kg zu der Größe der gestrichenen Oberfläche in m².

Auf solche Größen kann man auch das Gesamt-Materialgewicht beziehen.

Einige solcher Abhängigkeiten sind in den Abb. 19 bis 22 dargestellt. Sie zeigen, daß die Summe der Einsatzmaterialmengen dem Bezugswert im allgemeinen einfach verhältig sind, aber auch einzelne Abweichungen vorkommen, bei denen nicht sicher ist, ob sie nicht auf unrichtige Gewichtsermittlung zurückzuführen sind.

Es ist dagegen nicht logisch, das Gewicht des Einsatzmaterials z. B. auf die n-Leistung eines Motors zu beziehen, denn diese hängt nicht nur von gewissen Maßen des Motors, sondern auch erheblich von seiner Drehzahl ab.

Gewichtsanteil der einzelnen Werkstoffarten. Wenngleich die Zeitverhältnisse es bedingen können, daß bei einem Fertigungsgegenstand, z. B. einem Motor, einem Meßgerät oder einer Werkzeugmaschine, dieser oder jener bisher verwendete Werkstoff durch einen andern ersetzt werden muß, so wird doch im allgemeinen

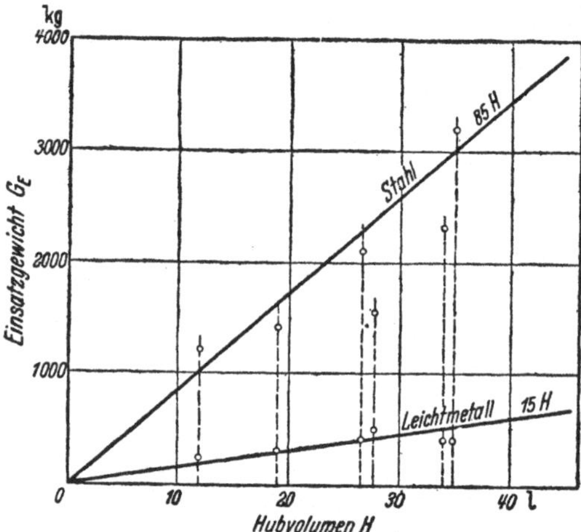

Abb. 20. Abhängigkeit des Stahl- und Leichtmetalleinsatzes vom Hubvolumen der Ölmotoren.

ein eingeführter, gegebenenfalls in größeren Mengen verlangter Gegenstand in verschiedenen Größen aus den gleichen Werkstoffen hergestellt, weshalb es möglich sein wird, für eine neue Größe desselben oder eines ähnlichen Modells die Mengen des einzelnen Werkstoffes mit guter Sicherheit abzuschätzen. Tabelle 32 gibt einige Beispiele für den Grad der

Übereinstimmung von nach voraufgegangenen Mustern einer Geräteart an der Hand von Richtzahlen geschätzten und beim Bau wirklich verbrauchten Materialmengen.

Tabelle 32. *Prozentuale Anteile der Mengen der einzelnen Werkstoffarten an der Gesamtmenge, geschätzt und gebraucht.*

Werkstoffart	Muster A		Muster B		Muster C	
	geschätzt %	gebraucht %	geschätzt %	gebraucht %	geschätzt %	gebraucht %
Stähle	23,0	27,3	23,0	22,7	23,0	22,9
Buntmetalle . .	1,5	1,9	1,5	1,8	1,5	1,4
Leichtmetalle .	58,0	54,7	58,0	58,0	58,0	58,9
Nichtmetalle .	4,5	5,4	4,5	6,1	4,5	5,2
Oberflächen-schutzstoffe .	13,0	10,7	13,0	11,4	13,0	11,6
	100,0	100,0	100,0	100,0	100,0	100,0

Gewichtsanteil der einzelnen Halbzeug- und Rohlingsarten. Die angenähert richtige Abschätzung der Verteilung der Gesamtmaterialmenge auf die einzelnen Halbzeug- und Rohlingsarten ist selbst bei
gleichartigen, annähernd gleich oder verschieden großen Gegenständen

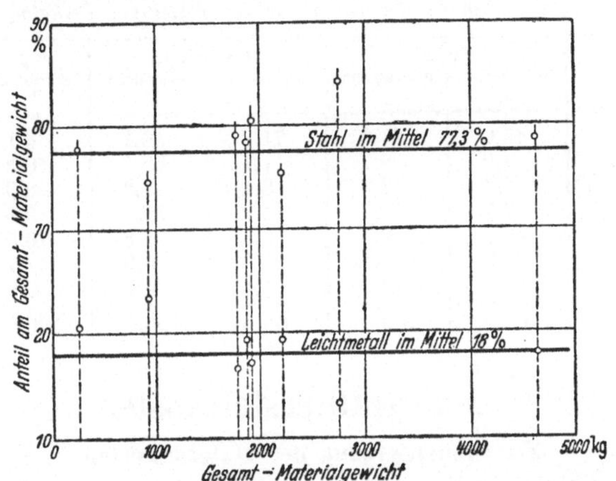

Abb. 21. Anteile der Stahl- und Leichtmetallgewichte
am Gesamteinsatzmaterialgewicht bei leichten Ölmotoren.

oft nicht möglich, weil bei der Fertigung derselben infolge von verspä-
tetem Eintreffen einzelner Halbzeuge, infolge von Konstruktionsänderungen oder weil die Werkstatt glaubt, anders billiger fertigen zu
können, die Voraussetzungen nicht mehr zutreffen, die bei der Schätzung
auf Grund der Erfahrung bei voraufgegangenen Fertigungen und sachlich richtiger Halbzeugauswahl gemacht wurden. Immerhin können

solche Schätzungen an der Hand von Richtwerten wenigstens einen allgemeinen Überblick über die Verteilung der Gesamtmaterialmenge auf die einzelnen Halbzeug- und Rohlingsarten geben, wie die Angaben der Tabelle 33 erkennen lassen, die einen größeren Fertigungsgegenstand betreffen.

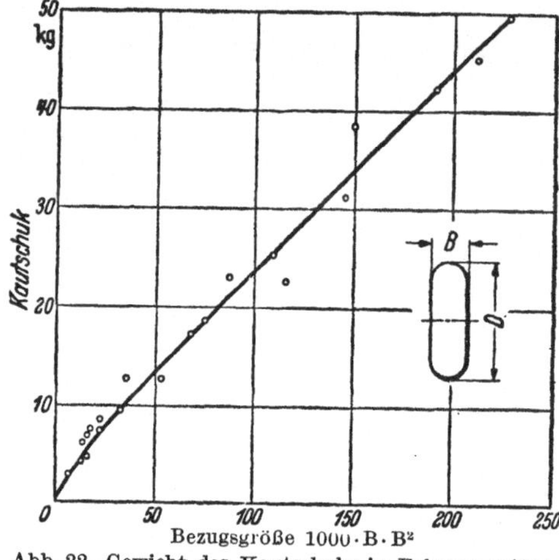

Abb. 22. Gewicht des Kautschuks in Fahrzeugreifen.

Starke Abweichungen der wirklich gebrauchten Menge von der an der Hand von Richtzahlen vorgenommenen Schätzung werden zur Nachprüfung der Gründe der Abweichungen und manchmal zu wertvollen Aufschlüssen und Verbesserungen im Sinne der Materialwirtschaft führen.

Tabelle 33. *Prozentuale Anteile der Mengen der einzelnen Halbzeug- und Rohlingsarten an der Gesamtmenge der einzelnen Werkstoffart.*

Halbzeug- und Rohlingsart	Stahl		Buntmetall		Leichtmetall	
	geschätzt %	gebraucht %	geschätzt %	gebraucht %	geschätzt %	gebraucht %
Rund	45,0	41,9	71,8	56,1	4,1	2,4
Sechskant . . .	4,0	2,7	1,1	6,0	0,3	0,1
Vierkant . . .	3,6	2,3	8,4	1,2	2,3	0,6
Rohr	12,7	17,7	13,2	17,4	2,9	4,4
Blech	20,4	19,6	2,8	13,8	76,5	87,9
Gußteile . . .	7,0	6,1	1,3	0,9	4,7	2,5
Schmiedeteile .	7,3	9,7	1,4	4,6	9,2	2,1
	100,0	100,0	100,0	100,0	100,0	100,0

V. Materialherstellkosten

Zusammensetzung der Materialkosten

Die Materialkosten setzen sich in der Hauptsache aus den Kosten zusammen für

1. Herstellung des Materials,
2. Prüfung und Abnahme (beim Erzeuger),
3. Verpackung, Verladung und Beförderung,
4. Eingangsprüfung beim Verbraucher,
5. Lagerverwaltung und Ausgabe an die Verarbeitungswerkstätten,
6. Sammlung, Verladung und Beförderung des Schrotts zur Erzeugung neuen Materials.

Zur Durchführung der die Kosten verursachenden unter 1. bis 6. angegebenen Vorgänge sind umfangreiche industrielle Anlagen erforderlich, wie Bergwerke, Hütten, Walzwerke, Ziehereien, Gießereien, Schmieden, Sägereien, Webereien, Gerbereien, Glasfabriken, chemische Fabriken, Zerspanungswerkstätten, Stanzereien, Zusammenbauwerkstätten usw., und zu deren Errichtung und Einrichtung Steinbrüche, Ziegeleien, Zementfabriken, Eisenkonstruktionswerkstätten, Fabriken für Schmelzöfen, Förderanlagen, Werkzeugmaschinen, Werkzeuge, Antriebsmotoren, Kraft- und Lichterzeugungsanlagen, Sozialeinrichtungen, Wohnhäuser und zahlreiche andere Dinge, die uns die moderne Technik infolge der ständig steigenden Anforderungen an Güte und Menge derjenigen Gegenstände und Mittel aufzwingt, die als unentbehrlich angesehen werden.

Alle diese dem Zwecke der Materialherstellung dienenden Gebäude, Einrichtungen, Anlagen und Ausrüstungen, verlangen zu ihrer Ausführung ebenfalls Material, dessen Kosten sich aus denselben oben angeführten Kostenarten zusammensetzen. Außerdem werden ständig weitere Materialmengen zur Erzeugung der erforderlichen Betriebsmittel und -stoffe, zur Erhaltung der Gebrauchsfähigkeit und zum Ersatz der durch Verschleiß, Bruch, Feuer usw. zerstörten Gegenstände benötigt.

Man erkennt hieraus, daß es sich bei der Herstellung z. B. einer Tonne Stahl, die zur Fertigung eines Gegenstandes verwendet werden soll, nicht allein um das Vorhandensein von rund 3 bis 5 t Eisenerz, sondern um das Vorhandensein einer ganzen Menge anderer Dinge handelt, deren Beschaffung und Verarbeitung nur dann zu verantworten ist, wenn sie wirtschaftlich ausgenutzt werden können, d. h. die Menge des zu erzeugenden und alsbald zu verwendenden Stahls groß genug ist. Man muß sich von der Ansicht befreien, daß besondere Zeitumstände zur Anwendung unwirtschaftlicher Verfahren berechtigen. In wirtschaftlichen Sonderfällen kommt es nicht auf die vorhandene Geldmenge, sondern auf die zur Verfügung stehende Arbeitsleistung an, deren Menge neben der des Rohstoffs stets eine natürliche, wenn auch schwankende Grenze aufweisen wird.

Der für eine Mengeneinheit dem Erzeuger gezahlte Preis dient als Abgeltung aller oben angegebenen, anteilig berechneten Kosten, ferner der der Materialumwandlung und der dem Erzeuger entstehenden Gemeinkosten. Der Preis enthält auch den Gewinnzuschlag des Materialerzeugers.

Wenngleich die Preise der einzelnen Materialien verschieden großen Schwankungen unterworfen sind, die durch Zeitverhältnisse (Angebot und Nachfrage usw.) beeinflußt werden, und das Preisniveau selten durch behördliche Maßnahmen stabil gehalten werden kann, wird man

im allgemeinen keine zu großen Fehler in Kauf zu nehmen haben, wenn
man die Verkaufspreise der verschiedenen Materialien als Basis für den
Vergleich ihrer Herstellkosten wählt.

Preisunterschiede entstehen zwar auch durch den Mengenrabatt, der
bei gleichzeitiger Abnahme bestimmter Mengen eines Materials dem
Käufer vom Erzeuger oder Händler gewährt wird, dieser Mengenrabatt
bedeutet aber durchaus nicht immer einen Verzicht des
Verkäufers auf einen Teil seines Geschäftsgewinns, sondern wird meistens durch Verminderung der Herstellkosten je Mengeneinheit eingebracht, die bei jeder Groß-
mengenherstellung zu erzielen ist, ferner durch Verminderung der Verpackungs- und Abfertigungskosten, Verminderung der Transportkosten, durch die Vorteile des
rascheren Geldumsatzes usw. Man kann jedoch für den
vorliegenden Zweck annehmen, ohne zu grobe Fehler
zu machen, daß diese Einflüsse auf den Preis unter
gleichen äußeren Umständen bei allen Materialien etwa gleichmäßig in die Erscheinung treten
werden.

Am Anfang jeder Fertigung von Gegenständen steht die Beschaffung der Stoffe. Sie
wiederum beginnt mit dem Heben der Erze
und anderen anorganischen Stoffen aus der
Erde, dem Fällen der Bäume, dem Ernten von
landwirtschaft-
lichen Erzeug-
nissen, wie
Baumwolle,
Flachs, Öl-
früchte u. dgl.,
dem Gewinnen
von Fellen der
Tiere usw.

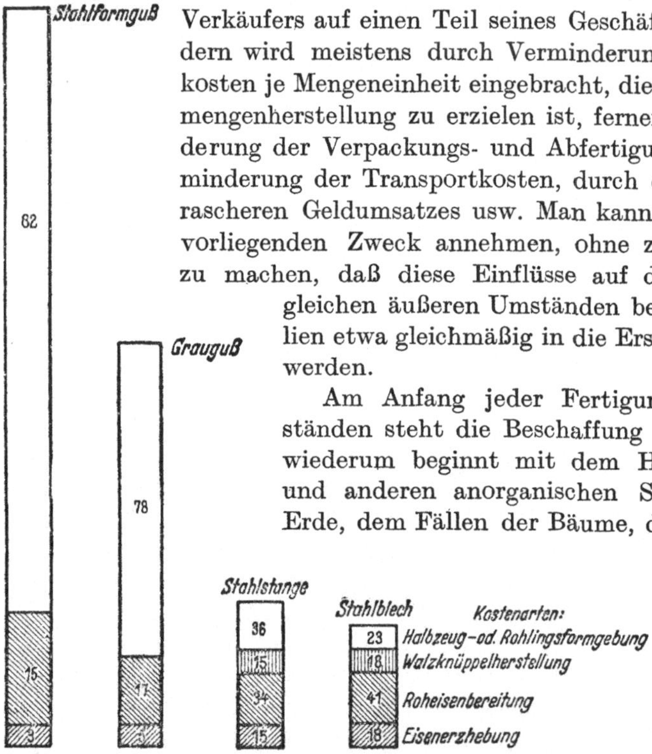

Abb. 23. Zusammensetzung der Herstellkosten einiger Halbzeuge und
Rohlinge aus Stahl in Prozenten dieser Kosten.

Daran schließt sich die Zubereitung dieser Rohstoffe zu Werkstoffen
der verschiedensten Art, die zur Weiterverarbeitung in gewisse, durch
das praktische Bedürfnis des Handels, der Verkäufer und Käufer bedingte Formen gebracht werden müssen. Diese Formen haben vielfach
handelsübliche Maße, die jedoch an den später daraus gefertigten Gegenständen nicht immer vorhanden sind.

Mit der Herstellung der Halbzeuge und Rohlinge aus dem Werkstoff beginnt die eigentliche Formgebung der zu fertigenden Gegenstände. Bei diesen findet man vielfach die Maße der Halbzeuge unverändert wieder, z. B. die Dicke der Bleche, Bretter, Häute, Gläser

und andere Querschnittsmaße, z. B. die der Flach-, Rund- und Winkeleisen, Rohre, Drähte usw.

Aus der Abb. 23 ist die ungefähre prozentuale Verteilung der Herstellkosten verschiedener Art bei einigen Halbzeugen und Rohlingen aus Stahl zu ersehen.

Aus den Halbzeugen und Rohlingen werden durch eine Anzahl verschiedener Handlungen, wie mechanischer, chemischer und technologischer Prozesse, die Einzelteile eines Gegenstandes oder der eingliedrige Gegenstand selbst auf diejenige Güte (Maßhaltigkeit, Bruchfestigkeit, Dehnung, Härte, Widerstand gegen Korrosion usw.) gebracht, die die Voraussetzung für die praktische Verwendbarkeit des fertigen Gegenstandes ist.

Die ganze Umwandlung der Rohstoffe in fertige Gebrauchsgegenstände vollzieht sich stets unter dem Einsatz menschlicher und maschineller Leistung. Und diese ist wiederum nur möglich, wenn zuvor andere Leistungen vollbracht worden sind, wie der Bau von Maschinen, Transportmitteln, Schmelzöfen, Sägemühlen, wenn ferner die Errichtung und der Betrieb von Kraftwerken vorangegangen sind

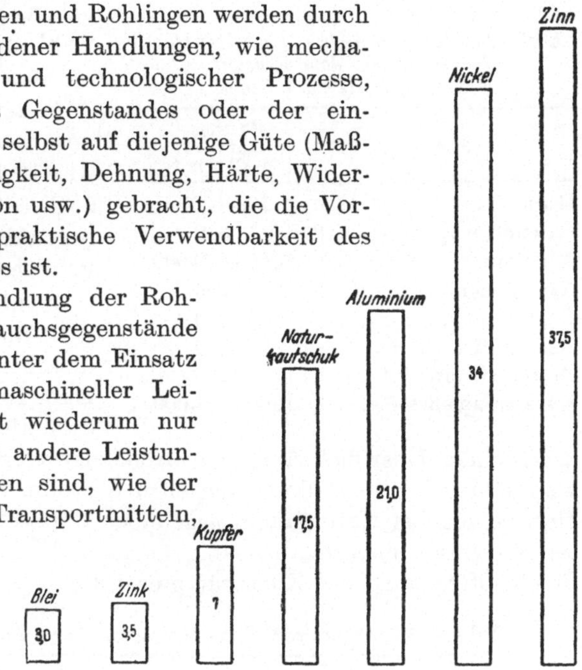

Abb. 24. Verhältnis des Preises einiger Werkstoffe zu dem des Eisens. Richtwerte.

Einfluß der Werkstoff-, Halbzeug- und Rohlingsart auf deren Herstellkosten

Dieser Einfluß auf die Herstellkosten ist bedingt durch den Reinheitsgrad der Rohstoffe, z. B. den Mengenanteil des reinen Erzes an einer Gesteinsmenge, durch die Menge des für Bauzwecke geeigneten Teils eines Baumstammes usw., ferner durch die mechanischen, chemischen und technologischen Eigenschaften der Werkstoffe und die Größe der dadurch bedingten Kosten, die bei Herstellung des Werkstoffes aus dem Rohstoff und der Halbzeuge und Rohlinge aus dem Werkstoff aufgewendet werden müssen.

In Abb. 24 sind die Unterschiede der Herstellkosten je kg einiger der viel verwendeten Werkstoffe bildlich dargestellt und das Verhältnis des Werkstoffpreises derselben zu dem des Eisens angegeben. Eisen ist das in der Industrie mengenmäßig wohl am meisten angewendete Material.

Die Verhältniszahlen schwanken selbstverständlich im Laufe der Zeit, die Darstellung in Abb. 24 soll daher nur dazu dienen, eine allgemeine, richtungweisende Übersicht über den Preisunterschied zu geben, der bei der Werkstoffwahl zu beachten ist.

Man kann sich aus der Abb. 24 einen guten Begriff von dem wesentlich größeren Arbeitsaufwand machen, den z. B. eine Tonne Aluminium, gegenüber einer Tonne Eisen verursacht.

Tabelle 34. *Eltstrom-Aufwand zur Herstellung der Stoffe aus dem Rohstoff. Näherungswerte nach Bingel.*

Stoff	Eltstrom-Aufwand in kWh je t
Eisen	100—200
Elektrolytkupfer . . .	300
Aluminium	20000—25000
Naturgummi	·1000
Buna-Gummi	40000
Textilstoff (natürl.) . .	3800
Textilstoff (synth.) . .	7000
Kunstharzpreßstoffe . .	10000—40000

Synthetische Stoffe, wie z. B. Buna und Zellstoff, verursachen einen erheblich größeren Herstellungsaufwand als die natürlichen. Tabelle 33 gibt z. B. einen Überblick über die Größe der elektrischen Energie zur Herstellung je 1 t der dort angegebenen Stoffe. Besonders groß ist der Unterschied bei Naturgummi gegenüber Buna-Gummi, einem synthetischen Stoff, unverhältnismäßig hoch auch die elektrische Energie für die Erzeugung der Kunstharzpreßstoffe.

Tabelle 35. *Preise von Kunstharzmassen und Festholz. Richtwerte.*

Stoff	Preis der Masse in RM/t
Phenolharz	
a) mit anorganischem Füllstoff. .	3000
b) mit Holzmehl als Füllstoff . .	1350—1650[1]
c) mit Textilfaser als Füllstoff. .	2500
d) mit Zellstoff als Füllstoff . . .	2000—2500[1]
e) mit Textilfaser geschichtet . .	6000
Festholz (Schichtholz).	1600

Bei den aus mehreren Grundstoffen zusammengestzten Werkstoffen, z. B. den legierten Metallen, fallen die Preise bei gleichem Hauptstoff sehr verschieden aus, wie z. B. die Richtwerte für die in der neueren Zeit so oft als Heimstoffe empfohlenen Kunstharzpreßstoffe in der Tabelle 35 erkennen lassen, bei denen der Preisunterschied besonders stark in Erscheinung tritt.

---

[1] Je nach dem zwischen 40 und 60 % schwankenden Anteil des Phenols.

Den starken Einfluß der Legierungsstoffe und ihrer Anteilmengen auf den Preis bei legiertem Stahl zeigt die Abb. 25, dessen Inhalt keine Standartwerte der Preisverhältnisse gibt, sondern Ergebnisse einer zeitgebundenen Ermittlung. Aus dem Bildteil A ist das Steigen des Preises mit der anteiligen Nickel-Menge im Nickel- und Chrom-Nickel-Stahl deutlich zu erkennen. Die doppelte Nickelmenge im Stahl ver

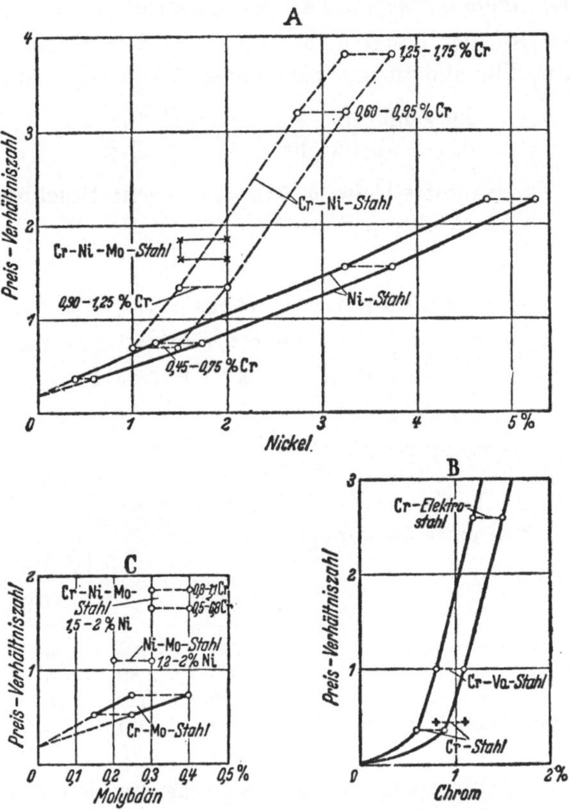

Abb. 25. Abhängigkeit des Stahlpreises von der Stahllegierung.

ursacht auch etwa den doppelten Nickelstahlpreis. Bei der gleichen Nickelmenge steigert ein größerer Chromzusatz den Preis des Stahls um etwa 100%. Aus den Bildteilen B und C ist zu erkennen, daß auch die anteilige Chrom- und Molybdän-Menge den Stahlpreis fast proportional mit dieser Menge erhöhen. Sie zeigen auch die Preissteigerung durch andere Legierungsstoffe, der Bildteil B z. B. die Preisverdoppelung durch den Zusatz des Vanadins zum Chromstahl bei gleichem Chromgehalt, der Bildteil C die Preisverdoppelung durch den Zusatz des Nickels zum Chrom-Molybdän-Stahl bei gleichem Molybdängehalt.

Die aus den vorstehenden Angaben zu entnehmende große Verschiedenheit der Werkstoffpreise muß jeden Verwender eines Werkstoffes veranlassen, die technische Notwendigkeit eines teuren Werkstoffes genau zu prüfen. Ist z. B. die Zugfestigkeit eines Werkstoffes im Einzelfall von ausschlaggebender Bedeutung, dann ist diese Eigenschaft im Verhältnis zu den Werkstoffkosten zu untersuchen, wie es im Nachfolgenden an einem einfachen Fall gezeigt wird.

Ein Stab von der Länge L hat eine Zugkraft P in Längsrichtung aufzunehmen. Für alle zu untersuchenden Werkstoffe ist

$$\text{die Zugkraft} \qquad P = F \cdot \sigma_B$$
$$\text{das Stabgewicht} \qquad G = F \cdot L \cdot \gamma$$

worin F die Querschnittsfläche, σ_B die spezifische Bruchbeanspruchung auf Zug und γ die Wichte bedeutet.

Wenn ferner

$$\text{die Werkstoffkosten des Stabes} \quad K = G \cdot k$$

sind, worin k die Kosten je kg bedeutet, dann ist das Verhältnis

$$\frac{\text{Werkstoffkosten}}{\text{Zugkraft}} = \frac{K}{P} = \frac{F \cdot L \cdot \gamma \cdot k}{F \cdot \sigma_B}$$

und da L konstant, proportional $\dfrac{\gamma \cdot k}{\sigma_B}$

In der praktischen Anwendung dieser Beziehung erhält man für den vorliegenden Fall eines Halbzeuges

	σ_B in kg/cm²	γ	k in DM/kg	$\dfrac{\gamma \cdot k}{\sigma_B} \cdot 1000$
aus legiertem Stahl	10000	7,80	0,50	0,39
„ Al-Legierung	4500	2,80	4,50	2,80
„ Mg-Legierung	2800	1,80	9,00	5,78
„ Kunstharzpreßstoff Type T3	500	1,40	6,00	16,80
„ Kiefernholz	1000	0,65	0,20	0,13

Aus diesen Zahlen geht hervor, daß man für den gleichen Zweck bei Verwendung einer Aluminium-Legierung 7,18 mal, einer Magnesium-Legierung 14,8 und eines Kunstharzpreßstoffes 43,1 mal so viel Geld aufwenden müßte, als wenn man legierten Stahl wählen würde. Natürlich kann man auch andere mechanische Werte, die im Einzelfall wichtiger sein können als σ_B, in dieselbe Beziehung zum Werkstoffpreis bringen.

Der unterschiedliche Preis der verschiedenen, aus dem gleichen Werkstoff hergestellten Halbzeuge wird durch die unterschiedlichen Verformungskosten bedingt, zu denen auch die anteiligen Kosten der Werkzeuge (Walzen, Matrizen, Sägen usw), und die des Kapitaldienstes (Verzinsung, Amortisation) für die Maschinen und Anlagen, ferner die Mehrkosten durch den Fabrikationsausschuß und andere Verluste gehören.

Das Verhältnis der Einheitspreise der einzelnen Halbzeugarten zueinander ist je nach dem Werkstoff und seiner Festigkeit, der Größe der Querschnittsmaße und ihrer Toleranzen verschieden. Von den aus Metall hergestellten Halbzeugen hat im allgemeinen das gewalzte Blech den kleinsten, das gezogene Rohr den höchsten Einheitspreis, und zwar kosten die Stangen etwas das 1,1 bis 1,2 fache, die Rohre das 2,3 bis

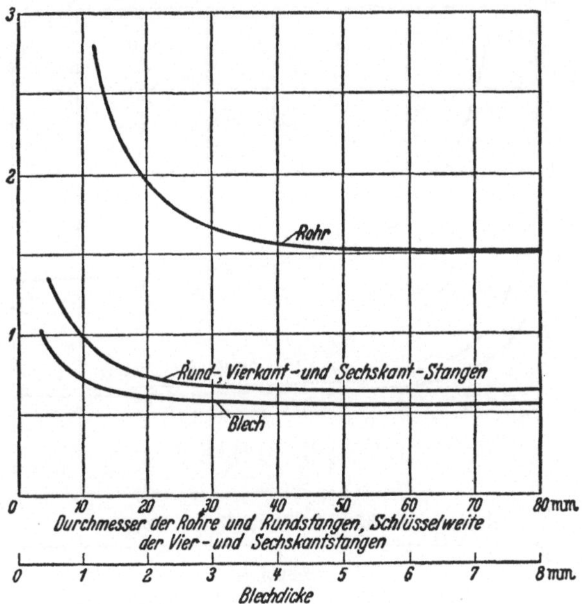

Abb. 26. Verhältnis der Preise der Halbzeuge aus mehrfach legiertem Stahl.

2,80 fache des Blechs. Erfolgt die Steigerung der mechanischen Eigenschaften durch Kaltverfestigen, Härten oder Vergüten, so ist damit ein Mehraufwand, also auch ein höherer Preis verbunden, der bis 20% und mehr über dem des geglühten Halbzeugs liegen wird. Auch das zur Herbeiführung des Korrosionsschutzes vorgenommene Plattieren von Halbzeugen aus Metall erhöht den Preis beachtlich und vermindert dabei gewöhnlich die Festigkeit bei gleichen Querschnittsmaßen. So z. B. kostete das mit Aluminium plattierte Blech aus der Al-Cu-Mg-Legierung rund 45% mehr als das unplattierte, bei einem Absinken der Zugfestigkeit um etwa 7%.

Der Einheitspreis sinkt bei allen gezogenen Halbzeugen und gewalzten Blechen mit steigendem Nennmaß bis zu einer gewissen Größe derselben und bleibt dann praktisch konstant, wie die Abb. 26 und 27 erkennen lassen. Bei den einzelnen Halbzeugarten hängt also der Einheitspreis von der Größe des Halbzeugquerschnitts ab. Je kleiner dieser Querschnitt ist, desto länger wird bei konstantem Gewicht das gezogene oder gewalzte Halbzeug, wie das folgende Beispiel erkennen läßt.

Bei einem Rundstahl von 10 mm Durchmesser ist der Querschnitt 78,6 mm², bei 3 mm ⌀ nur 7,08 mm². Wenn der 10 mm-Rundstahl 1 m lang ist, muß der 3 mm-Rundstahl bei gleichem Gewicht 78,6 : 7,08 rund 11 m lang werden. Mit der Länge wächst der Verschleiß der Zieh-

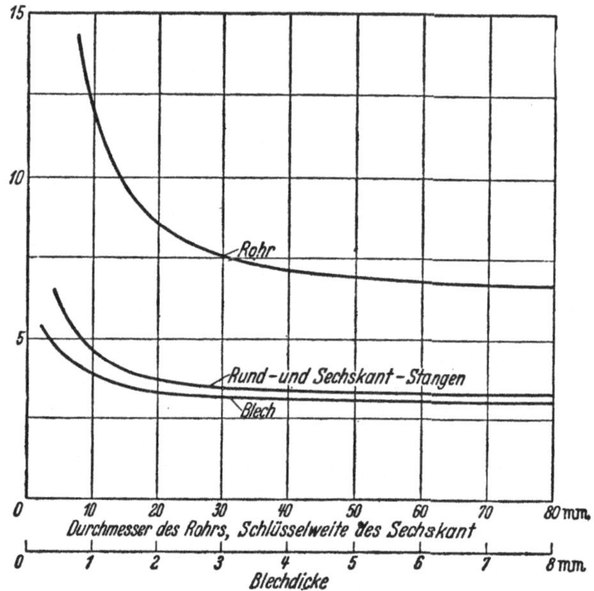

Abb. 27. Verhältnis der Preise der Halbzeuge aus legiertem Leichtmetall.

matrize und, da die kleinen Nennmaße eine wesentlich engere Toleranz haben als die großen, so werden die Matrizen für die kleinen Nennmaße auch aus diesem Grunde sehr viel schneller unbrauchbar als die für die großen Nennmaße. Das ist einer der Gründe für den höheren Einheitspreis der Halbzeuge mit kleinem Nennmaß.

Von großem Einfluß auf den Preis der Halbzeuge ist die Größe der durch den Verwendungszweck bedingten Toleranz der Querschnittsmaße, ferner, z. B. bei Blech, auch die der Tafelmaße und Bandbreite. Die Einhaltung der Toleranz der Querschnittsmaße wird aus Festigkeits- und Gewichtsgründen erforderlich. Die zulässigen, in den Normen festgelegten Größen der Abmaße steigen zwar mit den Maßen, sind jedoch durchschnittlich so klein, daß sie nur bei sorgfältiger Herstellung der Halbzeuge eingehalten werden können, wenn nicht ein zu großer Arbeitsausschuß entstehen soll. Je enger also die Toleranzgrenzen sind, desto höher ist der Einheitspreis des Halbzeugs. Z. B. kostet der Präzisions-Rundstahl nach DIN 175 je nach der Durchmessergröße 2,5 bis 3,5 mal soviel wie der gewöhnliche Rundstahl nach DIN 668, bei dem die Durchmessertoleranz etwa dreimal so groß ist. Daher ist es unwirtschaftlich, den Präzisionsrundstahl zu beschaffen, wenn es auf die große Genauigkeit des Durchmessers nach DIN 175 nicht ankommt.

Gewalzte Halbzeuge kosten nur etwa halb soviel wie gezogene je kg, trotz der gleichen Menge des verarbeiteten Werkstoffes. Die Toleranz ist bei den Gewalzten auch rund dreimal so groß, der Arbeitsausschuß dementsprechend kleiner. Ferner ist die Abnutzung der Walzen geringer als die der Ziehmatrizen, im ganzen genommen also der Aufwand zur Herstellung des gewalzten Halbzeugs geringer als der des gezogenen.

Besondere Verhältnisse sind bei den verschiedenen Arten der Rohlingsherstellung durch Gießen, Schmieden und Pressen zu beobachten, die auf verschiedene Weise erfolgt. Während bei der Fertigung durch Zerspanen von Halbzeugen deren Querschnitte fast immer wesentlich verändert werden, ist man bei der Herstellung von Rohlingen bestrebt, diesen nach Möglichkeit die Form des Fertigteils nahezu oder ganz zu geben. Das gelingt bei vielen Sandform-, Kokillen- oder Spritzguß-Teilen, bei den meisten Gesenkschmiedeteilen und fast in allen Fällen bei den Preßteilen aus Kunstharz und dgl. Es ist daher verständlich, daß die auf diese Weisen hergestellten, der Endform der Einzelteile sehr nahe gebrachten oder mit ihr praktisch übereinstimmenden Rohlinge einen höheren Einheitspreis verursachen, als ihn die erst in die Form des Einzelteils umzugestaltenden Halbzeuge aus demselben Werkstoff haben. Zu berücksichtigen ist auch, daß ein Gußteil eine ganze Anzahl von Einzelteilen ersetzen kann, die aus Halbzeugen gefertigt und dann zusammengefügt werden müßten.

Hinzu kommt, daß bei einzelnen Rohlingsarten, besonders bei Gußteilen mit geringen oder stark wechselnden Wanddicken oder bei aus anderen Gründen schwierigen Gußteilen, die Ausschußziffer beachtlich hoch ist. Während man bei der Herstellung von Halbzeugen normal mit einer Ausschußziffer zwischen 4 und 6% rechnen muß, liegt diese bei Sandgußteilen zwischen 10 und 20% und bei Gesenkschmiedeteilen zwischen 3 und 6%, je nach der Schwierigkeit des Werkteils und den Maßnahmen des Herstellers.

Die mehr oder weniger normalen Ausschußkosten sind im Preise des Liefergegenstandes eingeschlossen und erhöhen ihn oft ohne einen für den Besteller erkennbaren Grund.

Man kann wohl mit Recht annehmen, daß die Kosten des Erzes und der Rohstoffbereitung je kg von der Art des aus dem Rohstoff hergestellten Halbzeugs oder Rohlings unabhängig sind und der Einheitspreis dieser Gegenstände von den Kosten der Arbeit zu ihrer Herstellung ausschlaggebend beeinflußt wird. In der Abb. 23 ist die Verteilung der Kosten dargestellt, die bei der Herstellung von Stahl-Halbzeugen und Rohlingen entstehen. Man erkennt den bei den Gußteilen anfallenden sehr hohen Anteil der Formgebungskosten (Form-, Gieß- und Putzkosten) am Gesamtpreis.

Während die Gußteile gewöhnlich nur auf Bestellung der Abnehmer angefertigt werden, sind die Stahlstangen, -rohre und -bleche vielfach Stapelware, so daß zusätzlich Kosten für die Verteilung (vielfach durch Händler) entstehen.

Zusätzliche Materialkosten

Bei der Weiterverarbeitung der Werkstoffe, Halbzeuge und Rohlinge durch Zerspanen, Verformen und Verbinden (z. B. durch Schweißen) entstehen zusätzliche Kosten, die nicht zu denen gehören, die durch die Gegenstandsform direkt bedingt sind, sondern zu den Materialkosten gerechnet werden müssen, da sie von den Materialeigenschaften abhängen.

Jedes Material setzt dem Zerspanen und Verformen und dem Verbinden durch Nieten, Nageln, Schweißen und dgl. Widerstand entgegen. Wird dieser in unrichtiger Weise überwunden, dann sind Verziehungen, Risse oder vollständige Brüche die Folge.

Bei dem Verformen von Halbzeugen hängt die Größe der Formgebungsarbeit von der Größe der Dehnung ab, die z. B. bei Metallen mit zunehmender Zugfestigkeit abfällt. Um Risse und Brüche zu vermeiden, muß der Grad der Verformung mit zunehmendem σ_B herabgesetzt oder dieses durch Warmbehandlung vor der Verformung vorübergehend verkleinert werden. Im Anschluß an die Verformung erfolgt dann wieder eine entsprechende Kosten verursachende Vergütung zur Erhöhung des σ_B.

Die gleichen Maßnahmen werden vielfach beim Zerspanen der Metalle erforderlich, da mit steigender Werkstoff-Festigkeit auch die der zerspanenden Schneidstähle wachsen muß. Diese Stähle sind an sich und infolge des starken Verschleißens teuer. Ob mit oder ohne Warmbehandlung, jedenfalls steigen die Fertigungskosten der Teile mit wachsender Festigkeit. Die Gefahr des Ausschusses wächst. Die Steigerung der Festigkeit durch Vergüten verlangt in vielen Fällen gut eingearbeitete Fachleute und gut funktionierende Vergütungsanlagen, damit eine gleichmäßige Struktur des Werkstoffes erreicht wird und das Verziehen der Werkteile durch die Warmbehandlung und deren andere Folgen entstehende Ausschuß in tragbaren Grenzen bleibt.

Die Werkteile müssen vielfach infolge ihrer Eigenschaften gegen die zerstörende Einwirkung von Gasen und Flüssigkeiten geschützt sein

Das geschieht bei Metallen entweder durch geeignete Legierungsstoffe (z. B. Nickel) oder durch Überzug mit Emaille und geeigneten Metallen (Nickel, Zinn, Zink und dgl.) oder durch chemische Einwirkung von außen (z. B. Phosphatieren bei Stählen, Eloxieren bei Aluminium-Legierungen), bei Holz durch Tränken mit Ölen, durch Anstreichen mit Farbe und Lack. Wenn diese verschiedenen Arten des Oberflächenschutzes meistens auch zu gleicher Zeit eine Verbesserung des Aussehens herbeiführen, so ist doch ihr Hauptzweck der Schutz gegen die Zerstörung des Stoffgefüges durch chemische Einflüsse. Auch hierdurch entstehen von der Werkstoffart abhängende, zusätzliche, das Material verteuernde Kosten, die im Verhältnis zu den sonstigen Kosten des Werkteiles prozentual oft hoch sind.

Bei Schiffen, Behältern, Kesseln und ähnlichen Industrieerzeugnissen wird zur Fertigung der Haut viel Blech in Tafelform verwendet. Die normalen rechteckigen Tafeln entsprechen nach Form und Maß oft nicht den einzelnen Blechteilen, aus denen die Haut zusammengesetzt werden muß. Beim Zuschneiden dieser Bleche entstehen dann Abfälle, die selten eine Verwendung als Baumaterial finden und daher als Schrott verladen, zur Hütte zurückgefahren und dort eingeschmolzen werden müssen. Dabei entsteht Materialverlust aus verschiedenen Gründen.

Der Schrottpreis beträgt selten mehr als 10% des Halbzeug-Neupreises. Es wird daher in vielen Fällen wirtschaftlicher sein, beim Walzwerk Maßbleche zu bestellen, d. h. Bleche, deren Flächenform mit der der einbaufertigen Blechteile ganz oder nahezu übereinstimmt. Dabei kommen nicht nur Blechteile in Quadrat-, Rechteck- oder Trapezform in Frage, sondern auch kreisrunde, z. B. für Behälterböden, Deckel und dgl.

Das Zuschneiden der Blechteile muß in *jedem* Falle bezahlt werden, entweder dem Walzwerk in Form des Aufpreises oder im weiterverarbeitenden Werk als Arbeitskosten. Erspart werden im ersteren Falle Transportkosten bei der Sendung der Bleche und der Rücksendung des Schrotts.

Voraussetzung für die Verwendung von Maßblechen ist das Unterbleiben von Konstruktionsänderungen, die die Blechmaße so beeinflussen, daß die angelielerten Maßbleche die beabsichtigte Verwendung nicht finden können.

Der Aufpreis der geradkantigen Maßbleche betrug früher je nach der Blechdicke 2 bis 6% des Einheitspreises normaler Tafelbleche, bei sehr dünnen Blechen (0,5 mm) bis 100%.

Zur Verbilligung gewalzter und gezogener Profile, gezogener Rohre und Drähte sind die Querschnittsmaße genormt. Jede Abweichung von den Normen bedingt meistens Neufertigung von Walzen, Matrizen usw., also eine Erhöhung des Einheitspreises, die um so größer sein muß, je kleiner die bestellte Halbzeugmenge ist. Daher muß jede Abweichung von der Norm vermieden werden, sofern damit nicht wirtschaftliche oder andere Vorteile verbunden sind, die die Mehrkosten der Halbzeuge mindestens ausgleichen.

Bei den *Guß- und Schmiedeteilen* hängt der Einheitspreis erheblich von der Form und der verlangten Toleranz der Maße der Rohlinge ab. Außerdem muß das Gußteil möglichst lunker- und porenfrei ausfallen und im Prinzip an allen Stellen die dafür verlangte Festigkeit haben. Ferner darf es ein gewisses Roh- und Fertiggewicht nicht überschreiten. Das Überschreiten und Schwanken dieser Gewichte ist bei Sandgußteilen vielfach, bei Kokillen- und Spritzgußteilen seltener der Fall. Das Einhalten der Gewichte bietet keine Sicherheit für das Vorhandensein der erforderlichen Mindestdicken der Wände der Gußteile. Es können z. B. Kernverschiebungen vorgekommen sein. Da hilft in vielen Fällen nur das Röntgenbild und die Festigkeitsprobe zur Prüfung der Brauchbarkeit.

Bei vielen *Gußteilen* ist die Dichtigkeit nur durch große Trichter, Steiger, verlorene Köpfe und dgl. zu erreichen, besonders bei Leichtmetallteilen mit Wänden, die im Verhältnis zu ihrer Flächengröße relativ dünn sind. Wenngleich die beim Putzen der Gußteile durch Abschneiden oder Abschlagen entfernten Trichter, Steiger usw. wieder eingeschmolzen werden können, so entsteht doch durch den unvermeidlichen Abbrand, besonders an wichtigen Legierungsmetallen des Stahls, und die Putzspäne, ferner durch die im Ausschuß verlorengehende Arbeitsleistung, die unnütz aufgewendete Wärme usw., eine Verteuerung des gegossenen Rohlings. Es ist daher schon zweckmäßig, Herstellungsverfahren anzustreben, bei denen man unter Berücksichtigung der Ausschußziffer mit dem geringsten Gesamt-Werkstoffaufwand auskommt.

Bei dem *Freihandschmieden* auf Fertigmaß wird das Materialeinsparen wohl immer mit einem Mehraufwand an Schmiedelohn verbunden sein, besonders, wenn die verlangten Toleranzen eng sind. Auch das Gesenkschmieden unter dem Maschinenhammer oder der Presse bedingt einen Mehraufwand an Material als im Fertigteil verbleibt. Nicht richtige Bemessung des vom Halbzeug abgetrennten Vormaterials führt entweder zum Ausschuß des Schmiedeteils oder zu großer Gratmenge. Ausgeschlagene Gesenke ergeben zu große Abweichungen der Rohlingsmaße von den Zeichnungsangaben, erhöhen also das Einsatzgewicht und gegebenenfalls die nachfolgende Zerspanungsarbeit, die bei manchen Gesenkschmiedeteilen relativ größer zu sein pflegt, als bei Gußteilen ähnlicher Art, besonders, wenn es sich um hohle Teile handelt. Am günstigsten ist hinsichtlich des Materialverbrauches das Schmieden von der Stange in den elektrischen Stauchmaschinen, das sich besonders für Umdrehungskörper, wie Motoren-Ventile und dgl., eignet.

Verhältnismäßig großer Materialverlust tritt bei der Verwendung von massivem *Holz* ein. Da die Baumstämme einen runden, die daraus zu schneidenden Halbzeuge (Balken, Viertelholz, Bohlen, Bretter und dgl.) meistens einen rechteckigen Querschnitt haben, gehen bereits beim Aufschneiden der Baumstämme mindestens 35% der Holzmenge für Bauzwecke verloren. Müssen die Bauteile astrein sein und darf nur Kernholz wegen seiner größeren Festigkeit und Gleichmäßigkeit verwendet werden, dann geht die Holzausbeute auf etwa 25 bis 30% des Stammholzes zurück, während das sogenannte Mittel- und Zopfholz, dessen Länge zusammen zwischen der Hälfte bis zu zwei Drittel der Baumstammlänge ausmacht, unvermeidlich anfällt. Wenn für das Mittel- und Zopfholz auch oft eine anderweitige Bauverwendung vorliegt, so ist doch der für die Beschaffung ausgesuchter Hölzer notwendige Materialaufwand sehr hoch. Dementsprechend sind die Materialpreise. Sie werden auch durch das Schälen der entrindeten Baumstämme zur Anfertigung von Sperrholz und Preßholz nicht billiger, da bei diesen Verfahren zwar die Holzausnützung größer wird (etwa 40 bis 45%), die Herstellungskosten (Löhne, Maschinen, Wärme, Hilfsmaterial) dafür aber wesentlich höher werden, als beim Vollholz. Immerhin bietet das vergütete Holz Festigkeitseigenschaften, die erheblich höher als die des gleichen Vollholzes sind, dessen Festigkeit außerdem in weiteren Grenzen schwankt als die des vergüteten Holzes. Der Preis des vergüteten Holzes ist dafür 6 bis 12 mal höher, als der des Massivholzes gleicher Art.

Ein Nachteil des Holzes in jeder Form ist die sehr geringe Verwendbarkeit der Abfälle, die bei der Verarbeitung entstehen, für Bauzwecke. Von den beim Trennen und Formgeben entstehenden Spänen findet der größte Teil nur als Brennstoff, ein geringer Teil als Zusatzstoff für Kunstharzpreßstoffe, Fußbodenstoffe und dgl. Verwendung. Diese Resteverwertung ist zwar nicht in jedem Falle unwirtschaftlich, sie erhöht aber die für die Bauzwecke erforderliche Einsatzmenge an Holz.

Die anstelle von Metallteilen verwendeten *Kunstharzpreßteile* haben einen relativ hohen Preis, da die Bereitung des Werkstoffs teuer ist und die Formgebung der Teile beheizte, sehr sauber hergestellte Stahlformen bedingt. Die Verwendung der Kunstharzpreßteile ist daher nur beim Bedarf großer Stückzahlen gleicher Teile wirtschaftlich und nur dann gegeben, wenn technische oder andere Gründe zur Verwendung dieser Stoffe zwingen.

Kleine zusätzliche Metallteile, wie Muttern und dgl., lassen sich bei der Herstellung der Kunstharzteile bereits einpressen, so daß diese Teile fast verwendungsfertig aus den Formen herauskommen. Bei einer nicht sorgfältig der Natur der Kunststoffe angepaßten Konstruktion der Teile fällt die Durchhärtung des Stoffes sehr verschieden aus, so daß nach einer Lager- oder Gebrauchszeit, oft noch nach Jahren, infolge der Härteschwankungen Risse und Brüche entstehen, und daher die Ausschußziffer zum Teil recht hoch ausfällt. Härtbare Kunstharzpreßstoffe sind nach dem Härten nicht wieder aufzuweichen, daher ist der bei der Fertigung der Gegenstände aus diesen Stoffen entstehende Abfall und Ausschuß wertlos, bedeutet also völligen Verlust.

Der Abfallverlust ist besonders bei Spritzgußteilen geringer Größe infolge der in dem Anspritzkanal und Massezylinder verbleibenden Materialmengen arbeitsmäßig erheblich.

Der Werkstoff *Gummi* findet zum Zwecke der Federung, Dichtung, Isolierung, Schwingungsdämpfung, Gas- und Flüssigkeitsleitung, ferner zur Fertigung von Walzen und anderen Werkzeugen usw. Anwendung. Um diesen Zwecken möglichst zu entsprechen, muß die Zusammensetzung des Gummis dem jeweiligen Verwendungszweck angepaßt werden. Der für technische Zwecke verwendete Gummi besteht nur zu einem Teile (gewöhnlich etwa 40 bis 50%) aus Kautschuk, der als Naturkautschuk in den Plantagen der heißen Zone oder als synthetischer Kautschuk in den chemischen Fabriken fast aller Länder gewonnen wird. Dem Kautschuk werden mineralische Stoffe, Ruß, Schwefel, Weichmacher und Beschleuniger in den dem Zwecke der herzustellenden Gummiteile entsprechenden Mengen zugesetzt. Aus der so erzeugten Masse werden die Gummiteile durch Pressen in Formen, Spritzen mittels einer Spritzmaschine, Tauchen, Walzen usw. gestaltet und dann durch Erhitzen auf 150° in den verlangten Härtezustand gebracht (vulkanisiert).

Vulkanisierter Gummi läßt sich nicht mehr ganz vollwertig wieder aufarbeiten, aber doch bis zu einem erheblichen Anteil als „Regenerat" bei der Neuanfertigung gleichwertiger Teile mitverwenden.

Gesamtmaterialkosten

Die Gesamtkosten des Materials sind nicht nur von der Materialart, sondern auch von der Materialmenge, die zur Fertigung der Einzelteile, zu ihrer Verbindung zum ganzen Gerät, zu seiner Prüfung und Konservierung beschafft werden, und von der Länge des Beförderungsweges des Materials abhängig.

Von der beschafften Materialmenge ist stets nur ein gewisser Prozentsatz im fertigen Gerät, der andere Teil im Schrott und in den gegebenenfalls für andere Fertigungszwecke verwendbaren Resten enthalten.

Ob sich jedoch im eigenen Werk oder bei den von ihm abhängigen Unterlieferanten Verwendung für die Reste von Tafeln, Stangen, Rohren,

Drähten, Schmiede- und Gußstücken in angemessener Zeit findet, wird meistens fraglich sein, weshalb ihr Wert mindestens zweifelhaft ist und zum Materialaufwand für den Fertigungsgegenstand gerechnet werden muß.

Um die Gesamtkosten des Materials klein zu halten, ist es daher erforderlich, sowohl die im fertigen Gerät verbleibende Menge, als auch die Menge des Schrotts und möglichst die der verwendbaren Reste durch geeignete Maßnahmen zu vermindern. Das erstere ist durch die Wahl des Materials und durch die Formgebung des Fertigungsgegenstandes, das letztere durch entsprechende Ausnutzung des Materials zu erreichen. Auf diese Weise wird die aufzuwendende Materialmenge verringert. Außerdem ist auf eine möglichst geringe Entfernung des Material-Erzeugers vom -Verbraucher zu achten, denn die Transportkosten steigen mit der Entfernung (siehe Abb. 28) und machen oft einen beachtlichen Prozentsatz der reinen Materialkosten aus. Sie sind

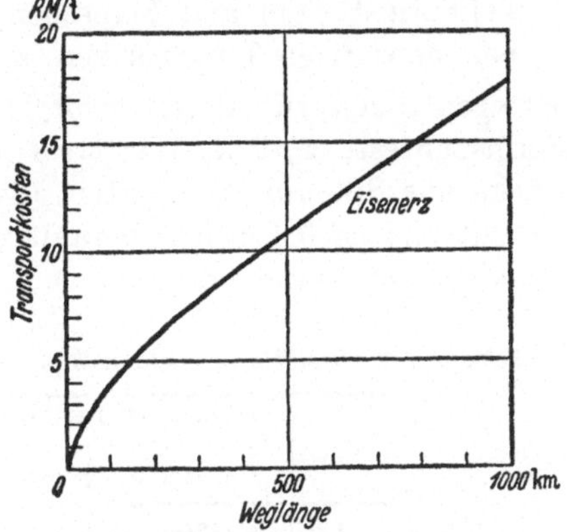

Abb. 28. Eisenbahntransportkosten in Deutschland (Anfang 1942).

nacheinander für die Beförderung des Grundstoffs, des Werkstoffs und des Halbzeugs oder Rohlings, also mehrfach zu zahlen. Die zu bezahlende und zu befördernde Menge unterliegt beim gleichen Gegenstande gewissen Schwankungen und wird wohl niemals mit den im voraus berechneten Mengen übereinstimmen, weil oftmals die genaue Berechnung zu zeitraubend ist und man sich dann mit Überschlagrechnungen begnügt, und weil die auf den Normblättern angegebenen Nennmaße der Halbzeuge, nach denen die Gewichte derselben berechnet worden sind, niemals eingehalten werden. Die zulässige Gewichtsabweichung beträgt z. B. nach DIN 1541 für Feinbleche von 0,2 mm Dicke $\pm 9\%$ und von 2,75 mm Dicke $\pm 5\%$, nach DIN 1542 für Mittelbleche im Mittel $\pm 7\%$. Bei nahtlosen Flußstahlrohren sind nach DIN 1629 für ein einzelnes Rohr Gewichtsabweichungen von $+12\%$ und -10%, für Wagenladungen von mindestens 10 t $\pm 10\%$ zulässig. Bei gewalztem Rundstahl dürfen nach DIN 1014 die Gewichtsabweichungen bei 5 mm Durchmesser $\pm 20\%$, bei 250 mm Durchmesser 3% betragen. Selbst bei dem teuern Blech aus Aluminiumlegierung sind nach DIN 1783 bei 0,5 mm Dicke ± 4 bis 28% und bei 5 mm Dicke noch ± 1 bis 10% Gewichtsabweichungen je nach der Blechbreite zulässig. Bei den gepreßten Profilen liegen die zulässigen Abweichungen in ähnlichen

Grenzen. Besonders groß sind die Gewichtsschwankungen bei den Guß-, Schmiede- und Gesenkpreßteilen im Roh- und Fertigzustand. Bei Sandguß ist das Dickerwerden von Wandungen über das vorgeschriebene Maß hinaus machmal nicht zu vermeiden. Die Abweichungen sind bei geringen Wanddicken prozentual besonders groß. Die Dicke läßt sich oft auch nicht nachmessen. Bei gußeisernen Rohren und Formstücken dürfen die Abweichungen vom Normalgewicht nach DIN 1628

bei normalen geraden Rohren $\pm$ 5%
bei Formstücken und Flanschenpaßrohren $\pm$ 10%
bei schwierigen Formstücken, z. B. Doppelabzweigungen $\pm$ 15%

betragen. Bei verwickelten, schlecht zugänglichen Hohlräumen bleiben Formsandreste zurück. Wie stark die Gewichte geputzter Sandgußstücke aus Silumin schwankten, die in verschiedenen Gießereien hergestellt und nach Gewicht bezahlt wurden, zeigt die Tabelle 11, deren Angaben der Praxis entstammen.

Tabelle 36. *Gewichte von Stahlschmiedeteilen, in zwei Schmieden hergestellt.*

Teil	Gewicht des Rohlings in Kilogramm hergestellt in		
	Schmiede A	Schmiede B	Schmiede B nach Beanstandung
1	30,5	47	—
2	32	58	40
3	41	75	53
4	52	86	60

Das Schmieden auf Maß ist teuer. Nicht richtig vorgebildete Einkäufer ziehen den teuern Preisen je Kilogramm die billigeren vor, bekommen dafür meistens weniger gut ausgeschmiedete Stücke, die natürlich mehr wiegen und erhöhte Zerspanungskosten zur Folge haben. Tabelle 36 gibt einige Beispiele von der Verschiedenheit der Rohlingsgewichte gleicher Stahlschmiedeteile. Daher ist es notwendig, einwandfreie Rohteilzeichnungen und technische Lieferbedingungen aufzustellen und sie als Unterlage für die Abnahmeprüfung zu verwenden.

Man bezahlt mit dem Geld für ein Material auch das infolge von Material- und Arbeitsausschuß beim Erzeuger mehr aufgewendete und unbrauchbar gewordene Material, das man nicht mitgeliefert bekommt Man zahlt für Halbzeuge und Rohlinge, deren Werkstoff und Form zu größerem Ausschuß führen, einen entsprechend höheren Einheitspreis und merkt nicht, daß man damit eine Materialvergeudung gefördert hat, die sich durch konstruktive und fertigungstechnische Vorüberlegung hätte mildern oder gar vermeiden lassen.

Die Gesamtmenge wird ferner durch die Höhe des Zuschlags für die Materialvergeudung im eigenen Werk beeinflußt, die durch

Beschädigungen des Halbzeugs im Lager und bei der Eingangsprüfung, Zerspanung, Verformung, Warmbehandlung und Zusammenfügung, ferner durch Unbrauchbarwerden fertiger Geräte bei der Prüfung vor der Ablieferung entstehen. Hinzu kommen die durch Schwund, Diebstahl und Verlieren (von Muttern, Scheiben, Splinten und dgl.) entstehenden Verlustmengen. Die Größe dieser ganzen Verluste ist von der Organisation des Werks und dem Stand des Könnens der Belegschaft abhängig.

VI. Materialverluste bei der Erzeugung

Einleitung

Materialverlust und Materialvergeudung sind zwei grundverschiedene Vorgänge. Materialvergeudung kann zum Materialverluste führen, muß es aber nicht, führt dagegen immer zu einem Materialaufwand, der größer als der wirklich benötigte ist. Was aus dem so entstandenen Mehrmaterial wird, ob es später eine vollwertige, nicht vollwertige oder gar keine Verwendung zum Bauen findet und dann in den Schrottkasten wandert, hängt vom Einzelfall ab und ist konjunkturbedingt. Jedenfalls bedeutet jedes Zuviel an Material einen vorzeitigen Arbeitsaufwand, also für die Augenblickslage eine Stoff-, Arbeitsstunden- und Energievergeudung.

Die Materialverluste bei der Erzeugung haben im allgemeinen folgende Hauptursachen:

1. Materialmängel,
2. Konstruktionsfehler der zu erzeugenden Gegenstände,
3. Fertigungsfehler,
4. Vorgänge, die durch andere als die unter 1. bis 3. genannten Ursachen bedingt sind.

Die Grenzen zwischen diesen Hauptursachen lassen sich nicht immer eindeutig ziehen, wie die folgenden Einzelbetrachtungen der Materialverlustursachen und ihrer Vermeidung ergeben werden. Dadurch verlieren diese Dinge aber keinesfalls an Bedeutung.

Es ist praktisch unmöglich, eine Fertigung von der Hebung der Rohstoffe bis zur Ablieferung des erzeugten Gegenstandes ohne einen Materialverlust durchzuführen. Man kann aber die Verlustgröße durch eine ganze Anzahl überlegter Maßnahmen verringern. Zu ihnen gehören Erkennen der Ursachen und Verhüten ihrer Folgen.

Die Meinung, daß das oft auch durch Leichtsinn und Sorglosigkeit unbrauchbar gewordene Metall ja nicht verloren ist, weil man es wieder einschmelzen kann, ist durchaus abwegig und eine zurückzuweisende Entschuldigung, denn der größte Teil in die Fertigung des Ausschuß gewordenen Materials bis zum Zeitpunkt seines Unbrauchbarwerdens hineingesteckte Aufwand an Lohn, Maschinenleistung, Hilfsmaterial und Zeit ist unwiederbringlich verloren.

Die Materialverlustminderung muß bereits durch Einschränkung des Aufwands bei der Herstellung der Rohstoffe und durch Verringerung des Abfalls bei der Herstellung der Halbzeuge und Rohlinge begonnen werden. Der Erfolg wird hierbei meistens größer sein, als bei einer der darauf folgenden Verarbeitungsstufen, weil die Materialmenge und daher auch die Abfallmenge bei den ersten Verarbeitungsstufen naturgemäß am größten ist. Das darf jedoch nicht zu einer Vernachlässigung der Gelegenheiten führen, die Materialverluste, auch die kleinsten, bei allen folgenden Verarbeitungsstufen zu bekämpfen.

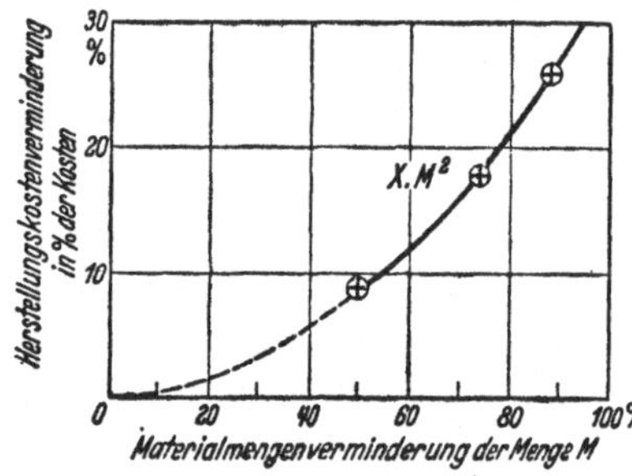

Abb. 29. Herstellkostenverminderung durch Materialmengenminderung. Beispiel.

Solange von dem in die Werkstätten gegebenen Material im Gesamtdurchschnitt nur etwa 45% im Fertigteil verbleiben und etwa 55% Abfall irgendeiner Art werden, ist in der ungenügenden Materialausnützung die größte Verlustquelle zu sehen, nicht nur in Bezug auf das verarbeitete Material, sondern auch in Bezug auf Werkzeuge, Werkzeugmaschinen, Schmieröl, Eltstrom usw.

Mit der Materialmenge in einem Gegenstand sinken im allgemeinen auch die gesamten Herstellkosten, zu denen ja auch die Materialkosten etwa in den in Abb. 29 für einen bestimmten Fall angegebenen Prozentsätzen gehören.

Materialausnützungsgrad

Materialausnützungs- und Materialverlustgrad hängen naturgemäß direkt voneinander ab. Der Verlust tritt bei jeder Verarbeitungsstufe des Materials vom Rohstoff bis zum Fertigteil ein.

Die für irgendeinen Zweck aufzuwendende Materialmenge mit dem Gewicht G wird sich stets aus einer dafür nutzbaren Menge G_N und einer Abfallmenge G_A zusammensetzen. Der Ausnützungsgrad ist daher in jedem Falle allgemein

$$A = \frac{G_N}{G_N + G_A} = \frac{G_N}{G}.$$

Angaben über den Begriff des Abfalles siehe S. 10.

Das Ziel der Materialwirtschaft muß sein, A möglichst groß zu machen. Seine Größe liegt in Wirklichkeit zwischen 0 und 1, erreicht 1 aber wohl in keinem Falle. Es kann als Zeichen einer guten

Materialwirtschaft angesehen werden, wenn A näher 1 als 0 liegt. Der Verlustgrad ist allgemein $V = 1 - A$.

Es ergeben sich für die einzelnen Verarbeitungsstufen folgende Ausnützungsgrade:

Bei der Erzeugung der Grundstoffmenge G_G aus anorganischen Rohstoffen im Gewicht G_R

$$A_R = \frac{G_G}{G_R}.$$

Bei der Erzeugung der Werkstoffmenge G_W aus Grundstoffen im Gewicht G_G

$$A_G = \frac{G_W}{G_G}.$$

Bei der Erzeugung der Halbzeug- oder Rohlingmenge G_H aus Werkstoffen im Gewicht G_W

$$A_W = \frac{G_H}{G_W}.$$

Bei der Erzeugung der Fertigteilmenge G_F aus Halbzeugen oder Rohlingen im Gewicht G_H

$$A_H = \frac{G_F}{G_H}.$$

Es ist demnach der Gesamtausnützungsgrad des Rohstoffes bei der Erzeugung

des Werkstoffs aus dem Grundstoff $\qquad A = A_R \cdot A_G$,

des Halbzeugs oder Rohlings aus dem Werkstoff $A = A_R \cdot A_G \cdot A_W$,

des Fertigteils aus dem Halbzeug oder Rohling $A = A_R \cdot A_G \cdot A_W \cdot A_H$.

Beispiel:

Für einen aus einem Rundstahl durch Zerspanen hergestellten Bolzen kommen etwa folgende Ausnützungsgrade zur Berechnung:

$$A_R = 0{,}40$$
$$A_G = 0{,}75$$
$$A_W = 0{,}80$$
$$A_H = 0{,}40$$

also: $A = 0{,}4 \cdot 0{,}75 \cdot 0{,}80 \cdot 0{,}40 = 0{,}096$ rund $0{,}10$

und $V = 1 - A = 1 - 0{,}10 = 0{,}90$.

Fertigt man diesen Bolzen durch Stauchen des Kopfes aus blankgezogenem Rundstahl, dann steigt A_H auf rund 0,95 — und dadurch wird

$$A = 0{,}228 \text{ rund } 0{,}23 \text{ und } V = \text{rund } 0{,}77.$$

Diese Verlustgrade gelten nur bei normalem Ablauf der Herstellung.

Beginnt man die Verlustermittlung mit dem Vorgang, der als Beginn der eigentlichen Formgebung anzusehen ist, also mit der Fertigung der Halbzeuge und Rohlinge, was vielfach üblich ist, dann erhält man

kleinere Verlustgrade, ohne daß sich dadurch der wirkliche Materialverlust vermindert. Neben dem Ausnützungsgrad A_{Rt} des Rohteils
gibt auch der Ausnützungsgrad des Einsatzmaterials

$$A_E = \frac{G_F}{G_E},$$

worin

$$G_E = G_F + G_T + G_B + G_S$$

ist, (siehe S. 59), einen guten Überblick über die in der Praxis festgestellte Ausnützung der eingesetzten Materialmenge. Tabelle 37 bietet
Richtwerte für die beiden Ausnützungsgrade A_{Rt} und A_E nach den
vorliegenden Erfahrungen. Man erkennt aus den Zahlen die großen
Schwankungen der naturgemäß von der Halbzeug- und Rohlingsart,
der Form des Einzelteils und dem Fertigungsverfahren abhängenden
Ausnützungsgrades.

Verluste durch Materialmängel

Verluste bei der Gewinnung der Grund- und Werkstoffe. Die Größe
der Ausbeute an Grund- und Werkstoffen hängt vom Gehalt der Rohstoffe an diesen Stoffen ab und schwankt oft in weiten Grenzen. Zum
Beispiel beträgt der Eisengehalt der deutschen Erze im Mittel 40%,
der der schwedischen, spanischen und marokkanischen dagegen bis
60%. Eine Gewichtstonne Bauxit liefert nur etwa 200 bis 280 kg
Aluminium, deutscher Ton meistens noch weniger. Nicht jedes der
gewonnenen Erze eignet sich zur Herstellung von hochwertigen Werkstoffen, bei denen besonders auf einen hohen Reinheitsgrad Wert gelegt werden muß.

Beim Schmelzen der Metalle entsteht ein Abbrand, der z. B. beim
Stahlschmelzen nach dem Bessemer- oder Thomas-Verfahren etwa 10
bis 15% beträgt.

Die Verbesserung des Ausnützungsgrades A_R ist daher durch weitgehende Aufbereitung der Erze und Anreicherung armer Erze, durch
Verbesserung der Verhüttungsverfahren, Verringerung der dabei entstehenden Materialverluste und durch restlose Gewinnung und Verwendung der Nebenprodukte zu erreichen, wenn in den Erzen die in
Deutschland seltener vorkommenden Metalle, wie Wolfram, Nickel
usw., enthalten sind, selbst wenn es sich dabei um kleine Gehalte
handelt.

Entsprechende Vorgänge werden auch bei nichtmetallischen Stoffen
die Verluste vermindern.

Mißlungene Legierungen, die zu mangelhaften Festigkeitseigenschaften führen, falsche Warmbehandlungen, ungleichmäßiges Gefüge
usw. verursachen Materialmehraufwand und Verlust.

Tabelle 37. *Verhältnis des Fertiggewichtes zum Rohteil- und Einsatzgewicht bei den verschiedenen Herstellungsverfahren.*

Gegenstand	$A_{Rt} = \dfrac{G_F}{G_{Rt}}$	$A_E = \dfrac{G_F}{G_E}$
Sandgußteile aus Stahl	0,70[1]—*0,85*—0,90	0,10—0,20[2]
aus Leichtmetall	0,70[1]—*0,80*—0,90	0,20—*0,35*—0,45[2]
Kokillengußteile aus Leichtmetall	0,70—0,80	0,30—0,40[2]
Spritzgußteile	0,95—0,98	0,60—0,75[2]
Freiformschmiedeteile ohne größere Zerspanung	0,75—*0,85*—*0,95*	0,65—*0,75*—0,85
Gesenkschmiedeteile aus Stahl über 1 kg Gewicht allseitig bearbeitet:		
Flache Umdrehungskörper	0,30—0,50—0,75	0,20—0,40—0,65
Lange Umdrehungskörper	0,75—0,80	0,60—0,70
Pleuelstangen	0,35—0,50	0,28—0,35
Kurbelwellen, hohle	0,30—0,33	0,12—0,23
Kurbelwellen, volle	0,75—0,80	0,60—0,70
aus Leichtmetall	0,50—*0,75*—0,85	0,20—*0,35*—*0,55*
Teile gefertigt durch Zerspanen von		
Rundstangen	*0,20*—0,30	0,15—0,25
Sechskantstangen	0,20—*0,30*—*0,45*	0,17—0,40
Vierkant- und Flachstangen	*0,40*—0,50—0,6	0,35—0,45—0,55
Strangpreßprofilen	0,35—*0,45*[3]	0,33—0,43[3]
Teile von Rohren und Profilstangen abgeschnitten, ohne Querschnittsänderung	0,85—0,95	0,80—0,90
Teile aus Blech gefertigt durch Ausschneiden und Abkanten:		
Einfache Teile ohne Löcher	0,75—0,85—0,95	0,55—0,70—0,80
Einfache Teile ohne große Löcher	*0,60*—*0,80*—0,90	*0,45*—*0,65*—0,75
Teile mit großen Löchern und Ausschnitten	0,30—*0,40*—0,50	0,25—*0,35*—*0,45*
durch Ausschneiden und Formstanzen:		
Einfache Teile ohne große Löcher	0,65—*0,75*—0,85	0,50—0,60—0,70
Teile mit großen Löchern und Ausschnitten	0,25—*0,40*—0,50	0,20—0,30—0,45
Tiefziehteile	0,50—*0,60*—0,70	0,40—0,50—0,60
Streckziehteile	0,35—0,50—0,60	0,25—0,40—0,50

Anmerkungen: Die in der Mehrzahl der Fälle festgestellten Werte sind durch schrägen Druck hervorgehoben.

---

[1] In größerem Umfange zerspant.

[2] Das für die Trichter, Steiger und Kanäle benötigte zusätzliche Material wird wieder eingeschmolzen, ist also zum Teil Rückgewinn an Einsatzmaterial.

[3] Bei Zerspanung in größerem Umfange. Im anderen Falle wie bei Stangen.

Verluste bei der Herstellung der Halbzeuge. Die Werkstoffverluste bei der Herstellung der gewalzten, gezogenen und gepreßten Stangen, Profile, Rohre, Drähte und Bleche entstehen durch Abbrand, verlorene Köpfe der Walzblöcke, Einwalzen von Schlacken, Abhobeln der Walzblöcke vor dem eigentlichen Beginn der Halbzeugherstellung, ferner bei der Herstellung durch Arbeitsausschuß, beim Kantenbeschneiden der Bleche in Tafel- und Bandform auf Norm- oder Festmaße, beim Beschneiden der Stangen-, Profil- und Rohrenden, ferner durch die

Tabelle 38. *Werkstoffausnutzungs- und -verlustgrade bei der Herstellung von Halbzeugen aus Stahl. Richtwerte.*

Halbzeug	Ausnutzungsgrad A_W	Verlustgrad V
Gewalzte Stangen und Profile	0,77—0,83	0,23—0,17
Gasrohr	0,69—0,74	0,31—0,26
Warmgepreße Qualitätsrohre	0,56—0,69	0,44—0,31
Präzisionsrohr	0,50—0,65	0,50—0,35
Blech in Tafelform mit beschnittenen Kanten	0,69—0,75	0,31—0,25
Blech in Bandform mit Naturkanten . . .	0,73—0,77	0,27—0,23
mit beschnittenen Kanten	0,67—0,72	0,33—0,28

Anforderungen, die an die Maßgenauigkeit und Oberflächenbeschaffenheit der Halbzeuge gestellt werden. Manchmal treten auch Verluste durch falsches Abwalzen, falsche Warmbehandlung der fertigen Halbzeuge und dgl. ein. Da die zulässigen Grenzen der Warmbehandlungstemperaturen der Leichtmetalle enger liegen als die der Stähle, entsteht beim Warmbehandeln der ersteren mehr Ausschuß.

Aus den Angaben der Tabelle 30 über die Größe der Werkstoffeinsatzmenge im Verhältnis zum Gewicht des fertigen Halbzeugs aus Stahl ergeben sich die in der Tabelle 38 verzeichneten Ausnützungsgrade A_W und die ihnen entsprechenden Verlustgrade bei der Herstellung der Halbzeuge aus Stahl. Bei den anderen Metallen liegen diese Verhältnisse ähnlich.

Bei stranggepreßten Stangen und Profilen aus Bunt- und Leichtmetall ist der Ausnutzungsgrad A_W etwa 0,75 bis 0,82 und der Verlustgrad dementsprechend 0,25 bis 0,18, weil beim Strangpressen an beiden Stangenenden Teile wegen des gewöhnlich schlechteren Gefüges und der abweichenden Maße abgeschnitten werden müssen und ein Restblock bleibt.

Beim Schneiden von Halbzeugen aus Brettern und Bohlen, beim Schälen der Baumstämme zur Herstellung der Sperrholzplatten und dgl. entstehen durch die Späne, das Besäumen und Ausschneiden der von Aststellen durchsetzten Holzteile usw. zum Teil recht erhebliche Materialverluste. Bei der Bearbeitung des als Werkstoff verwendbaren Holzes kann in Sägewerken mit einem Abfall von 30 bis 35% und in der holzverarbeitenden Industrie bei der Fertigung von Möbeln, Kisten, Fässern und dgl. mit einem weiteren Abfall von 25 bis 30% gerechnet werden, so daß bei massivem Holz im Durchschnitt mit einem Ausnutzungsgrad von 0,45 bis 0,53, also einem Verlustgrad von 0,55 bis 0,47 zu rechnen ist. Bei hohen Güteanforderungen sinkt der Ausnutzungsgrad auf 0,20 bis 0,25 und tiefer.

Verluste bei der Herstellung der gegossenen Rohlinge. Da bei den Gußteilen die Einsatzmenge im Verhältnis zum Rohlingsgewicht erheblich größer ist als bei Teilen, die nach einem anderen Verfahren mit dem gleichen oder angenähert gleichen Rohlingsgewicht hergestellt werden, so sind auch die Verluste bei der Herstellung gegossener Rohlinge entsprechend größer als z. B. beim Schmieden.

Die Verluste entstehen in der Hauptsache durch den Abbrand des geschmolzenen Metalls, dessen Größe natürlich von der Menge des eingesetzten Materials abhängt, und durch den Ausschuß, der bei etwas verwickelten Teilen zwischen 10 und 30% der gut ausfallenden Stücke, in einigen Fällen erheblich mehr, in anderen auch etwas weniger beträgt.

Der Ausschuß entsteht durch ungenügende Füllung der Form, durch Kernverlagerungen, Lunker- und Porenbildung, Schlackeneinschlüsse, Spannungsrisse, Zerschlagen beim Putzen, Transportbruch und dgl. Er kann daher sowohl eine Folge der Konstruktion als auch des Herstellungsverfahrens des Gusses sein und von den Erfahrungen der Gießerei abhängen. Das zeigen zahlreiche Beispiele, bei denen beim gleichen Sandgußteil die Ausschußquote der verschiedenen Gießereien zwischen 2 und 20%, 9 und 30%, 15 und 64% der Zahl der guten Stücke geschwankt hat. Beim Kokillen- und Spritzguß sind die Ausschußzahlen durchschnittlich kleiner. Das hängt meistens mit der eingehenderen, wegen der Mengenfertigung dieser Teile auch dringend notwendigen Erprobung der Formen und dem besseren Abstimmen der Gestalt mit dem Arbeitsverfahren zusammen.

Verluste bei der Herstellung der geschmiedeten und im Gesenk gepreßten Rohlinge. Diese Rohlinge werden aus Material hergestellt, das vorher aus gegossenen Blöcken zu Knüppeln oder Stangen verformt worden ist, wobei durch Abbrand, verlorene Köpfe und Abhobeln zum Teil erhebliche Materialabfälle entstanden sind.

Bei der eigentlichen Rohlingsherstellung werden die hauptsächlichsten Verluste durch den Abbrand, bei dem zum Teil mehrfach wiederholten Erwärmen auf Schmiede- oder Preßtemperatur, durch den Grat beim Gesenkschmieden und -pressen und durch den Ausschuß verursacht. Um diesen Ausschuß zu vermindern, müssen Herstellungsfehler bereits beim Gußblock vermieden werden, damit er nicht Blasen, oxydische Einschlüsse, Seigerungen usw. enthält. Vor dem Strangpressen des Vormaterials ist der Gußbarren von den Gußhautresten zu befreien, sonst wandern diese Oxydschichten beim Pressen in die Stange und erzeugen den sogenannten Zweiwachs des Halbzeugs. Beim Pressen muß die Längsfaser des Halbzeugs stets in der Richtung der größten Beanspruchung liegen, damit das fertige Stück auch den Anforderungen entspricht. Zur Vermeidung von Rißbildungen in der Gratnaht darf diese möglichst nicht aus einem dicken Teil des Querschnitts heraustreten. Die Gratkante muß gut abgerundet und die Gratnaht abgeschrägt sein. Da Leichtmetallpreßteile recht zähe sind, kann bei ihnen der Grat nicht, wie sonst üblich, abgeschlagen, sondern muß abgesägt oder abgefräst werden.

Beim eigentlichen Gesenkschmieden und -pressen beträgt der Abbrand etwa 3 bis 6%, je nach der Zahl der Glühungen des Teils während der Verformung, der Stangenabfall etwa 5% und der Späneverlust beim Absägen des Vormaterials von der Stange etwa 3% der Einsatzmenge, während die Ausschußquote im allgemeinen zwischen 3 und 5% liegt, so daß ohne den Gratverlust mit einem Verlust von 14 bis 19% der Einsatzmenge zu rechnen ist.

Die Größe des Gratabfalls beträgt je nach dem Gewicht und der Form des Rohlings 10 bis 35% des Einsatzgewichts, so daß bei Gesenkschmiede- und Gesenkpreßteilen ein Materialgesamtabfall von etwa 25 bis 50% entstehen kann, der bei Teilen mit anschließender Zerspanung noch entsprechend höher ist (siehe Tabelle 37, S. 93).

Verluste durch konstruktive Maßnahmen

Die Konstruktion eines zu fertigenden Gegenstandes bestimmt die zur Fertigung notwendigen Betriebsanlagen, Fertigungsmittel und -verfahren und stellt die Forderungen an das Leistungsvermögen des Unternehmens. Was durch richtige Konstruktion eines zu bauenden Gegenstandes an Arbeit zur Materialbeschaffung und Formgebung erspart werden kann, ist von vornherein als ein Gewinn anzusehen. Er kann jedoch durch Verluste infolge falscher Fertigungsvorgänge im Betriebe nicht nur wieder ausgeglichen, sondern in das Gegenteil verwandelt werden.

Man ist es vielfach noch gewohnt, in dem Konstruktionsingenieur, als dem Gestalter der Erzeugnisse schlechthin, den Urheber der Materialverluste bei ihrer Fertigung zu sehen und in erster Linie von ihm Rationalisierungsmaßnahmen, wie weitgehende Vereinheitlichung der Ausführungsformen, Typenbeschränkung, Verwendung genormter Einzelteile, Beschränkung der Halbzeugsorten usw., zu verlangen. Zweifellos ist durch solche Maßnahmen, an richtiger Stelle angewendet, manche Einsparung zu erreichen. Daß aber zum Teil wesentlich größere Materialverluste durch Vorgänge entstehen, auf die der Konstrukteur direkt keinen Einfluß nehmen kann, ist aus den vorangegangenen und folgenden Erörterungen zu entnehmen.

Auch die in diesem Abschnitt behandelten Materialverlustursachen durch Konstruktionsfehler sind nicht alle durch den Konstrukteur zu verhindern, dessen Tätigkeit ja nicht nur auf das Herausbringen technisch möglichst vollkommener Erzeugnisse gerichtet sein, sondern auch zum wirtschaftlichen Bestehen des ihn bezahlenden Fertigungsunternehmens beitragen muß. Und dieses Bestehen unterliegt immer dem entscheidenden Einfluß der Abnehmer der Erzeugnisse. Sie sind oft an dem Entstehen von Konstruktionsfehlern und ihren Folgen mit-

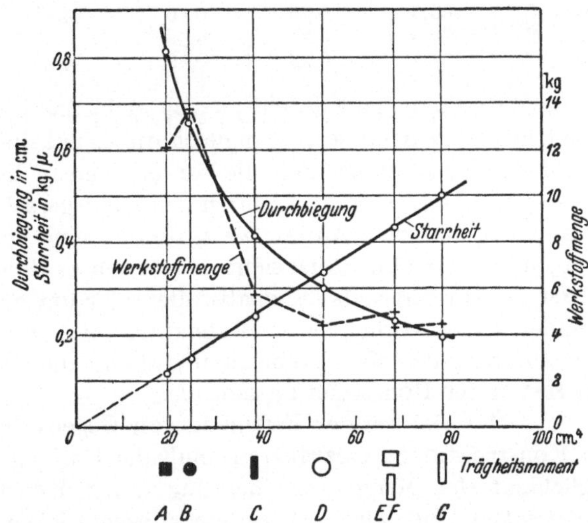

Abb. 30. Starrheit, Durchbiegung und Werkstoffmenge. Siehe Tabelle 39.

schuldig, ohne es zu wissen und wahrhaben zu wollen. Konjunktur- und andere Zeitverhältnisse spielen dabei vielfach eine ausschlaggebende Rolle.

Gestaltung und Materialmengenaufwand. Die aufzuwendende Materialmenge wird durch die Gestaltung des zu fertigenden Gegenstandes und durch das Fertigungsverfahren bestimmt und von beiden wechselweise beeinflußt. Beide Verlustquellen sind daher gleichzeitig zu beobachten und aufeinander abzustimmen.

Die Verluste entstehen bei normalem Fertigungsablauf durch Abfälle beim Zerspanen und Verformen der Halbzeuge und Rohlinge, durch Arbeits- und Materialausschuß bei den Teilen in den verschiedenen Fertigungsstadien der Einzelteilherstellung und bei dem Zusammenbau. Sie werden im allgemeinen bei der ein- oder wenigmaligen Fertigung des Gegenstandes, z. B. während der Entwicklung und der Vorbereitung desselben zum Reihenbau, größer ein, als sie bei diesem selbst jemals sein dürfen.

Tabelle 39. *Durchbiegung, Steifheit und Werkstoffmenge bei einem einendig einge-spannten Balken mit den in Abb. 30 angegebenen verschiedenen Querschnitten und belastet mit einer Einzelkraft von 100 kg an einem Hebelarm von 100 cm. Elastizi-tätszahl = 2 100 000 kg/cm².*[1]

Querschnittsform (siehe Abb. 30) Maße in mm	Trägheits-moment cm⁴	Durch-biegung cm	Steifheit kg/µ	Werkstoffmenge	
				kg	%
A 47 ∅	24	0,66	0,15	13,6	100
B 39 × 39	19,3	0,82	0,12	12,0	88
C 80 × 9	38,4	0,41	0,24	5,7	42
D 90 × 2	53,5	0,30	0,33	4,3	32
E 80 × 80 × 2	63,5	0,25	0,40	4,8	35
F 105 × 40 × 2	76,6	0,21	0,48	4,4	32
G 100 × 40 × 2	68	0,23	0,43	4,2	31

Die zu große Materialmenge entsteht an sich nicht durch ein großes Gewicht des fertigen Gegenstandes, wenngleich dieses auf die Material-menge von Einfluß, aber meistens durch die Forderungen an die Leistung des Gegenstandes gegeben ist, sondern durch den nicht gerechtfertigten Aufwand an Ausgangsmaterial. An ihm zu sparen ist eine der wichtig-sten Aufgaben, und zwar ohne Rücksicht darauf, ob es dabei um so-genannte Sparstoffe (Fremdstoffe, Engpaßstoffe) oder um Stoffe geht, die in genügender Menge vorhanden sind, denn das Ziel muß in jedem Falle die Verminderung der Materialmenge und damit die der Arbeits-stunden vom Heben des Rohstoffes an sein.

Dem Versuch, Material bei der Fertigung von Gegenständen nach vorhandenen Konstruktionen einzusparen, muß die Prüfung derselben auf die Möglichkeit der Mengenverminderung durch Konstruktions-änderung vorangehen. Sie wird oft zu einer beachtlichen Mengen-minderung führen. Es ist aber noch keine Materialeinsparung erreicht, wenn z. B. in einen Träger Erleichterungslöcher eingeschnitten oder eine Welle hohlgebohrt wird, um das Fertiggewicht zu vermindern. Sehr belehrend sind die Angaben der Tabelle 39 über die Materialmengen bei den verschiedenen Lösungen der gleichen Aufgabe.

Ein eingehendes Studium der beanspruchenden Kräfte und die experimentelle Nachprüfung der Ergebnisse der technischen Rechnungen führen oft zur Verminderung von Wanddicken. Bei ihrer Bemessung spielen natürlich auch die verlangte Lebensdauer des Gegenstandes, der zerstörende Einfluß von Dämpfen, Flüssigkeiten usw. mit Rücksicht hierauf eine Rolle, so daß Wanddicken oft größer gemacht werden müssen, als sie auf Grund der mechanischen Beanspruchungen zu sein brauchten.

Es darf nicht Ziel der Lösung einer Konstruktionsaufgabe sein, den Gegenstand so zu gestalten, daß er z. B. einer Probebelastung stand-hält, sondern er muß sich allen Beanspruchungen gegenüber bewähren,

---

[1] Nach *G. Krug:* Z. VDI Bd. 84 (1940) Nr. 1.

denen er bei der späteren praktischen Verwendung während einer angemessenen Anzahl von Jahren voraussichtlich ausgesetzt sein wird. Aus diesem Grunde ist es, wenn man das Problem der Materialwirtschaft vollständig durchdenkt, werkstoffwirtschaftlich richtiger, die zulässigen Spannungen auf die in Frage kommende Streckgrenze und Dauerfestigkeit und nicht auf die Zugfestigkeit des Werkstoffes zu beziehen, damit bei den meistens ungleichförmig beanspruchten Bauteilen unzulässig große Verformungen und Dauerbrüche mit Sicherheit vermieden werden, die zu einem vorzeitigen erneuten Werkstoffaufwand für den gleichen Gegenstand führen.

Es kommt bei der sicheren Aufnahme der einwirkenden Kräfte nicht nur auf die das Gewicht mitbestimmende Größe einer Querschnittsfläche, sondern auf die Verteilung dieser Fläche und die dadurch erzielte Gestaltungsfestigkeit an. Auch andere, rein konstruktive Maßnahmen können Materialmengeneinsparungen bringen, z. B. ist die Wärmeableitung der Metalle an das Wasser besser als an die Luft.

Auch den kleinsten Einsparungsmöglichkeiten an einem Teil ist die volle Aufmerksamkeit zu schenken. Wenn bei dem einzelnen Teil, z. B. an elektrischen Schaltern die Größe der Kontakte aus Edelmetall vermindert, bei Zündkerzenelektroden einige Gramm Nickel eingespart werden, dann erreicht man bei den gewöhnlich sehr hohen Stückzahlen dieser Gegenstände im Jahr im ganzen eine wesentliche Materialmengeneinsparung.

Die Beseitigung der unnötigen Übermaße von Einzelteilen hat im Laufe der technischen Entwicklung oft zu wesentlichen Materialeinsparungen ohne untragbare Folgen geführt. Ein gutes Beispiel dafür ist die Materialaufwandsverminderung durch die Verringerung der Mutternhöhe von 1 d auf 0,8 d und der Schlüsselweite gewesen. Sie hat bei der außerordentlich großen Anwendung der Muttern der deutschen Industrie eine jährliche Materialeinsparung von vielen tausend Tonnen ergeben.

Vielfach ist die Meinung verbreitet, daß beachtliche Materialeinsparung durch die sogenannte spanlose Fertigung und eine dementsprechende Konstruktion des herzustellenden Gegenstandes erzielt werden kann. Die Wahl eines Fertigungsverfahrens ist natürlich an bestimmte Bedingungen gebunden, und es kommt nicht so sehr darauf an, ob Späne entstehen oder nicht, sondern wie groß der Materialabfall bei der Fertigung eines Gegenstandes ist und ob dieser allen Anforderungen bei der Verwendung während einer ausreichend langen Zeit entspricht. Siehe auch S. 190.

Abfälle sind bei jeder Fertigungsweise vorhanden, sie lassen sich nicht vermeiden. Man vermag aber die Gestaltung so zu wählen, daß die Form der Rohteile möglichst nahe an die Fertigteile gebracht werden

kann, um mit geringen Bearbeitungszugaben auszukommen. Dabei
spielen Form und Maße des verwendeten Halbzeugs oder Rohlings oft
eine ausschlaggebende Rolle. Angegossene Zapfen, Knaggen und dgl.,
die das Aufspannen eines Werkstückes zur Bearbeitung ermöglichen
sollen, bilden ein zusätzliches Material, das mit zerspant oder abgestochen
wird und in den Schrottkasten wandert.

Es ist durchaus nicht gleichgültig, ob eine gewisse Abfallmenge
durch Späne oder Halbzeugabschnitte entsteht. Neues Blech ist je
Kilogramm billiger als eine Stange oder ein Rohr. Das Einschmelzen von Spänen, die besonders bei der Zerspanung von Stangen anfallen, bringt einen größeren Verlust durch Abbrand als das Einschmelzen von Blechschnitzeln, Stangenabschnitten u. dgl. Die Stangenausnutzung ist gewöhnlich schlechter als die Blechausnutzung. Trotzdem Stangen billiger sind als Rohre, kann es wirtschaftlicher sein, für ein Hohlteil ein gezogenes Rohr zu verwenden als eine Stange auszubohren. Selbst wenn dann die Materialkosten gleich groß sind, werden die sich aus Material-, Eigenlohn- und Gemeinkosten zusammensetzenden Herstellkosten bei der Rohrverwendung niedriger sein als bei dem aus dem Vollen herausgearbeiteten Teil. Ein bezeichnendes Beispiel bringt Abb. 41, S. 121. In diesem Falle hatte die Umstellung eine Verbilligung der Fertigung in Höhe von etwa 23% zur Folge.

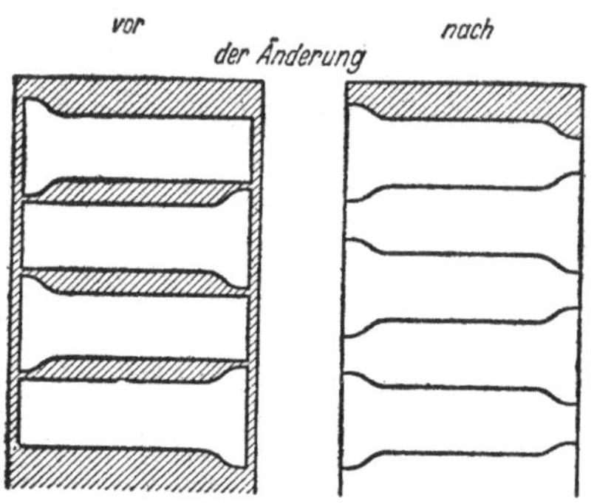

Abb. 31. Materialersparnis von 25% durch
Gestaltungsänderung einer Schelle.

Ein Beispiel guter Materialausnutzung durch eine darauf ausgerichtete Gestaltung des Einzelteiles zeigt Abb. 31[1]. Durch eine an sich geringfügige Änderung der dargestellten Befestigungsschelle wurden etwa 25% Material und 22% Gesamtkosten eingespart. Weitere Beispiele materialsparender Gestaltung von Blechteilen bietet die AWF-Schrift 5971[2].

Unrichtige Werkstoffwahl. Es ist erforderlich, die gedankenlose, ohne zwingenden Grund vorgenommene Verwendung von gewissen Werkstoffen zu bekämpfen. Sie werden manchmal wegen des besseren Aussehens des daraus hergestellten Gegenstandes oder wegen leichterer Bearbeitbarkeit gewählt. In jedem Falle muß streng geprüft werden,

---

[1] *Lüpfert, H.* Dr.-Ing.: Werkstoffumstellung und Werkstoffeinsparung im Feingerätebau. Z. VDI Bd. 84, 1940, Nr. 50.

[2] Richtlinien für Werkstoffersparnis bei Schnitt- und Stanzteilen. Ausgearbeitet vom Ausschuß für Stanzereitechnik beim AWF.

ob die Verwendung eines teueren oder schwer beschaffbaren Werkstoffes unumgänglich nötig ist. Einsparmaßnahmen haben z. B. ergeben, daß man einen ausreichend haltbaren Weichlötstoff mit der Hälfte des bisher üblichen Zinnanteils erhält. Die Verwendung von Chrom-Nickel-Stahl läßt sich durch Vergüten oder Einsatzhärten von nicht legierten Stählen, Spannungsspitzen lassen sich durch andere Formgebung und glattere Oberfläche vermeiden. Manchmal erreicht man dadurch auch eine längere Lebensdauer.

Es ist zweifellos sehr verlockend für den auf Verminderung des Fertigteilgewichtes hinarbeitenden Konstrukteur, die höchsten Festigkeitseigenschaften eines Werkstoffes auszunutzen. Dieser Vorgang ist aber mit großem Risiko verbunden. Je höher die Ansprüche, desto geringer die ihnen genügenden Mengen, desto größer also auch der Materialausschuß. Bei großen Rädern können z. B. die Radkränze aus hochwertigem, die Speichen und Naben aus geringwertigem Werkstoff angefertigt werden. Das Umstellen massiver Kontakte aus Edelmetall (Platin, Silber usw.) in elektrischen Geräten auf Bimetall (Verbundstoff) bringt erhebliche Mengeneinsparung an Edelmetallen. Oft genügt auch eine Auflage aus Edelmetall von einigen Hundertstel Millimeter Dicke. Die Erfahrung hat gelehrt, daß durch diese Maßnahmen neben einer Verbilligung auch eine Erhöhung der Festigkeit der Kontaktteile, eine geringere Wärmeentwicklung am Kontaktpol infolge des kleineren elektrischen Widerstandes und dadurch eine größere Betriebssicherheit und längere Lebensdauer erreicht wird.

Stahl durch Leichtmetall zu ersetzen, ist in allen den Fällen unwirtschaftlich, in denen die Verminderung des Gesamtgewichts des zu fertigenden Gegenstandes keinen besonderen Vorteil bringt.

Für den Leichtbau bieten bei Zugbeanspruchung die Leichtmetalle trotz ihrer geringeren Wichte gegenüber Stahl von mehr als 110 kg/mm² Festigkeit keinen Vorteil.

Drohende Korrosionsermüdung durch Einfluß von Gasen und Flüssigkeiten, die Ursache vieler Betriebsschäden, kann nicht durch Verwendung von Kohlenstoffstahl höherer Festigkeit oder legiertem Stahl verhütet werden, denn bei Korrosionsermüdung haben diese Stähle keine wesentlich höhere Dauerfestigkeit als weiche Kohlenstoffstähle.

Der Austausch des Kupfers durch andere Metalle in leitenden Geräten und Anlagen ist oft mit beachtlichen technischen Nachteilen verbunden. Der Austausch bedingt einen schlechteren Wirkungsgrad oder eine Vergrößerung der Maße der Geräte und Maschinen und aus beiden Gründen eine Verschlechterung der Güte. Dieser Nachteil ist bei der Verwendung von Cupal (Aluminium, kupferplattiert) nicht so groß.

Guß- und Gesenkschmiede- und Gesenkpreßteile. Diese Teile beschleunigen in der Reihen- und Massenfertigung die Erzeugung, werden aber meistens wertlos, wenn Konstruktionsänderungen eintreten oder die Fertigung auf andere Gegenstände oder Abwandlungen der bisher erzeugten umgestellt wird. Mit den Teilen werden dann auch die zugehörigen Gußmodelle, Kernkästen und Gesenke überflüssig, die meistens erhebliche Beschaffungskosten, also auch einen entsprechenden Materialaufwand verursacht haben.

Ob es zweckmäßiger ist, ein dafür geeignet gestaltetes Teil nach dem einen oder andern Verfahren herzustellen, kann bei ausreichender Erfüllung der technischen Forderungen immer nur durch eine Wirtschaftlichkeitsrechnung entschieden werden, deren Ergebnis natürlich auch von den Materialkosten abhängt. Bei gewöhnlichem Grauguß beträgt das Gewicht der verkaufsfertigen Ware etwa 60 bis 70% des eingesetzten Werkstoffs, während diese Zahl bei Temperguß nur etwa 35% beträgt, weil dann beim Gießen mehr Steiger benötigt werden. Diese Verhältnisse sind dagegen günstiger beim Schleuderguß, der außerdem wesentliche Festigkeitssteigerungen ermöglicht, die z. B. bei Gußbronze eine Vergrößerung der Zugfestigkeit um 60 bis 70% und der Brinellhärte um rund 30% gegenüber Sandguß erreichen lassen.

Gesenkschmiede- und Gesenkpreßteile beanspruchen nur dann eine angemessene Materialmenge, wenn sie im Gesenk fertig- oder nahezu fertiggeschlagen oder -gepreßt werden können, sonst wird der Materialverlust durch die nachfolgende Zerspanung zu groß. Nun hängt das Fertigschlagen im Gesenk von den zu erreichenden Wanddicken ab, mit deren Abnahme die Schmiedearbeit oder der Preßdruck erheblich ansteigen muß. Wenn z. B. bei Teilen aus Leichtmetallegierungen bei 10 mm Dicke der Druck der Schmiedepresse 1500 kg/cm² der Bezugsfläche beträgt, dann steigt er bei 5 mm Dicke auf etwa 3000 und bei 3 mm Dicke auf etwa 6000 bis 7000 kg/cm². Stehen entsprechend starke Pressen nicht zur Verfügung, dann muß eine mangelhafte Materialausnutzung in Kauf genommen werden.

Ungeeignet für das Schmieden sind Teile mit hohen dünnen Rippen, da sie selten das Gesenk sauber ausfüllen.

Beim Gießen ist man auch an gewisse Mindestdicken der Wände gebunden und erreicht die geringsten Dicken nur beim Spritzguß, dessen Festigkeit aber nicht immer befriedigt.

Stahlgußteile, deren Wanddicken aus gießtechnischen Gründen überbemessen werden müssen (siehe Tabelle 40), werden manchmal mit Vorteil durch Schweißteile ersetzt. Man muß sich aber vor leichtfertiger Gleichsetzung von gegossenen und geschweißten Teilen hüten. Eine volle festigkeitsmäßige Ausnutzung der Schweißkonstruktion ist nur dann gegeben, wenn das Teil nach dem Schweißen sachgemäß ausgeglüht, ggf., vergütet werden kann, sonst liegen Zonen mit Knet- und Gußstruktur (diese in der Schweißnaht und in ihrer Nachbarschaft) gefahrdrohend nebeneinander. Der oft empfohlene Übergang vom Gußteil zum Schweißteil aus Blech wird meistens nur dann eine Materialeinsparung bringen, wenn die erforderlichen geringen Wanddicken durch Gießen nicht hergestellt werden können, das Teil große Hohlräume mit schlecht zu kontrollierenden Kernlagen hat und das Schweißen ohne wesentliche Ausschußgefahr bzw. überhaupt möglich ist. Bei der Materialmengenermittlung darf das zusätzliche Schweißmaterial und sein Abbrand nicht vergessen werden.

Tabelle 40. *Mindestwanddicken bei Gußteilen, abhängig von der Kantenlänge $l = \sqrt{F}$, worin F die größte Projektionsfläche der Wand ist. Umschlossene Wandausschnitte gelten dabei als voll, nicht umschlossene als nicht voll.*

Kantenlänge l	mm	100	200	300	400	500	600
Mindestwanddicke mit einer Toleranz von $\pm$ 0,5 mm	mm	3	4,5	6,0	8	10	12

Beschränkung der Vielfältigkeit des Materials. Die manchmal noch zu beobachtende Verwendung vieler verschiedener Werkstoffe, Halbzeugformen und -maße birgt meistens einen übergroßen Materialaufwand in sich, der vielleicht nicht sofort zu einem Verlust führt, aber unnötigerweise Werkstoff bindet, dessen Verwendung an anderer Stelle wichtig wäre.

Die Materialvielfältigkeit wird meistens durch das an sich löbliche Bestreben der Konstrukteure verursacht, das Ergebnis ihrer Arbeit technisch möglichst vollkommen zu gestalten, ohne das Sprichwort genügend zu beachten, daß in der Beschränkung sich der Meister zeigt. Jede Vielfältigkeit führt zur Vergrößerung

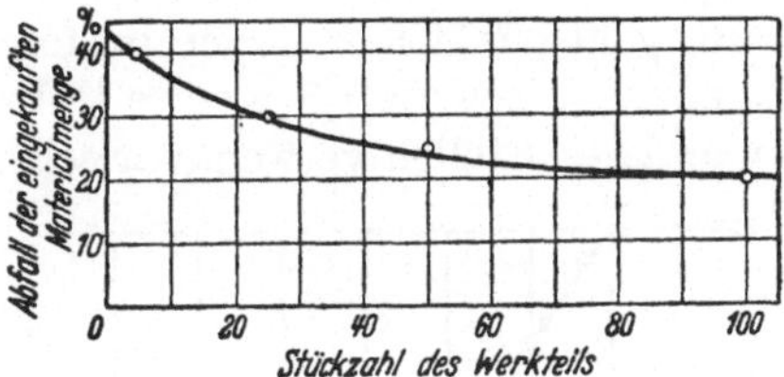

Abb. 32. Beispiel der Abnahme des Abfalls mit steigender Stückzahl.

der Verwaltungsarbeit und des Lagerinhaltes und ist daher meistens unwirtschaftlich. Dagegen kann ein gewisser Lagervorrat an gängigen Halbzeugen wirtschaftlich wertvolle Dienste leisten. In Zeiten der Materialverknappung hat man mit langen Lieferterminen zu rechnen. Sie geben bei nicht ausreichender Bevorratung Veranlassung zur Verwendung von Halbzeug mit ungeeigneten Querschnittsmaßen und dadurch herbeigeführter schlechter Materialausnutzung.

Die Materialvielfältigkeit wird durch die Beschränkung der Muster einer Gegenstandsart, durch die Verminderung der Zahl verschiedener Einzelteile und Fertigungsverfahren erheblich herabgesetzt. Je weniger Muster, desto geringer die Ersatzteilbevorratung, desto geringer der Materialverlust, der erfahrungsgemäß mit der Zunahme der Stückzahl gleicher Teile prozentual abfällt (siehe Abb. 32) Je geringer die Stück-

zahl verschiedener Einzelteile und je größer dafür die Zahl gleicher
Teile ist, desto weniger oft müssen die Bearbeitungsmaschinen neu
eingerichtet und materialverbrauchende Arbeitsversuche dabei durchgeführt werden, deren Materialaufwand bei zu kleiner Stückzahl
(gleichgültig, ob es sich dabei um genormte oder nichtgenormte Teile
handelt) in einem ungerechtfertigten Verhältnis zur Menge in den fertigen guten Stücken steht und fast in jedem Falle einen Verlust bedeutet.

Tabelle 41. *Prozente der Zahl der verschiedenen Halbzeugsorten in den angegebenen
Mengenbereichen bei einem Gerät vor und nach der Umstellung auf geringere Halbzeugsortenzahl.*

Mengenbereich	Vor der Umstellung			Nach der Umstellung		
	Stahl %	Buntmetall %	Leichtmetall %	Stahl %	Buntmetall %	Leichtmetall %
Unter 10 g	9	7	5	4	0	5
10 bis 100 g	20	30	23	12	33	13
100 g bis 1 kg	37	44	44	31	33	31
1 bis 5 kg	22	14	17	31	22	31
über 5 kg	12	5	11	22	12	20
	100	100	100	100	100	100

Die Verwendung genormter Halbzeuge *kann* zu Materialeinsparung,
im ganzen gesehen, führen; daß sie das nicht unter allen Umständen tun
wird, geht aus den Angaben im folgenden Abschnitt hervor. Immerhin
ist anzunehmen, daß genormte Halbzeuge bei Konstruktionsänderungen
an anderen Stellen verwendbar sein werden, was bei Sonderhalbzeugen,
die durch Änderung der vor-
gesehenen Verwendungsmög-
lichkeit überflüssig werden,
selten vorkommen wird.

Eine Untersuchung der
Vielzahl der für die Fertigung
eines Gegenstandes vorgesehenen Halbzeugsorten (verschiedene Werkstoffe, Formen,
Maße) ergibt meistens die Möglichkeit, diese Vielzahl mit Erfolg zu verkleinern.

Man wird dabei Mengen
feststellen (siehe Tabelle 41),
die zu beschaffen und zu be-

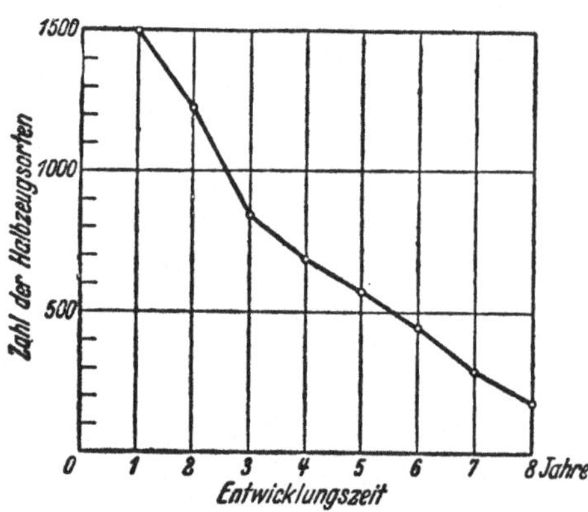

Abb. 33. Verminderung der Halbzeugsortenzahl
bei Geräten gleicher Art in 8 Jahren.

wirtschaften tatsächlich nur dann gegeben ist, wenn die betreffenden
Halbzeuge wirklich unentbehrlich sind. Daß das nicht immer der Fall
ist, zeigt Abb. 33. Bei einer bestimmten Geräteart wurde durch systematische Auskämmung aller vermeidbaren und durch andere ersetzbaren

Halbzeuge innerhalb von 8 Jahren eine Absenkung der Halbzeugsortenzahl auf etwa den achten Teil erreicht, ohne die Leistung der Geräte zu verschlechtern und ohne das Gewicht der Materialeinsatzmenge untragbar zu erhöhen.

Die Abbildung zeigt so recht die Auswirkung der Vereinheitlichung durch eine zielbewußte Konstrukteurarbeit, während der Inhalt der Tabelle 41 einen der Wege weist, das angestrebte Ziel zu erreichen, nämlich die Zahl der verschiedenen Halbzeugsorten zu verkleinern und dafür die Menge der einzelnen Sorten zu vergrößern, was durch die Steigerung der Prozentzahl der Halbzeuge in den größeren Mengenbereichen erreicht worden ist.

Dem Konstrukteur sollte es zur Pflicht gemacht werden, während oder spätestens am Schluß einer Arbeitswoche auf vorbereiteten Sammelblättern Angaben über Art und Mengen der durch seine Konstruktion erforderlich gewordenen verschiedenen Halbzeuge, Bohrerdurchmesser, Fräserformen, Passungen und Meßzeuge zu machen, um.eine Übersicht über deren Vielfältigkeit zu bekommen und sie zeitig vermindern zu können.

Einfluß der Normung. Man begegnet in Lehrbüchern und Zeitschriften immer wieder der Angabe, daß die Normung eine der Voraussetzungen ist, von denen der Erfolg im Kampf gegen die Materialvergeudung abhängt. Wenn diese Angabe unter allen Umständen richtig wäre, dann müßte die Nichtverwendung von Normen in jedem Falle zu der zu bekämpfenden Materialvergeudung führen, was zweifellos nicht der Fall ist.

Wohl kann die Normung zu einer erheblichen Entlastung der Vorratsläger der Fabriken, Händler und Verbraucher führen, wohl wurden durch Normung von Werkstoffen und Einzelteilen, von Güteforderungen usw. Vereinfachungen der Herstellungseinrichtungen und Fertigungsmittel erreicht, wohl wird durch die Normung von Teilen die Wiederholung der Arbeitsvorbereitung einschließlich des Zeichnens der Teile überflüssig; treten diese material- und zeiteinsparenden Vorteile aber zwangsläufig in jedem Falle ein oder ist ihre Auswirkung nicht auch von den Zeitverhältnissen abhängig?

Es liegt in dem Wesen der Normung, eine Auswahl von Stoffleistungen, Halbzeugformen und -maßen, Fertigteilformen und -maßen festzulegen und es dem Verwender zu überlassen, sich unter diesen Normgrößen die für seinen Zweck passendste auszuwählen.

Es liegt ferner im Wesen der Normung, die genormten Größen mehr oder weniger grob zu stufen. Bei dem Einsatz- und Vergütungsstahl nach DIN 1661 z. B. betragen die Mindestfestigkeiten der einzelnen Stahlsorten vergütet 47, 55, 65 und 75 kg/mm². Man darf aus Sicherheitsgründen nur diese Mindestwerte in die Festigkeitsrechnung einsetzen. Ergibt die Nachrechnung eines aus andern Gründen in seinen

Maßen festgelegten Teiles eine Beanspruchung von z. B. 49 kg/mm², so ist man gezwungen, entweder die Maße des Teiles so zu vergrößern, daß die Beanspruchung auf 47 kg/mm² sinkt und die Materialmenge entsprechend steigt oder aber den Werkstoff mit 55 kg/mm² Festigkeit zu verwenden, der teuerer in der Herstellung und Bearbeitung ist.

Nachteile dieser Art treten umso stärker hervor, je teuerer das Material je Kilogramm ist.

Aus den Gewichtsangaben auf den Normblättern der Halbzeuge erkennt man die prozentual großen Gewichtsunterschiede zwischen zwei benachbarten Normgrößen. Bei den kleinen Nennmaßen der Bleche und Stangen beträgt das Mehrgewicht (je Quadratmeter oder Meter) der nächsthöheren Größe 30 bis 40%, bei größeren Nennmaßen 15 bis 25% des Gewichts der zum Vergleich dienenden nächsten Ausgangsgröße.

Günstiger ist die Stufung bei den nahtlosen Stahlrohren, bei denen die der Stufung entsprechenden Gewichtsunterschiede zwischen zwei benachbarten Nenngrößen bei gleicher Wanddicke zwischen 3 und 13% liegen.

Durch Werknormen, die vielfach nur eine Auswahl unter den öffentlich genormten Größen enthalten, werden die Gewichtsunterschiede zwischen benachbarten Größen oft noch verstärkt.

Noch größer sind die Gewichtsunterschiede zwischen benachbarten Größen mancher genormten Fertigteile, die als Bauelemente allgemeine Verwendung finden. Bei ihnen ergeben sich Gewichtsunterschiede von 100 bis 150% bei den kleinen Nenngrößen und 30 bis 40% bei den größeren.

Diese Tatsachen werden von den Konstrukteuren auch oft erkannt und besonders in den Fällen beanstandet und durch Sonderkonstruktionen gemildert, in denen die Gewichtsersparnis eine Forderung erster Ordnung ist. Solche Sonderkonstruktionen unter nur teilweiser oder keiner Verwendung von Normteilen führen dann zu oft wesentlichen Materialeinsparungen, besonders im Falle einer Massenfertigung der betreffenden Gegenstände, denn die Massenfertigung bringt, auch ohne Verwendung der Formen und Maße genormter Teile, alle Vorteile der durch die Normung angestrebten Vielfachanwendung des gleichen Teiles.

Wenn die Verknappung von unentbehrlichen Werkstoffen eintritt, dann muß ihre Einsparung unter allen Umständen erfolgen, auch unter Verzicht auf die Vorteile der Normung. Das ist nicht nur bei der Massenfertigung, sondern auch bei der Einzelfertigung notwendig, wenn es sich um größere Stücke handelt. Die zwingende Notwendigkeit zum Abweichen von der Norm wird um so stärker hervortreten, je mehr Normteile mit grober Stufung ihrer Nennmaße zur Anwendung

gelangen werden bzw. je stärker die Stufung zur Verringerung der Sortenzahlen vergröbert werden wird. Hinzu kommt, daß bei Großreihenfertigung vielfach Teile von der Stange durch Zerspanen hergestellt
werden, die man bei Einzel- oder Kleinreihenfertigung vorschmieden
würde, was bei Großreihenfertigung aber zu viel Eigenlohn verlangt.
Es wird daher eine größere Halbzeugmenge als nötig in Späne umgewandelt, und zwar gerade bei solchen Maschinenteilen, für die das
Material aus genormten gewalzten Stangen besteht. Der in solchen
Fällen 50% und mehr betragende Spananteil erhöht auch den Verschleiß der Schneidestähle und Werkzeugmaschinen, außerdem die
Transportkosten und Zerspanungszeiten unnötig.

Die Erfahrung hat gelehrt, daß die Ersatzteile für Geräte und
Maschinen, die im Gebrauch waren, vielfach mit andern Maßen geliefert
werden müssen, als sie an den zu ersetzenden Teilen nach ihrer Fertigung
vorhanden waren, weil der andere Teil der Paarung nicht mehr maßhaltig, sonst aber noch brauchbar ist. Für solche Fälle werden im
Kraft- und Eisenbahnfahrzeugbau Teile auch mit Übermaß genormt,
so daß dann die gleichen Teile mit verschiedenen Maßen am Lager
gehalten werden müssen. Das bedeutet aber keine Entlastung *der
Vorratsläger durch Normung.*

Man erkennt aus den vorausgegangenen Angaben, daß die unter
bestimmten Voraussetzungen vorhandenen wesentlichen gemeinwirtschaftlichen Vorteile der Normung sich in das Gegenteil verwandeln
können, sobald diese Voraussetzungen nicht vorhanden sind. Die
Normung ist kein absolutes Vorbeugungsmittel gegen Materialvergeudung, kann sie aber mildern. Daher darf auch bei der Empfehlung
und Anwendung der Normen eine gewisse Vorsicht nicht außer acht
gelassen werden. Wendet man Normen an, dann muß sichergestellt
sein, daß sie trotz eines Mehraufwands an Material im Endergebnis
einen wirtschaftlichen Vorteil durch Herabsetzen der Gesamtfertigungskosten bringen, falls nicht andere Vorteile ausschlaggebend sind.

Die Verminderung der in der Vorzeit meistens aus Konkurrenzgründen oder infolge ungeregelter Wirtschaft entstandenen zahlreichen
Gegenstände gleicher oder annähernd gleicher Leistung brachte zweifellos wesentliche Einsparungen. Diese Verminderung betrug in der
Maschinenindustrie zwischen 60 und 90%, im Mittel 72%[1].

Aufteilen und Verbinden. Das Aufteilen eines Gegenstandes in mehrere
selbständige Teile zieht zwangsläufig das Verbinden derselben zum fertigen Gegenstand mit einem zusätzlichen Materialaufwand nach sich.

Die Konstruktion bedingt oft aus Gründen der Einsparung teueren
Materials, der Fertigung, der späteren Betriebsanforderungen, der

---

[1] Z.: Der Vierjahresplan. 15. 9. 1942, S. 427.

bequemen Reinigung, des Transports, der billigeren Ersatzteillieferungen usw. die Aufteilung des Gegenstandes. Die richtige Aufteilung ist selten eine einfache Arbeit und beeinflußt den Materialaufwand für die Einzelteilfertigung und den Zusammenbau erheblich.

Es ist bekannt, daß ein Gußteil zwanzig und mehr Einzelteile ersetzen kann, deren Zusammenbau also erspart wird. Bei Gußteilen besteht aber eine größere Ausschußgefahr als bei der Fertigung einfacher Einzelteile, besonders wenn eine nachträgliche zusätzliche Bearbeitung hinzukommt. Wenn eines von den einfachen Teilen mißglückt, dann ist der Materialverlust meistens nicht entfernt so groß, als wenn ein umfangreicheres Gußteil unbrauchbar wird. Andererseits verlangt fast jede Verbindung eine ihretwegen vorzunehmende Materialanhäufung in den zu verbindenden Teilen, wie Flanschen, Überlappungen, Laschen und dgl., und einen zusätzlichen Materialaufwand für die Fertigung der Verbindungsteile, wie Stifte, Nägel, Niete, Schrauben, Bolzen, Muttern, Unterlegscheiben, Splinte, Dichtungsscheiben und dgl., oder für das Zusatzmaterial, wie Schweißdraht, Lot, Leim und dgl. Auch das Stumpfschweißen bedingt ein zusätzliches Material, das bei dem Abschmelzen verbrennt. Selbst das Einpressen, Ein- und Aufschrumpfen der Teile bedingt einen zusätzlichen Materialaufwand, wenn er auch im allgemeinen kleiner ist als bei den andern Verbindungsvorgängen.

Die Größe des Materialmehraufwandes hängt von der Art der Verbindung ab. Er ist im allgemeinen am höchsten bei den lösbaren Verbindungen durch Schrauben, Stifte usw., die daher nur dort angewendet werden sollten, wo sie unbedingt erforderlich sind. Lösbarfeste Verbindungen, z. B. durch Nageln, Nieten, Weichlöten, lassen sich nur durch Zerstören der Verbindungsmittel aufheben, während feste Verbindungen, z. B. durch Leimen, Schweißen, Hartlöten, Bördeln und dgl., nur durch Zerstören oder erhebliches Beschädigen der verbundenen Teile unterbrochen werden können.

Der Materialmehraufwand durch das Aufteilen und Verbinden ist aus folgenden Beispielen zu ersehen.

Die beiden Hälften einer Flanschkupplung einer Stahlwelle von 50 mm Durchmesser wiegen mit den Verbindungsbolzen und -muttern 10,58 kg. Das Gewicht der Welle beträgt bei 2,50 m Länge 38,3 kg, die Gewichtsvermehrung durch die Kupplung in diesem Falle mithin rund 27,7%.

Die Rohrverschraubung (DIN 7606, 7609 und 7611) eines Messingrohrs von 22 mm Nennweite wiegt 0,37 kg, das Rohr ohne die Verschraubung bei 2 m Länge 1,12 kg, die Verschraubung bringt also in diesem Falle eine Gewichtsvermehrung von rund 33%.

Bei Hebeln und Beschlagteilen aus Duralumin im Gewicht von 0,15 bis 0,50 kg, die aus mehreren Einzelteilen zusammengesetzt wurden, brachte der Übergang vom genieteten Teil zum einteiligen gesenkgeschmiedeten eine Gewichtseinsparung von 33 bis 37%; die Verbindungsteile hatten also einen Gewichtszuwachs um rund 50 bis 60% erfordert.

Nach den vorliegenden Erfahrungen aus dem Schiffbau bringt der Übergang von der Nietverbindung der Schiffskörperteile zur Schweißverbindung eine Gewichtsminderung von 10 bis 12%.

Die Nietung bringt auch eine erhöhte Korrosionsgefahr, die durch Materialzugabe ausgeglichen werden muß. Diese Gefahr entsteht in der Hauptsache an den Kanten zweier durch Nietung verbundener Teile, an denen sich allmählich eintrocknendes, dadurch stark mit Salzen gesättigtes Wasser ansammelt, das infolge der Kapillarwirkung zwischen die Teile dringt und das Zerstörungswerk fortsetzt.

Schweißen anstelle des Nietens kann natürlich durch Verbrennen, unerwünschtes Ausglühen, unrichtige Wahl des Schweißgutes und dgl. ebenfalls Materialverluste herbeiführen.

Aus den vorstehenden Beispielen geht hervor, daß der Gewichtsanteil der Verbindungsstelle oder des nur wegen der Verbindung hinzugesetzten fertig bearbeiteten Materials im Verhältnis zum Gesamtgewicht immer größer sein wird, je kleiner der betreffende Gegenstand ist.

Ein indirekter Materialmehraufwand entsteht beim Nieten und Schweißen von Blechteilen durch die geringere Festigkeit der Naht gegenüber der im vollen Blechquerschnitt vorhandenen. Diese Verringerung verhindert die volle Ausnutzung der Materialfestigkeit.

Trotz des Materialmehraufwandes, der durch die Verbindung der Teile entsteht, ist die Aufteilung des Gegenstandes ein Mittel, um den Umfang der Materialverluste zu vermindern, die durch Fehlarbeit, Abnutzung und Transportbeschädigungen entstehen können. Große Maschinen, Brücken und dgl. lassen sich in einem Stück gar nicht oder nur unter großen Kosten an ihren Gebrauchsort bringen. Die Transportmittel und -wege haben schon manchen Bruch von Teilen des beförderten Gegenstandes verursacht.

Alle diese Gründe für und gegen die Aufteilung verlangen eine ausreichende Überlegung des Umfangs derselben.

Nicht gerechtfertigte Güteforderungen. Technisch nicht gerechtfertigte Forderungen an die Genauigkeit der Körpermaße und an das Aussehen des fertigen Gegenstandes führen oft zur Neufertigung desselben, trotzdem er für seinen gedachten Zweck voll brauchbar wäre. Zwar geschieht die Entscheidung über brauchbar oder nicht brauchbar nicht immer durch den Konstrukteur; er gibt aber dem Prüfer durch Angaben in den Bauunterlagen oft die Veranlassung zu den nicht immer gerechtfertigten Forderungen. Abgesehen davon, daß fehlerhafte Meßzeuge Ausschuß ergeben können, trotzdem die Werkstücke in der Wirklichkeit noch gut sind, steigert die Verfeinerung der Maßtoleranz die Ausschußgefahr und damit den Materialaufwand in unnötiger Weise. Hinzu kommen die nicht immer ausreichende Sachkenntnis und die oft beschränkte Bereitwilligkeit der Prüfer zur Übernahme von Verantwortung, die sich aus dem Zulassen von Maßabweichungen ergeben könnte. Es ist meistens sinnlos, auf die Einhaltung enger Toleranzgrenzen zu bestehen, wenn bereits der Zusammenbau der Teile die Über- oder Unterschreitung dieser Grenzen zwangläufig mit sich bringt.

Der Materialaufwand entsteht nicht nur durch den mit der Verschärfung von Genauigkeitsforderungen steigenden Arbeitsausschuß, sondern auch durch das schnellere Unbrauchbarwerden der Werkzeuge und Meßzeuge, deren Maßtoleranzen innerhalb noch engerer Grenzen liegen müssen als die der Werkstücke.

Die Überprüfung der Zahl der in den Konstruktionszeichnungen eines Gegenstandes angegebenen tolerierten verschiedenen Maße und ihrer Toleranzgrößen läßt oft einen Werkzeug- und Meßzeugbedarf erkennen, der nur zu einem Teile wirklich berechtigt sein wird. Die immer noch sehr große Zahl der nach den DINormen zugelassenen Durchmesser und Toleranzen verleiten die Konstrukteure zu der Annahme, daß das, was genormt ist, auch im ganzen Umfange immer angewendet werden darf. Zu jedem tolerierten Lochdurchmesser, und wenn er auch nur einmal bei einem Gegenstand vorkommt, gehört mindestens ein Bohrer, eine Reibahle und ein Lehrdorn mit Gut- und Ausschußseite und zur Fertigung dieser Werk- und Meßzeuge ein Materialaufwand, der nicht nötig wäre, wenn der Konstrukteur anstelle des fraglichen Lochdurchmessers einen andern, bei dem Gegenstande bereits vorkommenden wählen würde. Ähnlich ist es mit der Wahl der Gewinde. Auch sie muß auf die Möglichkeit der Sortenverminderung hin untersucht werden, um hochwertiges Werkzeugmaterial einzusparen.

Die Zulassung von stärkeren Schwankungen, z. B. eines Drehmoments oder der Stärke des elektrischen Stroms führt zu kleineren Schwunggewichten und damit zu kleineren Materialgewichten.

Die Beurteilung des Aussehens eines Gegenstandes unterliegt noch rein subjektiven Empfindungen, da es dafür noch keinen verbindlichen Zahlenmaßstab gibt. Man behilft sich in der Technik mit Musterbeispielen zum Vergleich durch die Inaugenscheinnahme, und selbst bei den Oberflächen, die z. B. durch spanabhebende Bearbeitung von Metallen entstehen, gibt es trotz der genormten Zeichen für die Oberflächenbeschaffenheit (siehe DIN 140) noch keine einwandfreie Maßeinheit und daher keine einheitliche Auffassung von der Güte einer Oberfläche.

Das Schleifen, Polieren, Ziehschleifen, Läppen, Verzinnen, Verzinken, Anstreichen und andere Arbeiten zur Oberflächengestaltung sind nur zuzulassen, wenn dadurch die Leistung des Gegenstandes steigt. Das ist z. B. bei den Leichtmetallkolben der Kraftwagenmotoren der Fall, bei denen man durch Verbesserung der Oberflächengüte die 6- bis 8fache Lebensdauer, also eine erhebliche Materialeinsparung, erreicht hat. Besonders das Aufbringen von metallischen Überzügen, von Farb- und Lackanstrichen mit dem voraufgehenden Kitten und Spachteln bedingt einen Materialaufwand, der in vielen Fällen keine technische Veranlassung hat und auf mißverstandene Forderungen der Käufer der Ware oder auf alte Gepflogenheiten zurückzuführen ist.

Mangelhafte Bauunterlagen. Die Bauunterlagen bestehen aus den Technischen Lieferbedingungen, Zeichnungen und Listen als Beschaffungsunterlagen, über die im Abschnitt VIII ausführliche Angaben gemacht werden.

Diese Bauunterlagen müssen alle Angaben, leicht auffindbar, enthalten, die erforderlich sind, um den Gegenstand einwandfrei fertigen zu können. Fehlen solche Angaben oder sind sie falsch, dann sind die Vorbedingungen zur Materialvergeudung gegeben. Angaben und zeichnerische Darstellungen, die der sie schaffende Konstrukteur versteht, werden nicht immer vom Mann in der Werkstatt richtig gedeutet. Er hat meistens eine andere, weniger geschulte Denkweise und kennt auch nicht immer die Bedeutung aller auf den Zeichnungen stehenden Kurzzeichen, deren Zahl von Jahr zu Jahr größer wird, dem Konstrukteur zwar Arbeit spart, aber dem Mann in der Werkstatt Zeit nimmt oder ihn gar zu falscher Auslegung führt. Es ist daher dringend erforderlich, bei der Anlage und Beschriftung der Zeichnungen die einmal eingeführte Art zu wahren und nicht individuellen Regungen zu folgen. Der Mann in der Werkstatt soll gestalten und nicht studieren. Er muß die für das Gestalten notwendigen, ihm bekannten Angaben an dem ihm gewohnten Platze auf der Zeichnung finden.

Maße dürfen nicht von Bezugslinien oder -punkten ausgehen, die am Körper des Werkstücks nicht oder bei dem betreffenden Arbeitsgang noch nicht vorhanden oder nicht zugänglich sind, im Laufe der Bearbeitung verschwinden oder infolge zugelassener Maßabweichungen ihre Lage ändern können, daher am fertigen Stück sehr schwer oder überhaupt nicht oder mit großer Unsicherheit nur indirekt gemessen werden können. Bemaßen ist keine Aufgabe für nicht oder unzureichend kontrollierte Anfänger und falsches Bemaßen eine ständige Ursache von Materialvergeudungen.

Auch richtig eingetragene Maße können unerwünschte Folgen haben. So führen z. B. zu kleine Biegehalbmesser beim kalten Biegen von Blechen, Rohren, Stangen und Profilen zur Zerstörung durch Bruch und beim warmen Biegen zu unzulässigen Querschnittsveränderungen an der Biegestelle. Da die Dehnbarkeit des Werkstoffs dabei eine Rolle spielt, wird oftmals nur der Versuch über den zulässigen Mindestbiegehalbmesser richtige Auskunft geben.

Auch die Form der Tiefzieh und Formstanzteile ist durch Versuchsarbeiten zu prüfen, ehe ihre Werkstattzeichnungen und die Bemaßung der Fertig- und Rohteile als verbindlich erklärt werden. Sonst ist mit zu großem Ausschuß zu rechnen, der sowieso wegen der leider nicht zu verhindernden wechselnden Festigkeitseigenschaften des Halbzeugs nicht ganz zu vermeiden sein wird.

Unumgänglich und unaufschiebbar ist das Bereinigen der Bauunterlagen von bekanntwerdenden Fehlern. Die Prüfung der Unterlagen muß auf jeden Fall *vor* der Herausgabe zur Fertigung des betreffenden Gegenstandes und unter Hinzuziehung eines verantwortlichen Fertigungsingenieurs erfolgen. Dabei sind auch die Möglichkeiten der Materialmengeneinsparung, erreichbar durch

kleinste Bearbeitungszugaben,

Ausnutzung der handelsüblichen Tafelgrößen, Bandbreiten, Stangen längen, Halbzeugquerschnitte,

Wahl des abfallärmsten Fertigungsverfahrens,

eingehend zu untersuchen.

Man wird überrascht sein, wie groß die dadurch erzielbare Materialeinsparung ist und wie viele zu verbessernde Angaben sich dabei in den Stücklisten und Halbzeuglisten finden werden. Verminderung der Materialmengen um 20 bis 25% durch solche Unterlagenbereinigungen sind keine Seltenheit.

Zu den wenn auch indirekt entstandenen Mängeln der Bauunterlagen gehören die konstruktiven Fehler, die sich trotz aller Vorprüfung der Unterlagen erst bei der Fertigung der Gegenstände und ihrem Zusammenbau zeigen und dann unvermeidlich zur Materialvergeudung führen, weil neue Teile angefertigt werden und die zu ersetzenden fertigen und halbfertigen meistens in den Schrottkasten wandern müssen.

Konstruktionsänderungen. Wenn auch die Zahl der durch Fehler veranlaßten Berichtigungen der Bauunterlagen prozentual viel höher zu sein pflegt als die Zahl der durch Konstruktionsänderungen verursachten Änderungen der Bauunterlagen, so wirken diese jedoch meistens viel stärker auf die Größe des Materialaufwandes ein als jene und stellen nach dem Baubeginn die reinste Form der Materialvergeudung dar, die durch richtige Vorüberlegung hätte vermieden werden können.

Wieweit es berechtigt ist, die hauptsächliche Veranlassung zu konstruktiven Änderungen in Maßnahmen des Auftraggebers, im Wechsel seiner Wünsche und Forderungen, in der verlangten Beschleunigung der Lieferung usw. zu sehen, soll hier nicht untersucht werden. Zweifellos ist die unvermeidliche Folge jeder Konstruktionsänderung, besonders wenn sie womöglich nach dem Beginn des Reihenbaus des Gegenstandes verlangt wird, eine oft erhebliche Terminverzögerung und eine Materialvergeudung, die gerade in den Zeiten einer Materialverknappung mit aller Sorgfalt vermieden werden sollte. Wenn auch die Größe der Zeit- und Materialvergeudung durch Konstruktionsänderungen im Einzelfall selten mit Sicherheit ermittelt werden kann, so verdienen doch Angaben eine ernste Beachtung, nach denen ihre Größe 25 bis 30% des Gesamtaufwandes für einen Gegenstand erreicht hatte und in Einzelfällen noch höher gewesen ist.

Verluste durch Fertigungsfehler.

Allgemeines. Die Fertigung beginnt mit ihrer Vorbereitung und endet mit der Ablieferung des erzeugten Gegenstandes nach der Prüfung seiner Leistung. Ein Teil der Fertigungsvorbereitung, nämlich die Konstruktion, ist auf ihre Beeinflussung der Materialverlusthöhe oder richtiger gesagt, auf deren Vorbereitung hin im vorangegangenen Abschnitt untersucht worden.

Zur Fertigungsvorbereitung gehört auch die Auswahl der Halbzeugsorten, in erster Linie nach Form und Maß und vielfach auch nach dem Werkstoff, dessen Bearbeitbarkeit von wesentlichem Einfluß auf die Ausschußmenge sein kann

Die Verluste beim Fertigen entstehen am Material für die Einzelteile des Fertigungsgegenstandes durch unsachgemäße Arbeit, Fertigungsunfälle, unrichtige Prüfmittel, fehlerhafte Maschinen, Werkzeuge, Warmbehandlungsanlagen, Vorrichtungen usw., am Material für die Verbindungsmittel (Schweißdraht, Lot, Leim usw.) und für die Betriebsmittel (Vorrichtungen, Werkzeuge, Meßzeuge, Glühöfen usw.). Wenn auch diese Verlustursachen von erfahrenen, wirtschaftlich eingestellten Fertigungsleitern zeitig erkannt und nach Möglichkeit eingeschränkt werden, so fehlt es doch oft an der relativen Einschätzung der Verlusthöhe und als Folge dieses Mangels an den ausreichenden Maßnahmen zur Verlustminderung. Die Hauptsorge des Fertigungsleiters ist meistens der Einhaltung oder Minderung der vorgegebenen Lohnstunden und Termine gewidmet. Durch die umfangreiche REFA-Schulung[1] wurde die Zeiteinsparung zu einem sehr ernst genommenen Begriff. Sie erstreckt sich leider noch nicht auf die Zeiteinsparung

---

[1] REFA = Regionaler Verband für Arbeitsstudien.

durch Verminderung der Materialverluste, die bei der Fertigung durch den Abfall entstehen, der vielfältiger Art sein kann.

Allgemeine Maßnahmen zur Verlustminderung in der Werkstatt. Die Kosten des Abfalls bilden einen großen Anteil an den Herstellkosten. Er steigt erfahrungsgemäß mit der Hereinnahme betriebs- und fachfremder Arbeiter erheblich an.

Während die Begriffe „Wirtschaften" oder „Haushalten" bei den meisten Werkangehörigen in ihrem privaten Leben eine gute Beachtung und Anwendung finden, gehen viele Menschen in der Werkstatt mit dem Baumaterial und den Betriebsmitteln mehr oder weniger großzügig um. Oft fehlt ihnen auch die Übersicht über die Höhe der Kosten des durch Unachtsamkeit usw. in Verlust geratenden Materials und der Betriebsmittel. Es ist daher zweckmäßig, die Werkangehörigen durch gut zugängliche Anschläge in großer Schrift mit den Einheitskosten der Halbzeuge, Werkzeuge und Meßzeuge, mit den wöchentlich entstandenen Abfallmengen und den in ihnen enthaltenen, verlorengegangenen Stunden bekanntzumachen, soweit der Abfall durch Vorgänge in der Werkstatt entstanden ist.

Zur Verminderung des Materialverlustes muß die Prüfung aller Formgebungs- und Zusammenbauvorgänge stattfinden und mit der Prüfung beim Halbzeug und Rohling begonnen werden. Werden aus Versehen fehlerhafte Teile mit fehlerfreien zusammengebaut, so erfahren diese bei dem notwendig werdenden Auseinandernehmen oder bei der Berichtigung der Fehlerteile im zusammengebauten Zustande Beschädigungen und werden womöglich auch Ausschuß.

Es muß aber auch von vornherein klargestellt werden, welches Fertigungsverfahren voraussichtlich den geringsten Materialverlust verursachen wird. Was durch sorgfältige Überlegung der Möglichkeiten erreicht werden kann, zeigen die in der Tabelle 42 angegebenen wenigen Beispiele aus dem Ölmotorenbau.

Materialverluste beim Gießen. Außer den Verlusten, die im Abschnitt „Verluste bei der Herstellung der gegossenen Rohlinge" S. 95ff. angegeben worden sind, ergibt sich bei der Herstellung noch ein Mehraufwand durch zu dick ausfallende Wandungen, unnötig große Trichter, Steiger und Kanäle, die eine meistens das Vielfache der im eigentlichen Rohling verbleibenden Metallmenge ausmachende Materialmenge aufnehmen.

Die Maßänderungen der Gußstücke und ein dementsprechender Materialmehraufwand entstehen durch das Treiben der Formen seitens nicht genügend geübter Former, durch Losschlagen und ungenügende Sorgfalt beim Herausheben des Modells, durch Schrumpfen und Wachsen der Form während ihres Trocknens und durch falsche Annahme des Schwindmaßes bei der Modellfertigung.

Tabelle 42. *Beispiele des Einflusses des Fertigungsverfahrens auf das Verhältnis Rohgewicht : Fertiggewicht bei gleichbleibendem Fertiggewicht.*

Gegenstand	Rohgewicht : Fertiggewicht		Fertigungsverfahren
	früher	jetzt	
Zylinderbüchse	12,2	6,55	Früher aus dem Vollen, jetzt aus 2 Stücken geschweißt
Ventilfederteller	10,6	2,84	Früher aus dem Vollen, jetzt Gesenkschmiedeteil
Pleuelstangenschraube	11,6	5,63	Früher aus dem Vollen, jetzt vorgeschmiedet
Gegengewicht	5,30	2,12	Früher 3 Stück aus einem Ring, jetzt einzeln geschmiedet
Gewindebüchse	18,0	8,5	Früher aus dem Vollen, jetzt vorgeschmiedet

Die Schrumpfung beträgt je nach der Metallart bis 8% des Volumens und ist daher von großer praktischer Bedeutung. Wird das Schwinden behindert, dann entstehen meistens innere Spannungen und in deren Folge vor völliger Erstarrung und während der weiteren Bearbeitung Kaltrisse, die nicht immer mit bloßem Auge feststellbar sind. Neben der Schwindungshinderung können auch zu große Dickenunterschiede benachbarter Wandungen, falsch angeordnete Anschnitte, zu frühes Entleeren der Formkästen Gußspannungen entstehen lassen, die aber fast immer durch mehrstündiges Glühen weitgehend abgebaut werden können.

Bei Sandgußteilen werden die in den Trichtern, Steigern und Kanälen enthaltenen Werkstoffmengen bei gleichen Teilen oft sehr verschieden ausfallen, weil in den einzelnen Gießereien die Ansichten über die aus technischen Gründen notwendigen zusätzlichen Mengen verschieden sind. Bei solchen Teilen aus Leichtmetall auf der Aluminium- und Magnesiumbasis schwanken die Einsatzmengen nach den vorliegenden Erfahrungen, selbst bei Kokillenguß, etwa zwischen 200 und 350% des Rohlingsgewichts, steigen manchmal sogar bis auf 400%. Bei einem Rohlingsgewicht von z. B. 10 kg müssen also zwischen 20 und 35 kg Material eingesetzt werden, von dem ein Teil (etwa 10%) beim Schmelzen und Wiedereinschmelzen verloren geht und zu entsprechenden Wärme- und Arbeitszeitverlusten führt. Es liegt daher nahe, die Menge des Einsatzmaterials nach Möglichkeit zu vermindern. Die Erfahrung lehrt aber immer wieder, daß mit der prozentualen Verminderung der Einsatzmenge die Ausschußquote zu steigen pflegt. Die Verminderung der Einsatzmenge unter ein gewisses Maß führt daher nicht zu weiterer Materialeinsparung, sondern im Gegenteil zur Vermehrung des Ausschusses, also zu Verlusten.

Abb. 34 zeigt an einer Anzahl von Beispielen das starke Ansteigen der Ausschußquote mit der Verminderung der Einsatzmenge beim einzelnen Stück. Multipliziert man die verschieden großen Einsatzmengen für ein Teil mit den zugehörigen Ausschußquoten, dann wird man bei gewissen Teilen feststellen, daß es wirtschaftlicher ist, die Einsatzmenge dafür größer zu nehmen, was das folgende Beispiel nach den Angaben der Abb. 34 Fall A erkennen läßt:

Einsatzmenge	$M = 42{,}5$ kg	$40{,}0$ kg	$37{,}5$ kg
Ausschußquote	$a = 1{,}08$	$1{,}17$	$1{,}35$
	$M \times a = 45{,}9$ kg	$46{,}8$ kg	$50{,}6$ kg

Die kleinste Einsatzmenge beim einzelnen Stück hat im vorliegenden Falle wegen der hohen Ausschußquote insgesamt die größte Ge-

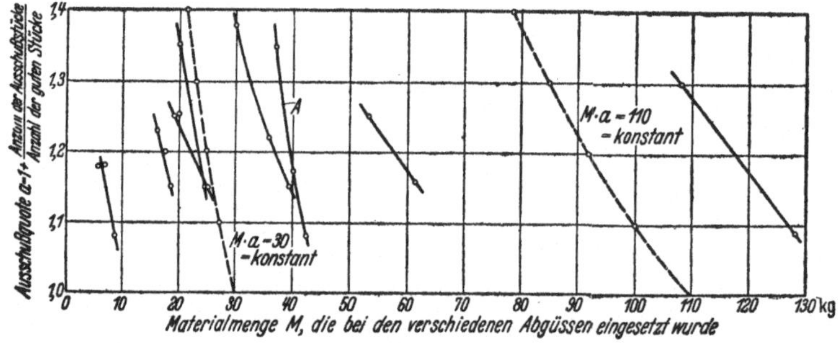

Abb. 34. Abhängigkeit der Ausschußziffer von der Einsatzmenge bei Leichtmetallgußteilen.

samteinsatzmenge erfordert. Die gestrichelten Linien in Abb. 34 verbinden Punkte, die alle der gleichen Einsatzmenge $M \times a$ entsprechen. Selbst dann, wenn bei kleiner Einsatzmenge und hoher Ausschußquote die Gesamtmenge in einem bestimmten Falle am kleinsten sein sollte, wird diese kleinste Einsatzmenge infolge der durch die relativ vielen Ausschuß-Stücke verloren gehenden Arbeitsstunden und Wärmemengen die unwirtschaftlichste sein.

Die Festigkeitseigenschaften der Gußteile hängen in hohem Maße von der Temperatur des flüssigen Metalls beim Gießen ab, und diese muß auf die Dicke der Wandungen des Gußteils richtig abgestimmt werden. Diese Temperatur müßte also stets den verschiedenen Wanddicken des Gußteils angepaßt sein, was praktisch nicht durchführbar ist. Man hilft sich vielfach mit sogenannten Schreckplatten, fördert dadurch die Entstehung des gesunden Gusses, aber nicht immer die Gleichmäßigkeit der erwarteten Festigkeit.

Man wird daher immer wieder in einem Gußteil zum Teil starke Schwankungen der spezifischen Festigkeit ermitteln. Solange das Stück im ganzen jedoch den es wirklich beanspruchenden Kräften standhält, ist es trotzdem als brauchbar anzusehen. Schlechte Stellen kann man meistens durch vorsichtiges Schweißen ausbessern.

Viel öfter werden Gußstücke infolge von unzulässigen Maßabweichungen Ausschuß. Das ist besonders bei den Teilen der Fall, deren spanabhebende Bearbeitung auf Automaten erfolgt, bei denen also Ungleichmäßigkeiten nicht durch Anreißen und entsprechendes Ausrichten in der Maschine ausgeglichen werden können. In solchen Fällen hilft man sich manchmal durch größere Bearbeitungszugaben, die natürlich einen zusätzlichen Materialverlust verursachen.

Materialverluste beim Schmieden. Die fertig geschmiedeten Teile müssen, ebenso wie die Gußteile, nicht nur die vom Rohling verlangte Form, sondern auch die vorgeschriebene Mindestfestigkeit aufweisen. Die Erfüllung beider Forderungen hängt sowohl von dem verwendeten Werkstoff, als auch von dem angewendeten Verformungsverfahren ab. Die entstehenden Verluste werden durch Abbrand, unrichtige Schmiedehitze, falschen Faserverlauf des Vormaterials und schlechte Gesenke verursacht.

Diese Verluste können durch Vorschmieden und Fertigschlagen in *einem* Gesenk, das mehrere Gravuren hat, wesentlich gemildert werden. Bei diesem Werkzeug ist es

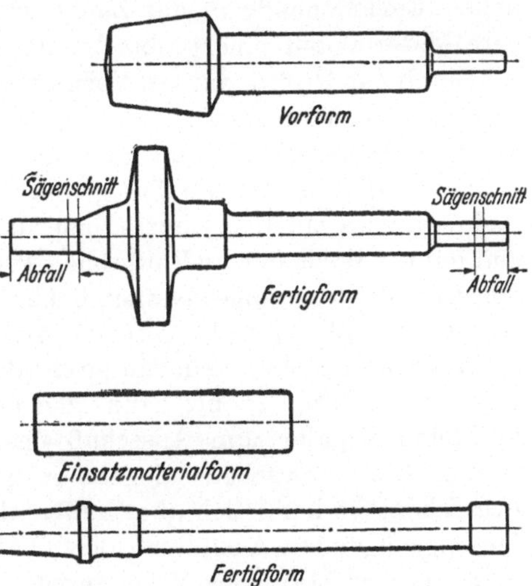

Abb. 35. Im Rollgesenk bzw. in Schmiedewalze hergestellte Umdrehungskörper.

möglich, das Schmiedeteil in einer Hitze durch alle Arbeitsgänge zu bringen, wodurch Heizmaterial eingespart, ein maßgenaueres und zunderfreieres Schmiedestück hergestellt und die sonst üblichen Bearbeitungszugaben verringert werden können. Außerdem werden die Gesenke geschont und dadurch wird eine hohe Gesenkausnutzung (1000 Schmiedestücke und mehr) erreicht.

Das zu wählende günstigste Schmiedeverfahren und die Größe der Materialverluste hängen stark von der Form des Schmiedeteils ab. Es ist sehr gut möglich, eine Anzahl von Schmiedeteilformen ohne Sondergesenke herzustellen, besonders, wenn sie die Form von einfachen Umdrehungskörpern haben (siehe Abb. 35).

Bei der Verwendung der elektrischen Schmiedemaschine, auf der das Halbzeug erhitzt und von seinem Ausgangsquerschnitt auf das gewünschte Maß angestaucht wird, erhält man einen guten Faserverlauf und infolge des Wegfalls der Gesenkschrägen und infolge der Möglichkeit, tiefere Hohlräume einzuschmieden, auch eine zum Teil erhebliche Materialeinsparung. Der Gratverlust ist dabei gering, er beträgt im Mittel 6 bis 8%, wenn er sich nicht überhaupt vermeiden läßt. Der Gesenkverschleiß ist auf der Schmiedemaschine infolge der geringeren Verformungsgeschwindigkeit geringer als beim Schmiedehammer. Man ist bis auf 20000 Schmiedestücke aus einer Gravur gekommen

Kleinere und mittelgroße Schmiedestücke lassen sich von der Stange schmieden. Dadurch wird das Zuschneiden des Vormaterials, also Zeit und Verschnitt, gespart. Ferner verteilt sich das in dem unvermeidlichen Einspannende in der Zange enthaltene, nicht weiter verwendbare Material auf eine große Anzahl Stücke.

Durch das Profilieren des Vormaterials zwischen besonderen Walzen erzeugt man Walzknüppel, die es gestatten, einen wesentlichen Teil der Vorschmiedearbeit und auch des Werkstoffs einzusparen.

Schmiedeteile, die im fertigen Zustande in zwei Ebenen gebogen sind, soll man möglichst nur in einer der Ebenen im Gesenk schmieden und dann mittels der hydraulischen Presse in die andere Ebene biegen. Sonst entsteht ein ungewöhnlich hoher Materialaufwand für die Schmiedegesenke und ein nicht geringer Arbeitsausschuß.

Während einerseits eine zu große Bearbeitungszugabe den Materialaufwand unnötig erhöht, kann eine an einer einzigen Stelle erfolgte zu kleine Zugabe zum Ausschuß des betreffenden Schmiedestückes führen. Die vorgesehene Zugabe mag unter normalen Verhältnissen ausreichen, sie kann sich aber infolge des Versetzens der Gesenke oder der ungenügenden Ausfüllung derselben wegen der zu geringen Menge oder falschen Form des Vormaterials an einzelnen Stellen des Werkstücks als zu klein erweisen. Außerdem ist mit Rücksicht auf den Verschleiß der spanabhebenden Werkzeuge die Bearbeitungszugabe so groß zu machen, daß die Werkzeugschneide mehr als nur die harte Schmiedehaut fassen darf.

Eine wesentliche Materialeinsparung wird dadurch erreicht, daß die Schmiedestücke der Rohteilzeichnung entsprechend geliefert werden, was oft nicht der Fall ist. Erfahrungsgemäß sind dann die gelieferten Stücke erheblich dicker als die Zeichnung verlangt.

Die zur Beschleunigung des Warmverformens oft angewendete Vereinfachung des Verfahrens ist meistens mit einer Steigerung des Materialaufwandes verbunden. Unrichtige Arbeitsplanung führt besonders beim Gesenkschmieden zu einer zum Teil sehr erheblichen Materialvergeudung.

Bei einer ganzen Reihe von Schmiedeteilen ist es möglich, sie durch Stauchen von Rundstangen in Achsrichtung herzustellen. Trotzdem sieht man sie immer noch aus Knüppeln ins Gesenk schlagen oder pressen, unter Aufwand von erheblich mehr Material für das Werkstück, von sehr teueren Gesenken und Abgratwerkzeugen und Verschlechterung des Faserverlaufs und der Festigkeit.

Werden kleine Werkstücke unter schweren Hämmern warmverformt, dann benötigt man große und schwere Gesenke, die infolge der geringen Verformungsarbeit starken Leerschlägen ausgesetzt sind und daher frühzeitig ermüden.

Materialverluste durch Trennen. Diese Verluste werden im allgemeinen wenig beachtet, wenngleich sie recht erhebliche prozentuale Größen erreichen können, wie aus den Angaben auf der Seite 46 u. f. zu entnehmen ist.

Das Trennen der Rohteile von den Halbzeugstangen erfolgt meistens durch Sägen, deren Blattdicke ein gewisses Maß nicht unterschreiten darf, und bei Dreharbeiten durch Abstechen, bei dem die Stichelbreite von der Stangendicke abhängt. Diesen Trennwerkzeugmaßen entspricht die Materialverlustmenge durch die beim Trennen entstehenden feinen Späne. Ihre Menge je Schnitt beträgt z. B. bei einer Rundstange von 50 mm Durchmesser 0,10 kg, bei 100 mm Durchmesser 0,50 kg und bei 150 mm Durchmesser 1,10 kg.

Stahlstangenenden kann man mit geringerem Verlust durch *Brennschneiden* oder nach dem Einkerben mit dem Meißel durch Abschlagen, bei kleinen Quermaßen auch mit der Schere, abtrennen. Bei Blechen, Drähten, Seilen, Kabeln und dgl. ist das Schneiden mittels der Schere das die kleinsten direkten Verluste bringende Trennverfahren. Etwas verlustreicher ist das Schneiden von Blech mittels des Fingerfräsers und am verlustreichsten das Schneiden mittels der Schnittplatte unter dem Gummikissen, obwohl es zwar keine Späne erzeugt, dafür aber einen erheblichen Mindestabstand der Schnittkante des auszuschneidenden Teils von der Blechkante und dem Nachbarteil verlangt, der bei dem Schneiden mittels des Gummikissens etwa das Fünfundzwanzigfache der Blechdicke haben muß. Bei diesem Verfahren beträgt die Ausnutzung der Blechtafeln selten mehr als 50%.

Materialverluste durch Zerspanen. Die Materialverluste sind beim Zerspanen meistens relativ sehr groß. Das lassen die Angaben der Tabelle 37 erkennen. Die Verlustgröße hängt von der Größe der Bearbeitungszugabe und diese wiederum von der Form des Vormaterials ab. Die Verminderung der Bearbeitungszugabe entlastet auch die Werkzeugmaschinen und Werkzeuge, führt also zu einer indirekten Materialeinsparung. Es ist bemerkenswert, daß bei kleinen Teilen vielfach kein oder nur geringer Wert auf eine abfallschwache Fertigung gelegt wird. Das ist z. B. bei allen auf der Automatenbank und den meistens auf der Revolverbank hergestellten Teilen der Fall. Auf der

Automatenbank wird von der Rund- oder Sechskant-Stange gearbeitet
und hierbei entstehen auch die relativ größten Spanmengen, besonders,
wenn es sich um Teile mit größeren Bohrungen handelt.

Abb. 36. Durch Zerspanen aus dem Vollen
gefertigte Gabel.

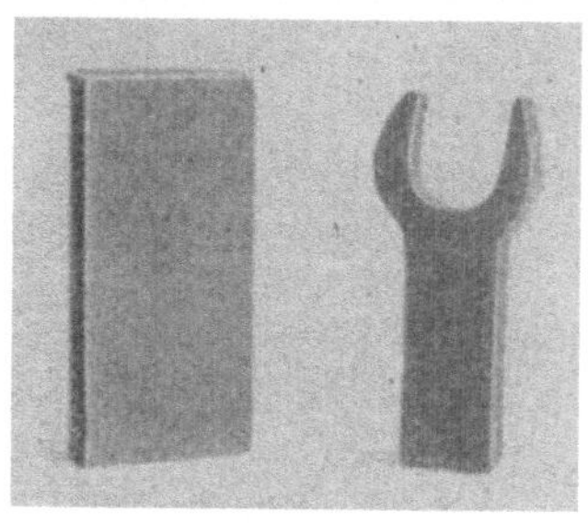

Abb. 37. Durch Ausschneiden aus
Flachstahl gefertigtes Teil.

Die Abb. 36 bis 39 zeigen einige Beispiele kleiner Teile, bei denen
es dem Hersteller nicht lohnend erschien, durch Schmieden vorzufor-
men. Ihm kam es anscheinend nicht auf Materialeinsparung an. Die
Abb. 40 bis 42 zeigen Teile aus dem Feingerätebau, bei denen durch
den Übergang von der Fertigung durch reine Zerspanung auf eine
andere Fertigungsweise erhebliche Materialeinsparungen erzielt werden
konnten.

Aber auch bei größeren Teilen ist es nicht immer üblich, die ab-
fallschwächste Fertigung in die Wirtschaftsberechnung einzubeziehen.

Abb. 38. Durch Zerspanen aus dem
Vollen gefertigtes Getriebeteil.

Abb. 39. Durch Zerspanen aus dem Vollen
gefertigtes Zahnrad.

Einen besonders krassen Fall der Materialvergeudung stellt Abb. 15
(siehe S. 54) dar, der hundertfach wiederholt worden ist, bis man dazu
überging, statt der vollen Rundstange ein Rohr und im Gesenk geschmiedete Teile zu verwenden, die dann miteinander stumpf verschweißt und zusammen bearbeitet worden, wodurch die aufzuwendende Materialmenge von 43,5 kg auf 18,5 kg je Stück herabgesetzt
werden konnte.

Tausende von Bolzen und Schrauben, meistens aus hochwertigem Werkstoff, werden noch von der Stange gedreht, statt sie durch Anstauchen des Kopfes abfallschwach zu fertigen und dabei 60% und

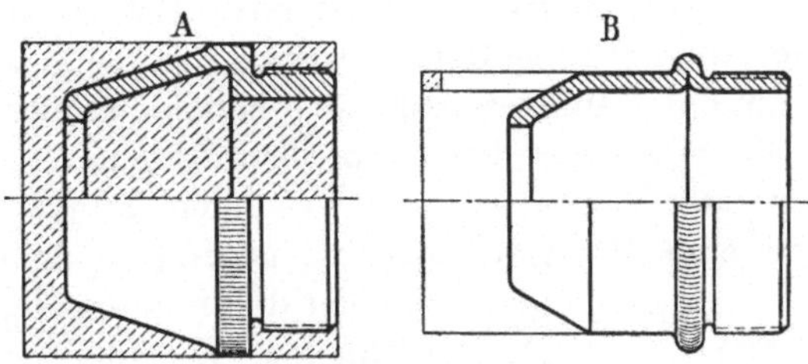

Abb. 40. Fertigung eines Mundstücks *A* und *B*.

mehr Material einzusparen. Aber auch hierbei handelt es sich in der Hauptsache um relativ kleine Teile, bei denen dem Hersteller ein

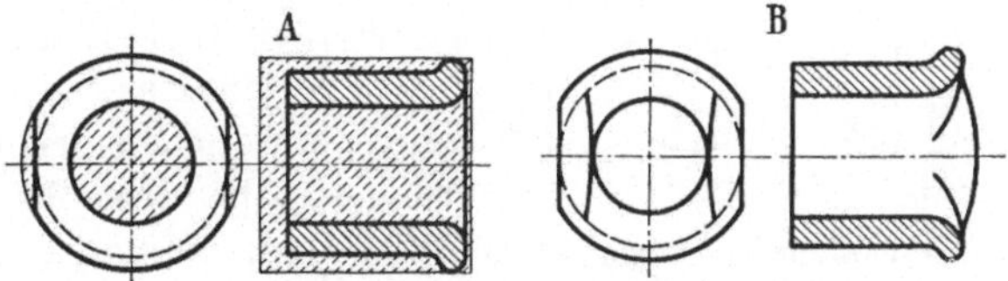

Abb. 41. Fertigung einer Buchse *A* und *B*.

Materialeinsparen vielfach nicht erforderlich erscheint. Das Gegenteil ist jedoch der Fall. Bei der Zunahme des Leichtbaues, der

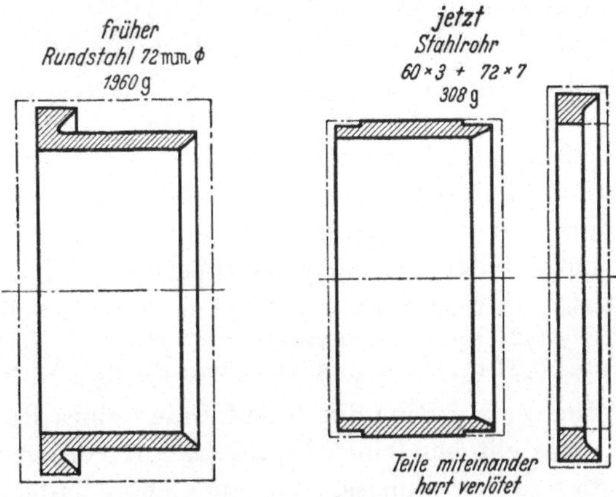

Abb. 42. Materialeinsparen durch Aufteilen und nachträgliches Verbinden.

vielfach als materialeinsparend angesehen wird, steigt gewöhnlich der Materialeinheitspreis und damit die Höhe des Geldverlustes durch den Abfall.

Zu vielen Tausenden sind Gabeln und Zungenbolzen nach Abb. 43 durch Zerspanen aus dem vollen hochwertigen Rundstahl hergestellt worden, trotzdem die Halbzeugausnutzung allein bei dem Gabelende nur 0,24 und bei dem Zungenende sogar nur 0,124 beträgt, selbst wenn der rohe Kopf dieser Teile durch Anstauchen hergestellt wird. Im andern Falle sind die Materialverluste erheblich größer und der Ausnutzungsgrad des Materials dementsprechend kleiner.

Das Rollen oder Einwalzen von Gewinden bringt neben andern Vorteilen auch eine Materialeinsparung gegenüber dem Gewindeherstellen durch Schneiden, Fräsen oder Schleifen. Es wird mit Vorteil auch bei der Fertigung von Gewindebohrern angewendet.

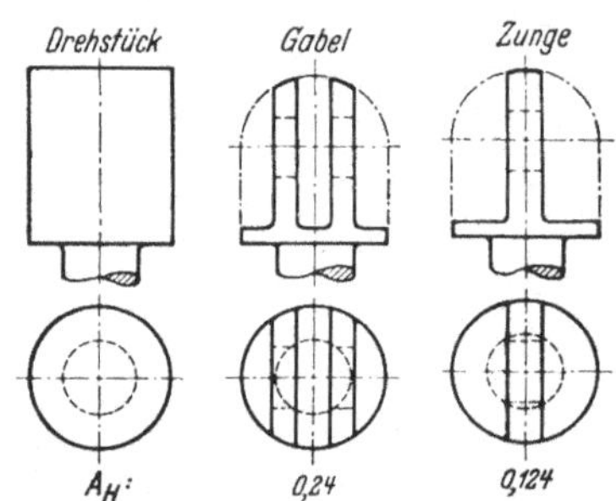

Abb. 43. Aus einer Rundstange gefertigte Gabel- und Zungenbolzen.

Spitzenloses Schleifen erspart die Längenzugaben für die Körner- und Einspannenden. Schleifen genau gezogener und gerichteter Stangen bringt infolge der wesentlich geringeren Bearbeitungszugabe zum Durchmesser gegenüber dem Drehen eine beachtliche Materialeinsparung.

Ringförmige Körper müssen zur Verhütung relativ großen Materialabfalls entweder vorgegossen oder vorgeschmiedet werden, letzteres durch Schweißen gebogener Halbzeuge oder durch Aufdornen und Walzen des Vormaterials in Ringform.

Auf diese Weise sind auch längere Hohlkörper, z. B. Flaschen und dgl., vor allen Dingen aber Rohre mit Vorteil herzustellen.

Maschinenteile, deren Herstellung durch Zerspanen mit verhältnismäßig hohem Materialverlust verbunden ist, sind z. B. die stählernen Stützschalen für Bleibronzelager, wie sie bei leichten Motoren Verwendung finden. Bei einer Lagerbohrung zwischen 75 und 100 mm Durchmesser beträgt der Rohteilausnutzungsgrad

$$\begin{aligned}
A_{Rt} &= 0,13 \text{ bis } 0,17 \text{ beim Drehen und Bohren aus der vollen Rundstange} \\
&= 0,19 \text{ bis } 0,27 \text{ bei einem Gesenkschmiedestück als Vormaterial} \\
&= 0,29 \text{ bis } 0,53 \text{ bei einem profilgewalzten Ring als Vormaterial.}
\end{aligned}$$

Da der profilgewalzte Ring durch Aufdornen eines Rundstabes vorgeformt wird, entsteht bei seiner Fertigung nur geringer Materialverlust, so daß diese Herstellungsart zu einer etwa 2,6fach günstigeren Materialausnutzung führt als die Herstellung aus der vollen Rundstange.

Ein sehr großer Materialverlust entsteht, wenn bei einem Mangel an vorgeformten Rohlingen oder passenden Halbzeugen die Teile aus dem Vollen durch Zerspanen gefertigt werden müssen. In solchen Fällen kann die Menge im Fertigteil bis auf 5% der Einsatzmaterialmenge absinken, also eine in jeder Beziehung unwirtschaftliche Fertigung entstehen, die auch eine Vergeudung von Werkzeugbaumaterial und Antriebsenergie mit sich bringt.

Ein gutes Mittel der Materialeinsparung ist das Ausstechverfahren in der Dreherei. Die Abb. 44 und 45 zeigen zwei Beispiele[1], bei denen die Fertigungszeiten niedriger liegen als bei Einzelherstellung und Verwendung von Schmiedestücken für die Haupt-körper. Die Verwendung des Verfahrens setzt je-doch eine entsprechende Maßabstimmung der Einzel-teile voraus.

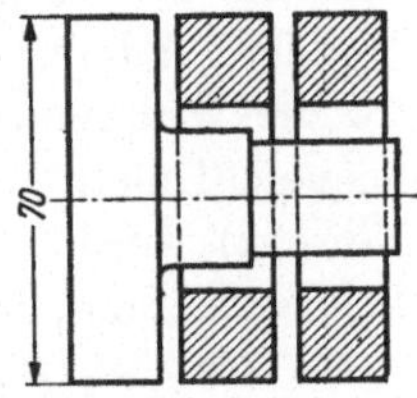

Abb. 44. Material-ausnutzung durch das Ausstechverfahren. (3 Teile).

Materialverluste bei der Blechverformung. Die Größe dieser Verluste hängt bei festliegender Konstruktion der Teile vom Grad der Ausnutzungsmöglichkeit der angelieferten Tafeln und Bänder ab und diese wiederum von der Arbeitsvorbereitung und der Liefe-rung der ausgewählten Tafel- und Bandmaße.

Die Blechflächenausnutzung verlangt eine längere Erfahrung, be-sonders, wenn die Blechteilbegrenzung durch andere als gerade Kanten erfolgt, und wenn die Blechteile viele und größere Aus- und Einschnitte erhalten. Einen Anhalt für die Größe des Ausnutzungsgrades bietet die Tabelle 37, S. 93.

Am vorteilhaftesten sind die Blechteile mit geraden, unter 90° zueinander liegenden Kanten, z. B. bei Behältermänteln, -wänden, decken, -böden usw., wenn es gelingt, solche Bleche bereits als Maßbleche zugeschnitten vom Walzwerk geliefert zu bekommen. Nicht, weil etwa infolge der Verminderung des Abfalls in der Verformungs-werkstatt der direkte Materialaufwand geringer wird, sondern weil die Transportkosten geringer und der auch beim Herstellen der Maßbleche entstehende Ab-fall keinen so langen Rückweg mit seinen wertver-mindernden Zufällen zur Hütte hat.

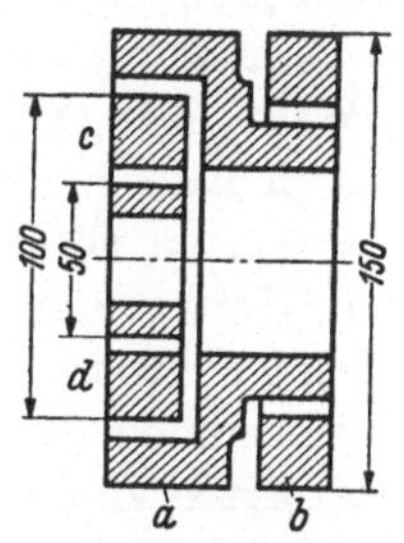

Abb. 45. Material-ausnutzung durch das Ausstechverfahren (4 Teile).

Die vielfach vom Arbeitsvorbereitungsbüro an-gefertigten Zuschneidepläne können den Material-abfall wohl mindern, aber nicht beseitigen. Bei der Aufstellung dieser Zuschneidepläne ist zu beachten, daß die genormten handelsüblichen Tafellängen und -breiten in gewissen Grenzen schwanken dürfen (siehe z. B. DIN 1543, 1753 und 1901) und der Blechrand meistens irgendwelche Beschädigungen und Dickenuntermaße aufweist, also eine volle Ausnutzung der Tafelmaße nicht vorgesehen werden kann. Man muß also bei der Aufteilung einen gewissen Abfall

---

[1] *Rothenberg, O.*: Ausstecharbeiten in der Dreherei. Maschinenbau. Der Betrieb, 1940, Heft 11.

von vornherein bewußt in Kauf nehmen, der dann um so größer wird,
je mehr die gelieferten Tafeln die Normmaße überschreiten, was auch
vorkommt und entgegen den Lieferbedingungen oft geduldet werden
muß. Man kann den dadurch entstehenden Materialverlust im ganzen
durch Sortieren der Tafeln nach ihren Liefermaßen mildern und für
gewisse, der Erfahrung nach hauptsächlich anfallende Tafelmaße voneinander abweichende Zuschnittpläne machen.

Diese Arbeit wird vielfach durch die erforderliche Rücksichtnahme
auf die Walzrichtung der Bleche erschwert, die beim Zuschneiden von
solchen Teilen notwendig ist, die später am Rande abgekantet (ge-
flanscht) werden müssen. Abb. 46 zeigt eine als gut anzusprechende
Tafelaufteilung, die trotzdem einen Abfall von 23% aufweist. Er ist

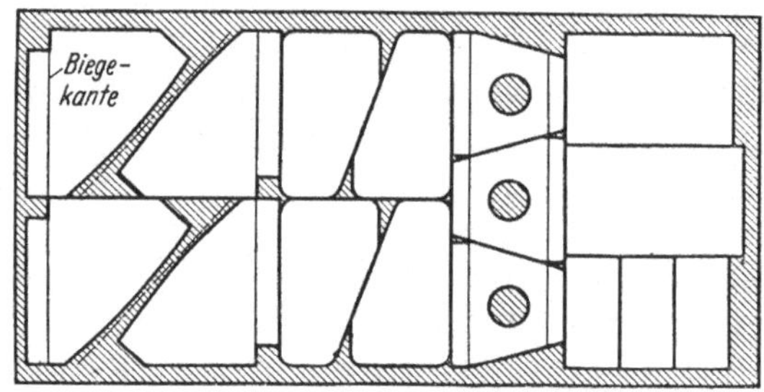

Abb. 46. Beispiel der Aufteilung einer normalen Blechtafel.

aber klein zu nennen im Verhältnis zu der bei der regulären Herstellung
der meisten Tiefzieh- und Streckziehteile entstehenden Abfallmenge
die zwischen 30 und 50% zu liegen pflegt. Man sucht diese Abfallmenge,
durch Aufarbeiten, z. B. Richten der beim Verformen verbogenen und
verbeulten Blechreste, zu vermindern; doch pflegt oft der gute Wille
zur Weiterverarbeitung solcher Reste größer zu sein, als die praktische
Möglichkeit des Einsatzes dieses zum Teil überreckten, also in der Dicke
wechselnden, oder aus andern Gründen nicht mehr genügend homogenen
Materials. Immerhin soll man auch diesen Weg der Beschränkung des
Materialabfalles zu benutzen suchen, besonders, wenn es sich um teueres
Material handelt, z. B. um Blech aus Leichtmetall-Legierungen.

Am besten ist es natürlich, den Abfall von vornherein möglichst
klein zuhalten, was durch entsprechende Tiefziehwerkzeuge und Streck-
zieheinrichtungen erreicht werden kann.

Einen prozentual noch größeren Abfall bringen Blechteile mit Aus-
schnitten, deren Größe im Verhältnis zur Gesamtfläche der eingesetzten
Bleche erheblich ist. Solche Blechteile entstehen meistens dann, wenn
man versucht, aus Stangen zusammengebaute Fachwerke durch Blech-
träger zu ersetzen, um Fertiggewicht und Zusammenbauarbeit zu
ersparen, oder größere Löcher aus anderen Gründen erforderlich sind.

In solchen Fällen steigt der Abfall bis auf 70 und 75%, der meistens Schrott ist, weil die ausgeschnittenen Abfälle verhältnismäßig klein sind und in einer so großen Zahl entstehen, daß sie eine Weiterverwen-

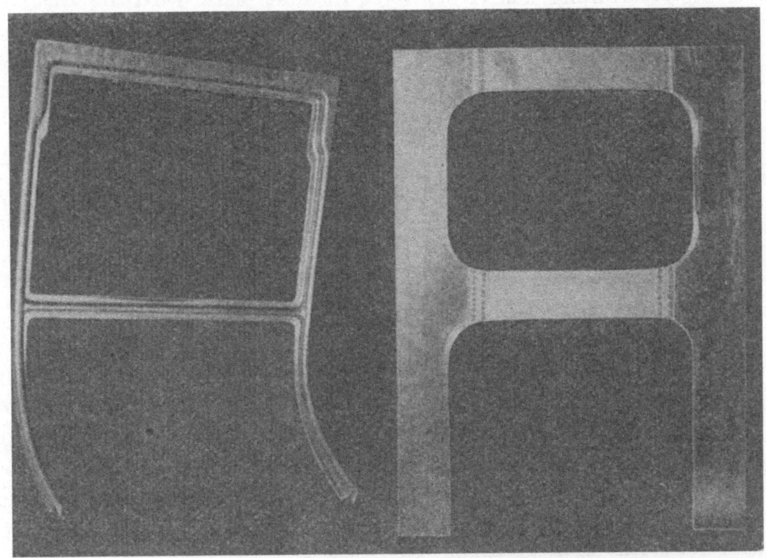

Abb. 47. Formstanzteil aus punktgeschweißten Blechstreifen.

dung als Baumaterial für kleinere Teile nur in einem sehr beschränkten Umfange finden können.

Man wird sich bei dem Entstehen zu großer Abfallmengen (über etwa 25% hinaus) zu einer Konstruktionsänderung oder, wenn das aus Festigkeitsgründen zulässig und aus technologischen Gründen möglich ist, zu einem Schweißen von Blechresten oder günstiger zuzuschneidenden Rohteilen entschließen müssen. Die Abb. 47 zeigt ein Beispiel der letztgenannten Maßnahme, durch die der Blechbedarf auf rund 40% des Bedarfs bei dem Herausschneiden des betreffenden Teiles aus dem vollen Blech herabgesetzt wurde. Dieses Verfahren hat außerdem

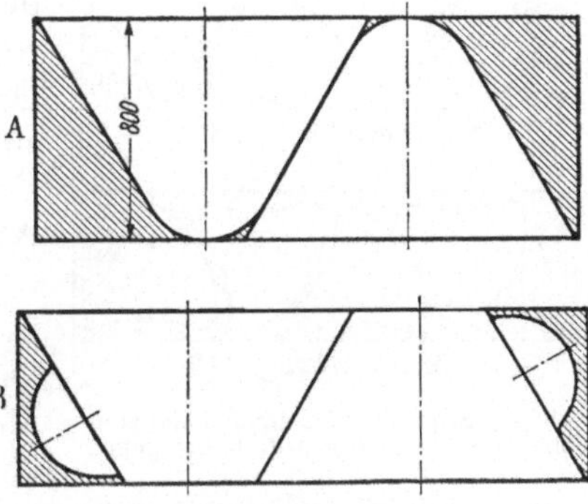

Abb. 48. Blechausnutzung bei einem Muldenkipper.

noch den Vorteil, die Blechdicke den verschiedenen Beanspruchungen besser anpassen zu können.

Ein Beispiel sehr guter Materialausnutzung zeigt Abb. 48. Durch

Aufteilen der Seitenwände einer Kippwagenmulde wurde die Blechausnutzung um 20% gesteigert.

Einen weiteren Fall der erheblichen Blecheinsparung zeigt Abb. 49. Durch die Aufteilung des Kreisringes in acht Teile wird die Blechaus-

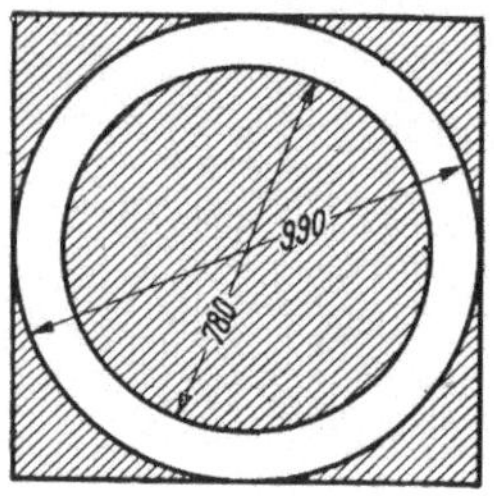
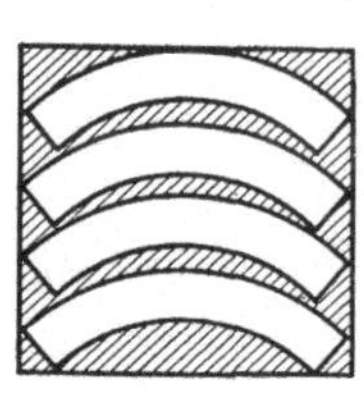
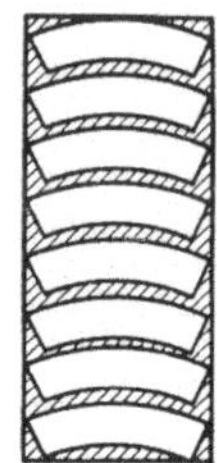

Abb. 49. Beispiel der Halbzeugeinsparung durch Aufteilung

nutzung von 30,5% auf 82,5% gesteigert. Wenn ein solcher Fertigungsvorgang wegen der wesentlichen zusätzlichen Verbindungsarbeit (Schweißen) auch seltener vorkommen wird, so kann doch das Beispiel diejenigen eines Besseren belehren, die es zur Vereinfachung der Arbeit für richtig ansehen, Kreisringabschnitte durch Aufteilen eines aus dem vollen Blech hergestellten Kreisringes zu fertigen.

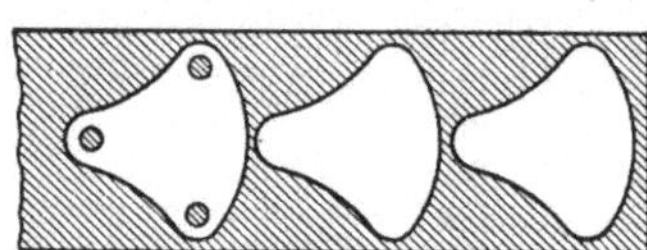
Halbzeugausnützung 48%

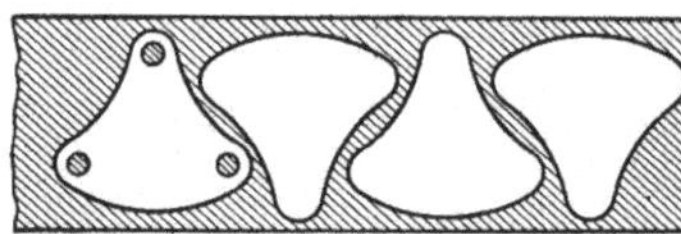
Halbzeugausnützung 66%

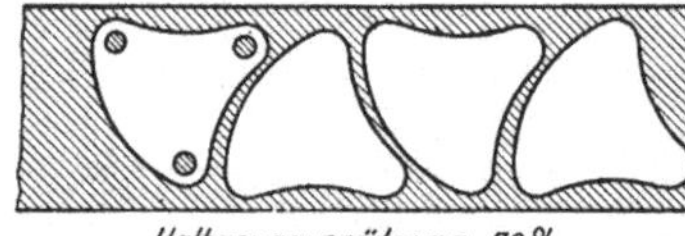
Halbzeugausnützung 72%

Abb. 50. Schnitt-Teile, deren Lage zum Band die Größe des Abfalls bestimmt.

Aus dem Gebiete der Stanzereitechnik bringt die Fachliteratur fortgesetzt Beispiele der Einsparmöglichkeit, aus denen hervorgeht, wie wichtig die Steigerung der Blechausnutzung den Fachleuten dieses Gebietes ist. Es werden daher hier nur einige Beispiele gebracht, die der Literatur entnommen sind. Im übrigen wird auf die eine gute Übersicht gebenden Beispiele in der AWF-Schrift 5971[1] verwiesen.

Die Schnitt- und Stanzteile werden in der Hauptsache aus Blech in Bandform hergestellt, dessen Breite den Maßen der Teile angepaßt wird, um einen möglichst geringen Abfall zu erhalten. Die Größe des Abfalles hängt von der Lage des Teiles auf dem Band ab, wie die Abb. 50, 51 und 52 erkennen lassen. Über diese Lage und damit über den Abfallanteil zu entscheiden, ist Sache der Werk-

---

[1] Richtlinien für Werkstoffersparnis bei Schnitt- und Stanzteilen. Ausgearbeitet vom Ausschuß für Stanzereitechnik beim AWF.

statt, wenn nicht im Einzelfall die Walzrichtung des Bleches eine ausschlaggebende Rolle spielt. Man wird aus diesen Abbildungen erkennen, wie groß die Einsparungsmöglichkeiten sein können. Abb. 53 zeigt als besonderes Mittel der Einsparung die nachträgliche Verformung von Stanzteilen, wodurch die Halbzeugmenge um rund 38% vermindert worden ist.

Bei dem Ausschneiden von Blechteilen mit nicht geraden Kanten aus normalen Tafeln fällt nicht nur durch den meistens nicht brauchbaren Tafelrandteil, durch die Späne beim Trennen und die Lochausschnitte ein entsprechender Abfall an (siehe Abschnitt: Verluste durch Trennen), sondern in erheblichem Maße auch durch die unzureichende Möglichkeit, die einzelnen verschieden geformten Teile so dicht zusammenzulegen, daß überall nur noch Platz für die Trennfuge und eine kleine Bearbeitungszugabe am Rand der Teile verbleibt. Der deshalb entstehende Blechverlust stellt meistens den größten Anteil am Gesamtverlust dar. Es muß daher bei den dazu geeignet erscheinenden

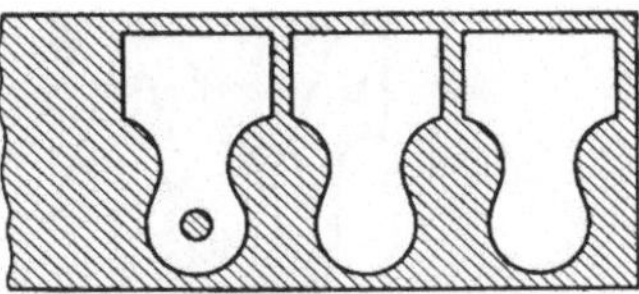

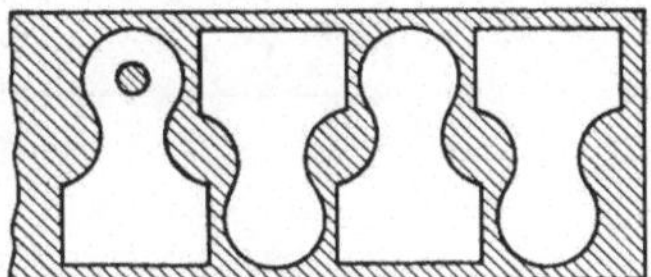

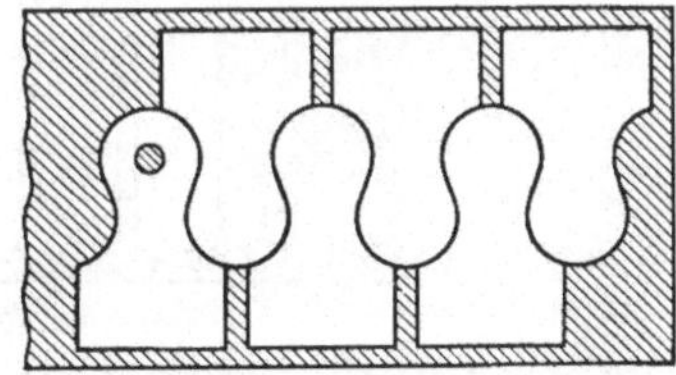

Abb. 51. Schnitt-Teile, deren Lage zum Band die Größe des Abfalls bestimmt.

Teilen in jedem Falle versucht werden, sie auf eine weniger verlustreiche Weise herzustellen, sei es durch Aufteilen in mehrere, mit geringerem Verlust herzustellende Stanzteile, sei es durch Verformen von

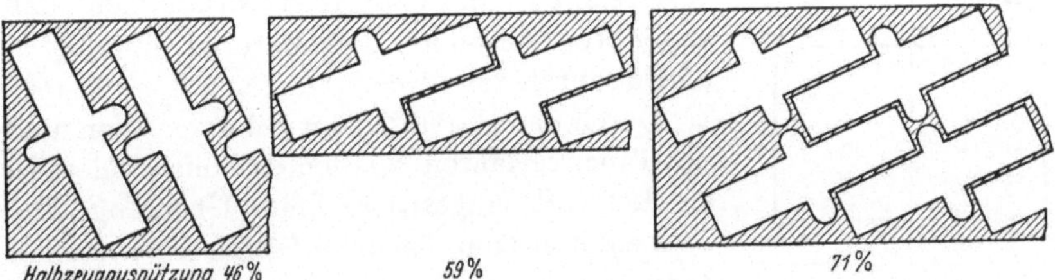

Abb. 52. Schnitt-Teile, deren Lage zum Band die Größe des Abfalls bestimmt.

Blechstreifen mittels der Einziehmaschine, anstelle des Ausstanzens eines in der Blechebene gekrümmten Teiles.

Abb. 54 zeigt eine sehr gute Materialausnutzung bei der Herstellung eines Behälters aus Blech. Der Fußring A und der Boden C werden in einem Arbeitsgang aus einer Platine gedrückt und dann voneinander getrennt. Der Blechzylinder B wird über den Rand der Teile A und C geschoben und mit ihnen verschweißt oder vernietet.

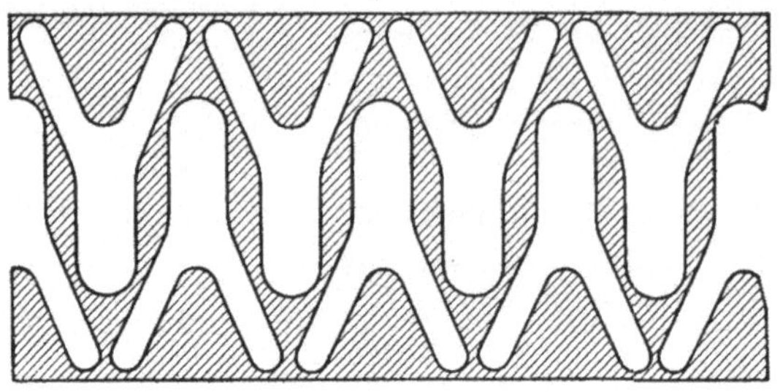

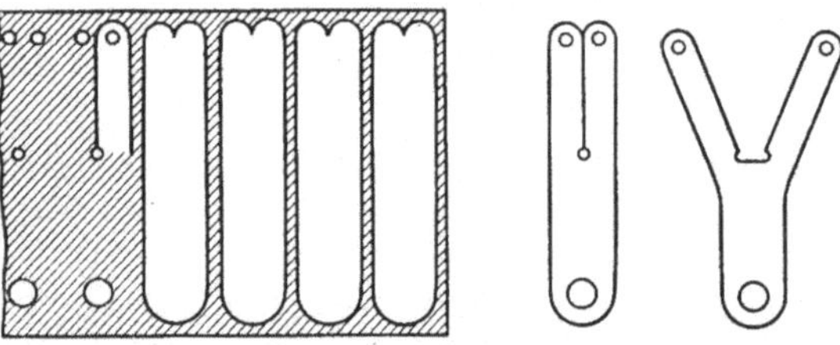

Abb. 53. Schnitt-Teile, bei denen nachträgliches Verformen die Halbzeugausnützung um 22% erhöhte.

Verluste beim Zusammenbau. Bei der Herstellung fester Verbindungen durch Schweißen und Löten geht meistens nur ein Teil des Schweißgutes und des Lötmaterials, bei einigen Verfahren, z. B. dem Stumpfschweißen, ein Teil des Baumaterials verloren. Es kann aber auch vorkommen, daß ungeübte Schweißer das Material überhitzen und dadurch zerstören.

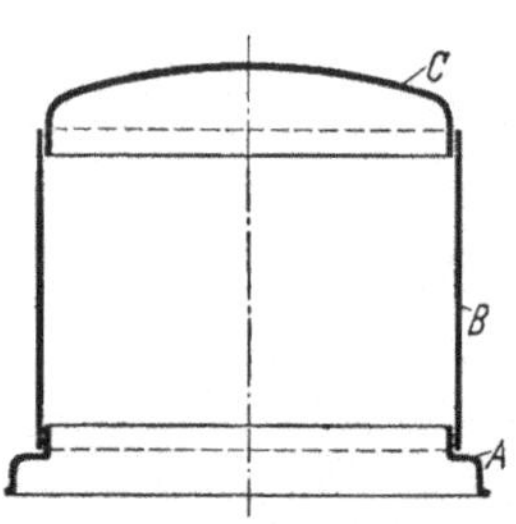
Abb. 54. Fertigung eines Blechbehälters aus zwei Rohteilen.

Durch das Hartlöten im Schutzgasofen und im Tauchverfahren werden erhebliche Mengen an Lötstoff eingespart. Beim Übergang vom Kolbenlöten zum Tauchverfahren kommt man zwar mit einem Anteil von 10 bis 15% Zinn in der Bleilegierung des Tauchlotes aus, gegen 40% Zinn beim Kolbenlöten, dafür muß aber die Tauchbadtemperatur von 360° auf 430°, also um 20% gesteigert werden. Nach vorliegenden systematischen Versuchen steigen der Gesamtverbrauch an Lötstoff und die Lötzeit mit dem Abfall des Zinnanteils unter 35% erheblich an.

Nach Möglichkeit muß man in allen irgendwie dafür geeigneten Fällen vom Löten auf das Schweißen übergehen. Letzteres ist im größeren Umfange beim Bau von elektrischen Geräten mit Erfolg zur Anwendung gekommen. Es bedingt eine gewisse konstruktive Vorbereitung und die vorherige Fertigstellung geeigneter Schweißgeräte (Schweißzangen, -griffel und dgl.) in genügender Zahl. Es ist anzunehmen, daß in der Zukunft, z. B. bei den Nachrichtengeräten, etwa 40% aller bisher durch Löten hergestellten Verbindungen geschweißt werden können. Der Materialaufwand ist dabei erheblich geringer als beim Löten und von der Geschicklichkeit des Schweißers weniger abhängig.

Der Elektrodenverbrauch bei der Lichtbogenschweißung ist von der Elektrodenmarke, den Schweißeigenschaften des Stromerzeugers, der Geschicklichkeit des Schweißers und von der Schweißnahtgestaltung abhängig. Setzt man den Elektrodenverbrauch bei einer normalen X-Naht gleich 1,0, dann beträgt der Verbrauch bei einer V-Naht etwa das 1,7fache und bei einer rechtwinkeligen Kehlnaht etwa das 2,4fache, einschließlich der Verluste durch Abbrand und Spritzer bei normaler Polung und Stromstärke. Letztere Verluste liegen zwischen 5 und 20%. Beim Schweißen von Hand tritt ein Verlust von 7 bis 10% infolge der im Halter verbleibenden Elektrodenreste hinzu, so daß dann mit einem Gesamtverlust an Schweißgut zwischen 12 und 30% der eingesetzten Elektrodenmenge zu rechnen ist.

Das zur lösbarfesten Verbindung in großem Umfange verwendete Niet führt zu einem beachtlichen Materialmehraufwand. Für jedes einzelne Niet wird in mindestens zwei Teilen durch Bohren oder Stanzen eine gewisse Materialmenge in Schrott verwandelt und durch Aussenken des Loches noch vermehrt. Wenn es nicht möglich ist, das Nieten durch Schweißen zu ersetzen, dann muß die Anzahl der Niete und der Nietdurchmesser eingehend auf ihre Notwendigkeit hin untersucht werden. Die in den technischen Handbüchern angegebenen Faustformeln für die Beziehungen zwischen Blechdicke und Nietschaftdurchmesser, für Nietabstände usw. führen oft zu unrichtigen Maßen. Richtige Festigkeitsrechnungen und -versuche haben Nietzahlverminderungen bis 50% und mehr gebracht.

Das Gewicht der Niete (nicht der Nietköpfe!) beträgt normal etwa 4 bis 6% und bei öldichter Nietung etwa 7,5% des Walzmaterialgewichtes (Bleche und Profile). Außerdem bedingt das Nieten, z. B. von Kesseln, Schiffen usw., Überlappungen, Laschen und Unterlegstreifen, deren Gewicht ebenfalls bis 6% des Walzmaterialgewichtes beträgt. Der Übergang vom Nieten zum Schweißen hat, z. B. im Schiffbau, eine Gewichtsverminderung des Schiffskörpers um etwa 10% und eine entsprechende Materialmengenverminderung gebracht.

Durch falsches Leimen von Holzteilen gehen nicht nur der Leim, sondern oft auch die geleimten Teile verloren. Unrichtige Zuordnung des Leims zum Werkstoff der zu verleimenden Teile, ungenügende Sauberkeit in der Vorbereitung der Leimflächen, falsches Ansetzen des Leimes, Anwendung zu alten Leimes, ungenügender Preßdruck während des Verleimens, ungenügende Trockenzeit und Leimstätten mit falscher Lufttemperatur und feuchtigkeit schaffen unzureichende Festigkeitsverhältnisse in der Leimnaht. Beim Wiederholen des Leimens an einer mißglückten Stelle muß meistens der Baustoff an der alten Leimstelle in einem genügenden Umfange beseitigt werden, um eine sichere Verbindung herzustellen.

Vielfach wird auch mit den Dicht- und Isolierstoffen, wie Gummi, präparierten Binden, Blei, Preßspan, Asbest usw., nicht wirtschaftlich umgegangen (siehe Abb. 55). Das Schneiden von Flanschdichtungsscheiben aus Gummiplatten führt stets zu einem selten weiter verwendbaren Abfall von relativ bedeutender Größe. Richtiger ist das Beziehen fertiger Dichtungen vom Gummilieferanten, der sie unter geringerem Materialverlust herstellen kann.

Abb. 55. Beispiel einer verhältnismäßig viel Abfall ergebenden Flanschdichtung.

Durch Verlieren und Fortwerfen von Kleinzeug, wie Nägel, Niete, Muttern, Unterlegscheiben, Splinte, Bindedraht und dgl., geht eine Menge Material in den Werkstätten dem vorgesehenen Verwendungszweck verloren, weil die Kleinheit dieser Gegenstände ein Zuzählen und sonstiges Überwachen des Verbrauches nicht gegeben erscheinen läßt. Be- Außenmontagen bleiben vielfach Reste von Verbindungsteilen am Montageort zurück, werden in die Erde getreten, verrosten an feuchten Aufbewahrungsorten oder gehen auf andere Weise verloren. Die Höhe des Verlustes an Verbindungsteilen wird z. B. im Brückenbau und Schiffbau mit etwa 10 bis 15% der nach den Zeichnungen zu ermittelnden Menge angenommen und in anderen Industriezweigen ähnlich groß sein.

Materialverlustquellen entstehen auch durch unrichtige oder ungenügende Kennzeichnung der zusammenzubauenden Teile, wodurch also ähnliche Teile leicht miteinander verwechselt werden können. Das geschieht besonders dann, wenn bei einem Teil die Verbindungsvorbereitung, z. B. das Bohren von Niet- und Schraubenlöchern, beim Zusammenbau erfolgen muß. Werden Bolzenlöcher in den zu verbindenden Teilen miteinander auf Maß gerieben, dann entsteht nicht selten ein Übermaß oder eine nicht brauchbare geometrische Form des Loches und dadurch Arbeitsausschuß. Oder es werden Teile miteinander verschliffen; dann können ebenfalls untragbare Maßabweichungen entstehen.

Auch aus diesen und ähnlichen Gründen ist es zweckmäßig, alle Paßarbeiten *vor* dem Zusammenbau zu beenden, wie es der Austauschbau verlangt. Sie können dann mit gut gerichtetem Werkzeug und meistens in Vorrichtungen und mit Maschinen mit einem Güteergebnis durchgeführt werden, das bei Paßarbeiten gelegentlich des Zusammenbaues nicht zu erreichen ist.

Andere Verlustursachen beim Zusammenbau sind Bruch durch Zwang, Herabfallen und auf andere Weise, Beschädigen beim Nieten, Überdrehen von Schrauben usw. Überdrehte Gewinde, abgewürgte Stiftschrauben, durch zu scharfes Schrauben- oder Mutternanziehen abgebrochene Füße und Flanschen sind keine solche Seltenheit, wie man oft anzunehmen geneigt ist.

Abfallverwendung. Die Verwendung des Abfalls muß mit seiner sachgemäßen Sammlung und Prüfung beginnen. Die Sammlung der Späne, Stangenreste, Blechreste, der Gußbruchstücke usw. soll nicht gelegentlich der Werkstattreinigung, sondern systematisch und mit dem ausgesprochenen Zwecke der bestmöglichsten Weiterverwendung der Abfälle erfolgen. Siehe S. 179 u. f. Die Belegschaft muß den Eindruck haben, daß auch Abfälle noch Wertgegenstände darstellen.

Diese Abfälle nach Möglichkeit zu Fertigungszwecken weiter zu verwenden, ist nicht nur erforderlich, um die Werkstoffvergeudung einzuschränken, sondern auch um die unnötige Fertigung neuer Halbzeuge und Rohlinge und damit den unnützen Verbrauch an Werkstoff, Zeit, Lohn, Strom und Werkzeug zu vermeiden.

Es ist oft etwas mühevoller, mit Abfällen zu arbeiten, als Teile vom neuen Halbzeug abzuschneiden. Daher kommt es vor, daß Arbeiter Reste absichtlich zu Schrott zerschneiden, um nicht die Erschwerungen der Weiterverarbeitung dieser Reste auf sich nehmen zu müssen. Man soll nichts unversucht lassen, um fehlerhafte Halbzeuge, Rohlinge und Fertigteile durch zusätzliche Arbeiten wieder zu vollwertigen Erzeugnissen zu machen. Je teuerer das Material ist, desto lohnender wird die Prüfung des Abfalls auf Brauchbarkeit für die Weiterverwendung bei der Fertigung sein.

Verluste durch Fertigungsmittelschäden

Allgemeines. Der Wert der zur Durchführung der Fertigung erforderlichen Fertigungsmittel, wie Werkzeugmaschinen, Werkzeuge, Vorrichtungen, Meßzeuge usw., beträgt in der deutschen Industrie mehrere Milliarden Mark. Jede Beschädigung dieser Fertigungsmittel durch natürliche Abnutzung oder unsachgemäße Behandlung bedeutet

Verlust an Material und Zeit. Daher ist es dringend erforderlich, diese Fertigungsmittel in die Materialwirtschaft einzubeziehen und sie durch ausreichende Pflege und rechtzeitige sachgemäße Reparatur möglichst lange gebrauchsfähig zu erhalten. Ferner ist die Belehrung der mit den Fertigungsmitteln hantierenden Belegschaftsmitglieder mit aller Energie zu betreiben, trotz des selten vollen Erfolges dieser Handlung.

Die der Materialverlustminderung dienende Pflege muß sich auch auf die Baulichkeiten und Fabrikeinrichtungen, die Fußböden, Fenster, Türen, Öfen, Leitungen, Förderanlagen, Hebezeuge usw. erstrecken. Diese Pflege verhütet oft auch den Fertigungsmaterialverlust, der infolge von Gebäudeschäden durch Verderb der gelagerten Halbzeuge und Fertigteile entsteht. Zu den Mitteln der Verlustminderung gehören natürlich auch die Maßnahmen zur Sicherung gegen die Feuer- und Explosionsgefahren.

Weitere Verlustquellen bilden leerlaufende Werkzeugmaschinen, die ohne produktive Leistung Kraftstrom verbrauchen und Abnutzungen unterliegen, ferner zwecklos brennende Schweißbrenner, undichte Luft- und Flüssigkeitsleitungen, Hähne, Ventile und dgl. Diese unscheinbaren Verluste, die zu beachten viele Leute unter ihrer Würde halten, führen, da sie im Laufe des Jahres tausendfach auftreten, zu Materialvergeudungen, deren Kosten eine beachtliche Zahl von Millionen Mark je Jahr betragen.

Verluste an Werkzeugmaschinen. Diese Verluste entstehen in der Hauptsache durch schlechte Instandhaltung und Überlastung der Maschinen, die beide den Grad der Abnutzung und der Bruchgefahr erheblich beeinflussen.

Da einerseits die modernen Fertigungsgegenstände in steigendem Maße genaue Arbeit verlangen, andererseits in zunehmendem Umfange angelernte Kräfte in die Fertigung hineinkommen, hat die planmäßige Instandhaltung der Fertigungsmittel eine erheblich größere wirtschaftliche Bedeutung erhalten, als es früher meistens der Fall war.

Bei der Massenfertigung mit ihrem zum Teil sehr weitgehend automatisierten Arbeitsablauf ist der früher an den Maschinen bevorzugt beschäftigte Facharbeiter mehr und mehr durch den Maschinenbediener ersetzt worden, dessen Hauptaufgabe es ist, die Maschine mit Material zu versehen, und der nicht oder nicht wie der Fachmann in dem gleichen Maße auf die Gefahrensignale achtet, die auf beginnende Maschinenstörungen hinweisen. Daher ist die regelmäßige Prüfung des Maschinenzustandes, das regelmäßige Schmieren und Reinigen und die Bedienungsanleitung durch geschultes Personal von erheblichem Einfluß auf die Lebensdauer der Maschinen und ihrer Nebeneinrichtungen.

Welcher Aufwand trotzdem zur Erhaltung der Gebrauchsfähigkeit erforderlich ist, geht aus einem von *Daneel*[1] gegebenen Beispiel hervor: Eine Drehbank erfordert an Instandsetzungsaufwand 120 bis 150 Arbeitsstunden je Überholung und Jahr, also 300 bis 400 DM, das sind etwa 4% des Anschaffungspreises der Maschine.

Die Verluste durch Bruch infolge von Überlastungen der Maschinen werden meistens durch Unachtsamkeit oder Mangel an genügend geeigneten Maschinen verursacht. Da auch die schwerste Werkzeugmaschine nicht absolut starr ist, deformiert sie sich unter dem Werkzeugdruck und dem Werkstückgewicht mehr oder weniger. Hinzukommt, daß der gewachsene Erdboden oder der Fabrikgebäudeboden, auf dem die Maschine steht, im Laufe der Zeit seine Lage ändert und ferner die Maschinen nicht immer unter voller Beachtung der Aufbau- und Betriebsanweisungen der Herstellerfirmen fundamentiert worden sind.

Wenn zur Steigerung der Schnittgeschwindigkeit die Umlaufgeschwindigkeit der Werkstücke gesteigert werden muß, können Fehler in der Auswuchtung derselben zerstörende Wirkungen auf die Maschinen infolge von Schwingungen haben. Innerhalb eines Umlaufs oder Hubes stark wechselnder Spanquerschnitt kann ebenfalls nachteilige Schwingungen des ganzen Systems hervorrufen.

Die meisten Störungen und Schäden treten anscheinend aber an den als Antriebsmaschinen der Werkzeugmaschinen, Werkzeuge usw. dienenden Elektromotoren auf. Die Summe der Versicherungsschäden an elektrischen Maschinen bildet den größten Anteil an der Gesamtsumme aller versicherten Betriebsschäden, in DM ausgedrückt, trotzdem die Konstruktionsleistung der Antriebsmotoren der Werkzeugmaschinen nur selten voll und für längere Zeit in Anspruch genommen wird. An zweiter Stelle stehen die Schäden an Dampfturbinen, bei denen die Schaufeln durch abbrechende Teile und Korrosion oft in größerem Umfange zerstört werden.

Werkzeugmaschinenstörungen werden stets mit einem Materialverlust verbunden sein, der entweder durch Maschinen- oder Werkzeugbruch oder durch Unbrauchbarwerden des bearbeiteten Werkstücks als Folge der Maschinenstörung entsteht.

Verluste an Werkzeugen. Auch bei den Werkzeugen entstehen die hauptsächlichsten Verluste durch mangelhafte Instandhaltung und Überlastung in Verbindung mit unsachlicher Handhabung.

Die laufende Instandhaltung der verschiedenen Werkzeuge sollte stets nur durch geschulte Fachleute erfolgen. Sorgfältiges Schleifen

---

[1] *Daneel, E.*: Planmäßige Maschineninstandhaltung im Kriege. Z. Maschinenbau. Der Betrieb. April, 1942.

unter Einhaltung der Schnittwinkel, Verwendung der richtigen Schleif- und Kühlmittel, besonders beim Schärfen der teueren Hartmetall- plättchen, ist eine Vorbedingung für die einwandfreie Zerspanung. Durch den Schrägschliff von Stanzereiwerkzeugen kann die Standzeit derselben erheblich verlängert werden. So war es durch diese Maß- nahme möglich, in einem Falle die Zahl der Teile je Scharfschliff des Werkzeugs von 18000 auf 87000 zu bringen. Falsche Schnittgeschwindig- keiten und Werkzeugeinspannung, zu große Spantiefe oder zu großer Vorschub führen zur Überanstrengung der Maschine und des Werk- zeugs. Je stumpfer ein Werkzeug ist, desto schneller erlahmt infolge der zunehmenden Erwärmung die Widerstandskraft der Werkzeug- schneide. Ihre dann folgende ausgedehnte Beschädigung und das da- durch hervorgerufene umfangreiche Nachschleifen verursachen einen erhöhten Werkzeugverbrauch und eine entsprechend längere Schleif- zeit. Stumpfe Werkzeuge beeinflussen infolge ihrer stärkeren Bean- spruchung der Maschine deren Lebensdauer nachteilig. Außerdem kön- nen sie eine nachteilige Erhitzung der Werkstückoberflächenzone her- beiführen.

Die Verwendung von Werkzeug, das dem Werkdtoff des zu bear- beitenden Bauteils angepaßt ist, bringt in doppelter Beziehung Mate- rialeinsparung, denn diese Verwendung vermindert den Werkzeugver- schleiß und außerdem den Verlust durch Arbeitsausschuß infolge von rissiger und rauher Oberfläche und ähnlichen Zerstörungen der Werk- teile, wirkt also in der gleichen Weise förderlich, wie die Pflege der Werkzeugmaschinen und Werkzeuge, die auch eine Gemeinschaftsauf- gabe der gesamten Industrie ist. Mit steigender Produktionsmenge wächst natürlich auch die dazu erforderliche Menge von Werkzeugen beträchtlich. Dazu kommen die langen Lieferfristen derselben, die in- direkt zwingen, mit dem Werkzeug sparsam umzugehen. Da man den Werkzeugverschleiß an sich nicht hindern, wohl aber durch entsprechende Maßnahmen einschränken kann, so sind diese mit allem Ernst zur An- wendung zu bringen.

Die zur Vereinfachung der Verwaltung noch vielfach anzutreffende Gepflogenheit, das aus dem Werkzeuglager an die Werkzeugausgabe gelieferte Werkzeug als verbraucht anzusehen und dementsprechend buchmäßig zu behandeln, stempelt das Werkzeug in den Augen mancher Belegschaftsmitglieder zu einem minderwertigen Gegenstand, auf den es nicht so anzukommen scheint, besonders, wenn die einzelnen Werk- zeuge einen kleinen Wert darstellen. Das den größten Verschleiß auf- weisende Werkzeug ist der Spiralbohrer, tausendfach in allen Größen verwendet und oft schlecht behandelt. Was kann an einem lumpigen Bohrer schon liegen? Und doch hat die Betriebsfachgemeinschaft Berlin-Brandenburg der Eisen- und Metall-Industrie und der Bevollmächtigte für die Maschinenproduktion einmal festgestellt, daß eine Werkzeugfabrik für andere Zwecke frei werden würde, wenn jedes Unternehmen, das Spiralbohrer verbraucht, bei jeder Werkzeugbestellung nur einen Spiralbohrer weniger in Auftrag gibt. Abgebrochene Bohrer müssen durch Spannhülsen oder Anschweißen weiter verwendbar gemacht, tausende von neuen Spiralbohrern können dadurch eingespart werden.

Werkzeugbrüche können durch sorgfältiges Bedienen der Maschine, gutes Spannen der Werkzeuge und Werkstücke, richtige Wahl des Vorschubs und der Spantiefe vermieden werden. Bei zu stark angestelltem Span zerspringt meistens der ganze Fräser. Immer wieder werden Reibahlen zum Nachbohren von Löchern verwendet, während sie nun zum Ausreiben von Bohrungen auf das Paßmaß dienen sollen. Eine von der Reibahle verlangte zu große Spanleistung führt meistens zum Festsitzen der Ahle im Loch und endet gewöhnlich mit dem Bruch einzelner Schneiden oder des ganzen Werkzeuges und dem Ausschußwerden des betreffenden Werkstücks.

Auch das Herausfahren von Fräsern, Bohrern und Reibahlen aus der Arbeitsstellung entgegen der Schneidrichtung kann zu Zerstörungen der Schneiden führen, die durch das Einklemmen von Spänen zwischen der Schneide und der bearbeiteten Fläche entstehen. Eine gefahrbringende Unsitte ist auch das Anhalten der Maschine bei angestelltem Span. Es hat fast immer den Bruch der Schneide, besonders der mit Hartmetallplättchen bestückten, im Gefolge.

Ein gutes Mittel zur Einsparung von Werkzeugmaterial ist das Anschweißen des wolfram- oder molybdänhaltigen Schnellstahls an unlegierten Stahl, z. B. bei Nutenfräsern, Abwälzfräsern, Bohrern, Zapfensenkern, Drehmeißeln usw., oder durch Aufschweißen der Schneiden aus hochwertigem Werkzeugstahl auf Schneidenträger aus einfacherem Stahl, z. B. der Hartmetallplättchen an Drehmeißeln, und dgl. Vielfach kann die Abnutzung auch durch Hartverchromen und Nitrieren verringert werden. Die Verwendung von Hartmetallschneiden bringt außer einer wesentlichen Steigerung der Bearbeitungsgeschwindigkeit eine höhere Standzeit der Werkzeuge, also höhere Werkstückzahlen ohne Nachschleifen, gegenüber den Schnellstahlwerkzeugen und dadurch eine wesentliche Werkzeugmaterialeinsparung. Ferner gestattet die bei der Verwendung von Hartmetallschneiden entstehende saubere Werkstückoberfläche in vielen Fällen, besonders bei Holz, eine kleinere Bearbeitungszugabe und dadurch und durch geringeren Arbeitsausschuß eine Materialeinsparung bei der Werkstückfertigung, wenn es auf eine saubere Werkstückoberfläche ankommt.

Ebenso nützlich ist das Hartmetall bei der Bestückung von Werkzeugmaschinenteilen, wie Körnerspitzen der Drehbänke, Schleif- und Führungslinealen, Führungsbacken usw.

Bei Schnittplatten und Schnittstempeln kommt es hauptsächlich auf die Leistung der Schnittkanten dieser Werkzeuge an. Man armiert daher die Schnittkante mit einer Leiste aus Edelstahl, die man hochstellt und etwas über den Werkzeugkörper hinausragen läßt, damit nicht beim Nachschleifen die ganze Werkzeugfläche angegriffen wird. Siehe Abb. 56.

Zur Verminderung des Ausschusses beim Ziehen von Hohlkörpern ist auf Schmierung, Ziehgeschwindigkeit, Stempelspiel, Faltenhalterdruck, Ziehkantenrundung und Ziehkraft zu achten. Über den Einfluß dieser Faktoren gibt die zahlreiche Literatur eingehende Auskunft. Wenn zum Teil auch noch keine festen, von den Fachleuten anerkannten Regeln vorhanden sind, so besteht doch schon eine gute Kenntnis derjenigen Einflüsse, die den Ausschuß beim Ziehen herbeiführen können. Besonders wichtig ist es, den Einfluß der Form des Ziehteils und der Art des Werkstoffs auf das Gelingen zu wissen, aber auch das Vermeiden ungünstiger Maße und Stoffe gibt keine absolute Sicherheit gegen den Ausschuß. Hierbei spielen die Formen des Werkzeugs und die Ziehvor-

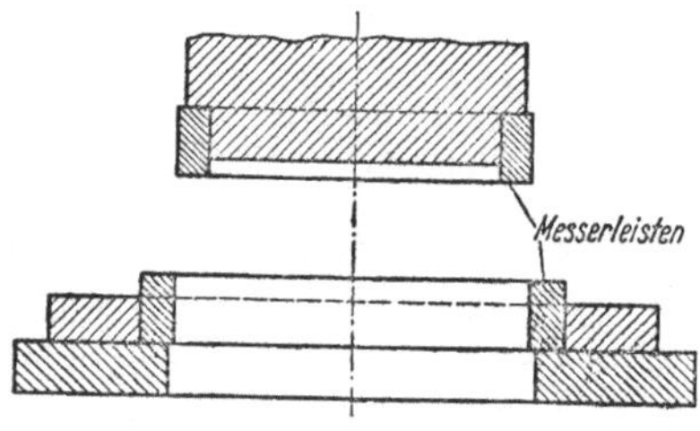

Abb. 56. Schnittwerkzeug mit Edelstahlmesserleisten.

gänge eine bedeutende Rolle, so daß bei jedem neugeformten Ziehkörper und jedem neuen Werkstoff erst eine ganze Anzahl von Ziehproben gemacht werden muß, bis man zu einer ausschußschwachen Fertigung kommt. Spätere starke Schwankungen der Blechdicken können das Ergebnis dieser Vorsorge stark benachteiligen.

Das Phosphatieren des stählernen Ziehguts verlängert die Lebensdauer der Ziehwerkzeuge, vermindert die Ziehkraft unter Vermehrung der Zügezahl, besonders bei Rohren, ohne Zwischenglühen, gestattet ferner die Vermeidung hochviskoser Schmiermittel und die Anwendung fettarmer Emulsionen und steigert die Oberflächenglätte der damit gezogenen Stangen gegenüber den gebeizten und mit Öl gezogenen.

Ausgeschlagene Schmiede- und Preßgesenke führen zu unnötigem Materialverbrauch für das Werkstück. Daher ist es zweckmäßig, die Lebensdauer dieser Gesenke möglichst zu verlängern. Sie hängt von der Festigkeit des Gesenkwerkstoffs, der Glätte der Gesenkoberfläche, der Form der Werkstücke und von der Temperatur beim Verformen ab. Nach der Erfahrung kommt man mit einer Gesenkwerkstoffestigkeit von 95 bis 110 kg/mm² bei schweren Gesenken, von 120 bis 130 kg/mm² bei mittelschweren und 160 kg/mm² bei kleinen Gesenken aus. Im allgemeinen wird ein Gesenk aus Stahl mit einer Festigkeit von 130 kg/mm² etwa 1000 Stahlstücke aushalten. Bei geeigneten Schmiedeteilen ist es möglich, die Ausnutzbarkeit bis auf 2000 Stück zu steigern, wenn das einzelne Stück nach jedem Schlag aus dem Gesenk gehoben und dieses gut gereinigt wird. Rechtzeitiges Nacharbeiten und Polieren des Gesenks trägt zur Vergrößerung der Stückzahl sehr bei.

Eine Werkzeugstahleinsparung kann durch Verwendung von würfelförmigen Preßgesenken für Preßteile erfolgen, die nur ein glattes Oberteil erfordern und auf Spindelpressen hergestellt werden. Diese Würfel erhalten Gravuren auf allen sechs Seiten, die bei einer Massenfertigung desselben Werkteils abwechselnd benutzt werden. Wegen der daraus folgenden schonenden Behandlung der einzelnen Gravuren durch weniger häufiges Ausglühen und Härten des Gesenke wird die mit der gleichen Menge Gesenkstahl herzustellende Werkstückzahl auf annähernd das Dreifache gesteigert.

Die Verwendung von Kokillenguß führt zu einem relativ großen Materialaufwand für die Fertigung der Kokille, wird daher erst bei größeren Stückzahlen wirtschaftlich. Bei der Fertigung einer Kokille für Leichtmetallguß ist mit einem Fertiggewicht der Kokille gleich $20 \sqrt{G}$ bis $40 \sqrt{G}$ zu rechnen, worin G das Gewicht des gegossenen Rohlings in kg bedeutet. Der Materialeinsatz zur Herstellung der Kokille beträgt das Doppelte bis Dreifache ihres Fertiggewichts.

Zur Einsparung an Werkzeugbaustoff trägt auch die Werkzeugnormung wesentlich bei. Sie verringert und vereinfacht die erforderlichen Werkzeuge aber nur, wenn die Werkteilmaße, z. B. die Bohrungsdurchmesser, ebenfalls genormt sind und wenn ferner die Neigung mancher Meister, Vorarbeiter, Dreher usw. unterbunden wird, Werkzeuge nach eigener Anschauung zu fertigen, zu verwalten und vor den Kollegen geheim zu halten. Der Mangel einer zentralen Verwaltung der Werkzeuge führt zur Anhäufung von zum Teil veralteten Werkzeugen in Werkzeugschränken und Schiebeladen der Werktische, wo sie, oft längst vergessen, liegen, während sie an anderer Stelle im alten oder geänderten Zustande gute Dienste leisten und den Einsatz neuen Werkzeugmaterials vermindern könnten. Kein abgenutztes oder zerbrochenes Werkzeug darf ohne weiteres in den Schrottkasten geworfen werden; durch Umarbeiten, Anschweißen und dgl. läßt sich noch manches Stück der Weiterverwendung wieder zuführen. Ferner muß auf sachgemäße Aufbewahrung der Werkzeuge am Werkplatz Wert gelegt werden. Das Durcheinanderliegen von Schneid- und Schlagwerkzeugen, Fertigteilen und Meßzeugen führt zu gegenseitigen Beschädigungen dieser Gegenstände. Die nicht auszurottende Falschbezeichnung „Meß*werk*zeug" verleitet manchen, mit dem Meßzeug zu werken, es als Schlagwerkzeug zu benutzen, umlaufende Drehteile damit zu messen oder einen ähnlichen zerstörenden Gebrauch zu machen, für den das Meßzeug nicht geschaffen ist.

Durch sonstige Ursachen entstehende Verluste

Es gibt fortgesetzt Materialverluste, die weder durch konstruktive Maßnahmen, noch durch Fertigungsfehler entstehen, wenn es auch manchmal den Anschein hat, als seien die Verluste darauf zurückzuführen, oder als seien es gar keine Verluste.

Im folgenden werden einige der sonstigen Ursachen behandelt.

Änderung des Fertigungsvorhabens. Der Fernstehende ahnt nicht, welche Folgen eine plötzliche Änderung des Fertigungsvorhabens mit sich bringt. Das ganze Fertigungsunternehmen erhält einen Stoß, der anfangs geradezu lähmend wirkt. Einen Fertigungsbetrieb in Gang zu setzen ist sicher oft nicht leicht, aber ein Kinderspiel gegen die Mühen und den Verdruß beim Abstoppen der einmal begonnenen Arbeit. Im ersten Falle wird die in Bewegung zu setzende Masse an Material und zusätzlicher Arbeit und das Tempo ihrer Bewegung langsam gesteigert. Im letzten Falle aber heißt es, eine bewegte mehr oder minder große Masse in kürzester Zeit zum Stillstand zu bringen. Die Wirkung ist dem Sinne und der Tat nach von der gleichen Art, wie das plötzliche Bremsen eines Eisenbahnzuges. Und man sollte alle die Änderung von laufenden Fertigungen veranlassenden Menschen dazu verurteilen, die Folgen einer Änderung einmal selbst verantwortlich mitzuerleben.

In materialknapper und wirtschaftlich angespannter Zeit wird nur wenig Material zum Aussuchen am Lager gehalten. Die nach Art und Menge benötigten Halbzeuge müssen daher nach der Klarstellung des Fertigungsvorhabens beim Lieferanten bestellt werden, der sie aus den gleichen Gründen auch nicht oder nur in beschränktem Umfange vorrätig hat, also eine längere Lieferzeit beansprucht, die je nach der Belastung seiner Werke gewöhnlich 6 bis 12 Monate und länger währt. Ändert man während dieser Zeit das Fertigungsvorhaben und mit ihm den Halbzeugbedarf, ohne das bestellte Halbzeug abzubestellen oder verweigert der Lieferant die Rücknahme der bereits fertigen oder gar ausgelieferten Mengen, dann entsteht beim Abnehmer ein Lagerbestand, dessen Verwertung nach Zeit und Möglichkeit ungewiß ist, also erst einmal einen unnötigen Materialmehraufwand für einen bestimmten Fertigungsgegenstand darstellt.

Materialprüfung. Die praktische Bedeutung aller Materialabnahmevorschriften und -prüfungen besteht darin, den Hersteller zu veranlassen, die Erzeugungsvorgänge in seinem Werke auf ihre Geeignetheit zu überwachen, und dem Verbraucher die Sicherheit zu geben, daß er kein für seine Zwecke ungeeignetes Material verarbeitet. Die Bedeutung liegt also in der Vervollkommnung der technischen Erzeugnisse. Man darf die Materialprüfung aber nicht um ihrer selbst willen durchführen und muß sie unterlassen, wenn ein Zusammenhang zwischen der

Beanspruchung des Materials bei der Prüfung und der im praktischen Betrieb entstehenden in Wirklichkeit nicht vorhanden ist.

Es ist nichts gegen das eingehende Prüfen der Werkstücke, besonders der Gußstücke, zu sagen, vor allem, wenn sie relativ hoch beansprucht werden und von ihrer Festigkeit Menschenleben abhängen, als daß es vielfach übertrieben wird. Es ist bekannt, daß oft mit einer Genauigkeit geprüft wird, die viel größer ist, als der Grad der Sicherheit der Übereinstimmung des Prüfvorganges mit den Vorgängen bei der wirklichen Beanspruchung der Gegenstände im Gebrauch. Dieses Verfahren bringt sicher manche wissenschaftlichen Erkenntnisse, ist aber für die lebendige Praxis mit zu großen Zeit- und Materialverlusten verbunden.

Das Prüfen mit dem Magnaflux-Gerät, das Beizen, Kadmieren, Kochen in Öl und das Röntgen zur Feststellung von Rissen, Schlackenresten, schwammigen Stellen, Lunkern usw. hat schon seine Berechtigung. Diese Prüfungen sind zum Teil teuer und ihre Kosten oft im Verhältnis zu den Herstellungskosten der Halbzeuge und Rohlinge umso höher, je kleiner und geringwertiger die Werkstücke an sich sind. Am teuersten aber ist die falsche Auswertung der Ergebnisse, durch die manchmal Teile als Schrott erklärt werden, die unverändert oder mit geringen Ausbesserungen ihren Dienst getan hätten. Da nichts absolut einwandfrei hergestellt werden kann, kommt es stets darauf an, zu entscheiden, welche Fehler im Einzelfalle zugelassen werden können. Hierbei hängt alles von der technischen Erfahrung und dem Grad der Verantwortungsfreudigkeit der Prüfer ab. Ihre Kenntnisse sollten durch Untersuchungen von Teilen geschult werden, die längere Zeit ohne Versagen benutzt worden sind.

Sehr oft führt auch die Prüfmethode zu unrichtigen Schlüssen. Es werden z. B. Prüfstäbe aus Wandungen von Gußteilen geschnitten und auf ihre Zugfestigkeit untersucht. Der Guß wird dann nach dem Ergebnis dieser Prüfung beurteilt. Dieses Ergebnis war schon oft negativ, weil sich im Querschnitt des einzelnen Prüfstabes Mikrolunker befinden können, die im vollständigen Gußteil keinerlei nachteilige Wirkung gehabt hätten, weil der Prüfstabquerschnitt nur einen oft sehr kleinen Teil der ganzen beanspruchten Querschnittfläche ausmacht und die Widerstandsfähigkeit eines Körpers ja auch von seiner Gestaltungsfestigkeit abhängt, das heißt von der Fähigkeit der einzelnen Partien eines massiven Körpers, sich infolge ihrer Lage zueinander und ihrer Beschaffenheit, also ihrer Gestaltung, bei Belastung gegenseitig zu stützen und dadurch die Wirkung örtlicher Fehler auszugleichen oder abzuschwächen.

Wenn ein Stahl mit einer Zugfestigkeit von 40 kg/mm² erforderlich gewesen ist, aber wegen der Normung ein solcher von 42 bis 50 kg/mm² (St C 25.61) bestellt wurde, der bei der Abnahme aber nur eine

Festigkeit von 40 kg/mm² aufweisen würde, dann müßte ein mit dem
wirklichen Bedürfnis nicht vertrauter Abnahmeprüfer das Material als
ungenügend bezeichnen, da es der Bestellung nicht entspräche. Dann
würde Vernunft Unsinn werden und ein unnötiger Materialaufwand die
Folge sein.

Außerdem sagt *eine* geprüfte Eigenschaft noch nichts darüber aus,
ob das Material allen andern zu stellenden Forderungen genügt. Eine
hohe Zugfestigkeit oder Streckgrenze bedeutet noch nicht, daß der
Werkstoff unter allen Betriebsbedingungen günstiger sein wird, als ein
weniger zugfester.

Zweifellos können Oberflächenfehler zu Ermüdungsbrüchen, Steigungsfehler in Gewinden zu zusätzlichen Belastungen der Schrauben
führen und dgl. Es ist aber abwegig, Schrauben wegen kleiner Beschädigungen der Oberfläche ihres Kopfes oder Leichtmetallblechtafeln, die
doch in kleine Teile zerschnitten werden, zurückzuweisen, weil sie in
der Mitte ihrer Fläche einen großen Kratzer aufweisen. Es ist wenig
sinnvoll, Schmiederohlinge abzulehnen, bei denen die Bearbeitungszugabe an einzelnen Stellen geringer ausgefallen ist, als die Rohteilzeichnung verlangt. Die noch oft an das Werkstück gestellte Forderung
des „guten Aussehens" hat keine Berechtigung vom Standpunkt der
Materialwirtschaft aus gesehen. Wie weit sie sonst berechtigt ist, soll
hier nicht untersucht werden.

Eine vernünftige Aussprache zwischen Prüfer und Konstrukteur
hat schon manches wertvolle Werkstück vor dem Schrottkasten bewahrt, in den sowieso die vielen Gegenstände wandern, die durch Prüfung bis zum Bruch oder in den Bereich der plastischen Verformung
hinein unbrauchbar geworden sind, und viele 1000 kg Material je Jahr
ausmachen.

Unter sparsamstem Aufwand an Stoff und Arbeit die größte Wahrscheinlichkeit der Gebrauchsbewährung zu erreichen, ist nach *Daeves*[1]
der ursprüngliche Sinn der Abnahmevorschriften und Prüfungen, der
erhalten bleiben muß.

Fertigung nach unreifen Konstruktionen und ungenügender Arbeitsvorbereitung. Der Beginn des Einzelbaues, des Reihenbaues oder gar
der Massenfertigung eines Gegenstandes, der wegen seiner noch nicht
abgeschlossenen Konstruktion oder seiner noch nicht voll befriedigenden Eigenschaften dafür nicht geeignet ist, steht immer im Zeichen
schlechter Materialwirtschaft. Beginnt man eine solche Handlung,
dann wird man eine zum Teil recht erhebliche Materialvergeudung bewußt in Kauf nehmen müssen, die durch die vielfach unvermeidliche
Fehlfertigung entsteht, die immer eine unvollkommene Materialaus-

---

[1] *Daeves, Karl*, Dr.-Ing.: Werkstoffabnahmeprüfung und Gebrauchsbewährung. Z. Maschinenbau. Der Betrieb. Heft 8, August 1942.

nutzung im Gefolge haben wird. Eine unzureichende Arbeitsvorbereitung, die meistens eine Folge zu kurzer Liefertermine und des dadurch erzwungenen übereilten Fertigungsanlaufs ist, führt auch zu übereilten Materialbestellungen auf Grund überschläglicher Mengenermittlungen, die entweder übergroße oder ungenügende Materialanforderungen im Gefolge haben, die später den Fertigungsablauf stören und zur Verwendung von ungeeignetem, verlustbringendem Material führen. Hierdurch und durch die vielen bei der Fertigung dafür nicht reifer Konstruktionen anfallenden Änderungen entsteht ein Materialmehrbedarf von durchschnittlich 20 bis 30% und mehr.

Fertigung gleicher Gegenstände an mehreren Stellen. Eine weitere, sehr zu beachtende Ursache des Materialverlustes ist die Verteilung der Fertigung gleicher Gegenstände auf mehrere Werkstätten. Denn in jeder derselben bedingt der Fertigungsanlauf durch Probearbeiten, Maschineneinrichten, Anlernen der Arbeiter usw. einen Materialmehraufwand. Außerdem bringt das Aufteilen einer Materialmenge auf mehrere Transporte kleinerer Mengen erfahrungsgemäß mehr Verlust durch Transportschäden, Verlorengehen, Fehlsendungen, Materialprüfungen bei mehreren Empfängern usw. als eine größere geschlossene Sendung.

Terminverzögerungen. Verspätete Lieferungen oder Lieferungen unbrauchbaren Materials, ungenügend bestellte Mengen oder Neubedarf infolge von unerwartetem Arbeitsausschuß zwingen oft zur Verwendung von Material, das für andere Zwecke bestimmt oder anders gearteter Lagervorrat war. In solchen Fällen ist gewöhnlich mit einem unnötigen Materialaufwand, also mit einem Materialverlust, zu rechnen. Fehlen geschmiedete Rohlinge, dann müssen die Teile oft durch Zerspanen von Stangen gefertigt werden. Bleibt 10-mm-Blech aus, und es muß statt dessen 12-mm-Blech genommen werden, dann bedeutet das einen Mehraufwand an Blech von 20%.

Lagerverluste. Das Materiallager kann seine größten Materialersparnisse durch richtige Aufbewahrung und Überwachung des Materials erzielen, wodurch Beschädigungen infolge mechanischer und chemischer Einwirkung, Verlorengehen durch Nichtfinden, Diebstahl, falsche Herausgabe und dgl. vermieden werden können.

Die Speicherung von Halbzeugen, Rohlingen und Fertigteilen, die durch Wechsel der Konstruktion oder Lieferprogrammänderungen vorläufig für längere Zeit oder überhaupt unverwendbar geworden sind, oder die ungenügende Erfassung von übriggebliebenen, aber für andere Aufträge noch verwendbaren Resten kann für die Wirtschaft im ganzen eine untragbare Belastung werden, weil sie zur Neuschaffung von Roh- und Werkstoffen veranlaßt, die bei Nutzbarmachung der Lagerbestände zum Teil unterbleiben könnte. Man darf niemals übersehen,

daß jedes Material so lange nutzlos ist, solange es keine Verwendung
zum Bau oder Betrieb gefunden hat.

Manches Material verträgt keine längere Lagerung, z. B. Gummi,
Schwitzwasser führt zu Korrosionen der Metalle, z. B. des Magnesiums,
zu große Wärme zum Schrumpfen und Reißen des Holzes. Das sind
ein paar Beispiele für Materialverlustursachen während des Lagerns.

Die Kosten der Materialbevorratung, also einschließlich der Kapital-
kosten der Lagerräume und der Kosten des Lagerpersonals, werden
gewöhnlich mit 10 bis 12% des Materialwerts veranschlagt, in Wirklichkeit aber höher sein. Eine Entwertung von 5% und ein Schwund von
10% sind nichts Ungewöhnliches. Wenn man noch eine Verzinsung
des in das Lagerhaus und seinen Inhalt gesteckten Kapitals von 5%
hinzurechnet, dann ergeben sich bereits 20%, Ausgaben ohne Hinzurechnung der Löhne und Sozialausgaben für das Lagerpersonal.

Einkaufsfehler. Eine, wenn auch indirekt wirkende Quelle der
Materialvergeudung ist das Einkaufen und Einlagern von überzähligem
Material. Es besteht bei den Einkäufern vielfach die Gepflogenheit,
bei Bedarf von kleinen Mengen handelsüblichen Materials ganze Stangen,
Blechtafeln, Felle, Drahtringe und dgl. zu bestellen. Oft werden diese
Sachen auch nicht gern oder nur mit einem Preisaufschlag in kleinen
Mengen abgegeben, so daß es dem Einkäufer wirtschaftlicher erscheint,
die handelsüblichen Mindestmengen zu bestellen.

Eine gute Konstruktionsleitung muß kleine Mengen, deren Einkauf
unwirtschaftliche Folgen hat, vermeiden. Das geschieht durch Auswahl des Materials aus den erhältlichen, gegebenenfalls genormten,
und durch Prüfung des Mengenbedarfs der einzelnen Materialien, die
nach der vorliegenden Konstruktion zur Fertigung eines Geräts erforderlich waren. Hierbei müssen alle Materialien ausgeschieden werden,
die für einen Auftrag nur in so kleinen Mengen erforderlich sind, daß
ihre Beschaffung unwirtschaftlich ist. Sie sind dann durch anderes
in größeren Mengen im Gerät enthaltenes Material zu ersetzen. Es ist
als unwirtschaftlich anzusehen, wenn z. B. eine 4 m lange Stange
Rundstahl mit 30 mm Durchmesser und 22 kg Gewicht gekauft wird,
um davon drei Scheiben von je 10 mm Dicke und einem Gesamtgewicht
von rund 160 g abzuschneiden oder eine Tafel Blech in der Größe
1000×2000 mm zu kaufen, wenn davon nur ein Stück 120×120 mm
wirklich gebraucht wird. Es sollte als Regel angesehen werden, für
einen Auftrag kein Halbzeug zu kaufen, von dem nicht mindestens
eine ganze Stange oder Tafel von handelsüblicher Größe benötigt wird,
selbst dann nicht, wenn das Halbzeug sich unter den für den Werks-
gebrauch ausgewählten Halbzeugen befinden sollte. Natürlich kann
man bei der Entscheidung auch die für mehrere getätigte Aufträge
benötigten Mengen eines Halbzeugs zusammenzählen, und selbst-

verständlich ist die für den zulässigen Einkauf entscheidende Mindestmenge bei sehr teuerem Material, z. B. Halbzeug aus Platin, Iridium usw., eine erheblich kleinere als bei billigerem Material, z. B. Halbzeug aus Stahl.

Janata[1] schildert einen beispielhaften Fall, in dem bei einer Konstruktion vierzehn verschiedene Sorten unlegierten Stahles vorgeschrieben waren, darunter einer mit einem Gewicht von 450 g je Einheit und einem Vierteljahresbedarf von 108 kg, während die Eisenwerke weniger als 1000 kg nicht lieferten und daher diese Menge bestellt und bezahlt werden mußte. Dieser Vorgang hat sich jedes Vierteljahr wiederholt, so daß im Laufe der Jahre sich in den stahlverarbeitenden Werken erhebliche Mengen Stahl ansammelten, für die bei den Sonderheiten des bestellten Stahls kein eigentlicher Verwendungszweck vorhanden war.

Der Materialeinkauf ist ein aus technischen und terminlichen Gründen schwieriges Geschäft. Daher werden dabei aus Zeitmangel, Überlastung und persönlicher Unüberlegtheit oft Fehler gemacht. Manchmal läßt sich der Einkäufer durch den billigeren Preis einer angebotenen Ware oder durch die angeblich größere Güte eines Materials, unter Abweichung von den technischen Lieferbedingungen, zum Kauf verleiten, in der Annahme, seinem Werk dadurch einen wirtschaftlichen Vorteil verschafft zu haben. Da wird z. B. ein Stahlhalbzeug mit einer größeren Festigkeit als vorgeschrieben gekauft, weil der Preis nicht höher als der des eigentlich verlangten Halbzeugs, die Ware aber früher lieferbar ist. Bei der Bearbeitung stellt sich dann heraus, daß die dafür aufzuwendende Zeit und der Werkzeugverschleiß unwirtschaftlich hoch sind, die Oberfläche des Werkstücks aber schlechter ist, als sie bei Verwendung des vorgeschriebenen Stahls gewesen wären. Außerdem ist mit dem Anstieg der Zugfestigkeit gewöhnlich die Bruchdehnung abgesunken, das gefertigte Teil also unter Umständen für den gedachten Zweck ungeeigneter geworden.

VII. Materialverluste im Betriebe

Wirtschaftlich tragbare Verluste

Vom Standpunkt der Materialwirtschaft aus gesehen kommt es nicht nur darauf an, ein Gerät mit möglichst geringem Werkstoffaufwand zu fertigen, sondern es lange genug betriebs- und leistungsfähig zu erhalten, was nicht ohne fortgesetzten weiteren Materialaufwand möglich ist. Wird das wirkliche Endziel der Beschaffung, der dauernde Besitz eines voll brauchbaren Geräts, nicht erreicht, dann

---

[1] *Janata, Franz*, Ing.: Werkstoffeinsparung beim Warmverformen. Z. Maschinenbau, Der Betrieb. Bd. 91, Heft 10, 1942.

war die Fertigung desselben praktisch eine Materialvergeudung. Die Sicherstellung des möglichst langen Erhalten des unter Materialaufwand hergestellten Geräts ist daher eine volkswirtschaftliche Pflicht, der sich der Hersteller und der Verbraucher stets bewußt bleiben müssen. Natürlich hat jeder Gegenstand eine begrenzte Brauchbarkeitsdauer. Er nutzt sich unter den auf ihn einwirkenden inneren und äußeren Einflüssen mechanischer, chemischer und technologischer Art ab, erfüllt von einem gewissen Zeitpunkte an nicht mehr seinen Zweck und muß durch einen andern, meistens neuen Gegenstand ersetzt werden, wenn es nicht gelingt, seine ausreichende Brauchbarkeit durch das Ausbessern und Auswechseln einzelner Teile weiter zu erhalten.

Der Ersatz eines Gegenstandes durch einen neuen kann auch infolge der zeitbedingten Steigerung der Leistungsforderung notwendig werden. Das Entstehen neuer, leistungsfähigerer Werkzeuge, Kraftwagen, Motoren, Hebezeuge usw. bedingt unter Umständen gebieterisch die Auswechselung aller Geräte gegen neue, von denen man im allgemeinen anzunehmen pflegt, daß sie besser sind als die alten. Bei den alten, durch den technischen Fortschritt außer Betrieb gesetzten Gegenständen kann man an sich nicht von einem absoluten Verbrauch sprechen; sie mögen auch noch an andern Stellen unter bescheideneren Anforderungen ihren Dienst fortsetzen können, für die Materialwirtschaft gelten sie aber als zu ersetzen und damit als Neumaterialforderer.

Es war früher eine als ausreichend angesehene Übung, Fabrikanlagen, Werkzeugmaschinen und ähnliche Gegenstände so abzuschreiben, daß sie nach etwa zehn Jahren mit einer DM zu Buch standen, das heißt, daß ihre Anschaffungs- und Ergänzungskosten nach dieser Zeit durch die Käufer der mit Hilfe der Einrichtungen und Maschinen im Laufe der zehn Jahre hergestellten Gegenstände bezahlt worden waren. Man rechnete also praktisch mit einer solchen durchschnittlichen Lebensdauer und richtete die Konstruktion mancher Gegenstände danach ein.

Man hat inzwischen begreifen gelernt, daß es unwirtschaftlich ist, eine Maschine täglich nur bis acht Stunden arbeiten und sechzehn Stunden stillstehen zu lassen und steigert daher ihre tägliche Nutzzeit, soweit der vorliegende Arbeitsumfang es irgendwie zuläßt, mit dem Erfolg, daß die Maschine bereits nach drei bis vier Jahren ihre Beschaffungskosten verdient hat und gegen eine neue zu einem Zeitpunkt ausgewechselt werden könnte, an dem ihre Konstruktion gewöhnlich durch eine leistungsfähigere überholt zu sein pflegt. Da neue Werkzeugmaschinen im allgemeinen das auf ihnen verarbeitete Material sorgfältiger zerspanen oder verformen, meistens auch die Maschine selbst und die Werkzeuge mehr schonen, so wird der Materialbedarf für eine neue Maschine durch anderweitige Einsparungen auf dem Materialsektor meistens ausgeglichen werden können.

Dieser sich unter normalen Betriebsverhältnissen abspielende Vorgang wird aber sehr oft durch Ereignisse gestört, die einen früheren Verbrauch der Gegenstände als vorgesehen herbeiführen.

Verluste durch Abnutzung

Die Größe des Verlustes durch Abnutzung eines Gerätteils wird bis zu einem gewissen Grade durch die Konstruktion und durch den Oberflächenschutz gegen Folgen der Reibung, Eindrückung und Oxydation eingeschränkt. Die Konstruktion beeinflußt durch die Wahl des geeigneten Werkstoffs, durch den in die Festigkeitsrechnung eingeführten Sicherheitsgrad (sichere Ermittlung der Größe der beanspruchenden Kräfte vorausgesetzt), durch den Grad der Zugänglichkeit der der Abnutzung besonders unterliegenden, daher besonders zu pflegenden Teile eines Geräts (Maschine, Fahrzeug, Gerät usw.), durch weitgehende Narrensicherheit, Einführung geeigneter Schmiermittel usw. die Größe der Zerstörungen durch den Betrieb und die Umwelt, die an sich niemals auszuschalten sein werden. Selbst während einer Zeit des Nichtbenutzen eines Geräts ist es vor zerstörenden Einwirkungen nicht vollständig zu schützen. Beim Transport ist es dessen Gefahren, beim absoluten Stillstand andern Gefahren (Zufälligkeiten, Feuer, Unverstand usw.) ausgesetzt. Bekannt ist das Unbrauchbarwerden der Wälzlager, dieser sehr empfindlichen Maschinenelemente, durch Stillstand unter Belastung, durch Flugrost und starke Temperaturänderungen.

Um den Verschleiß der Werkzeugschneiden zu vermindern, also ihre Standzeit zu verlängern, wird vielfach die Hartverchromung der Werkzeuge vorgenommen. Da die Chromschicht jedoch zum Ausbröckeln neigt, kann das Verfahren mit dauerndem Erfolg nur zur Bearbeitung von Leichtmetallen verwendet werden. Für die Bearbeitung von Stahl ist die als Zyanieren gekennzeichnete Oberflächenhärtung von Schnellstahlschneidwerkzeugen ein gutes Mittel zur Verminderung des Werkzeugverschleißes, kann aber noch nicht zur Oberflächenhärtung von Werkzeugstahl verwendet werden. Wichtig ist auch der Schutzüberzug der Schneidwerkzeuge und Maschinen während des Transports und der Lagerung gegen Korrosion und andere Schäden.

Der Oberflächenverschleißwiderstand, z. B. von Kurbelwellen, wird durch Härten der Lagerstellen erhöht. Durch geeignete Verfahren läßt sich dabei ein Gefüge herstellen, das aus einem zähen Kern und einer gehärteten Randzone besteht. Härten der Werkstückoberfläche steigert ihren Widerstand gegen Abnützung erheblich. Man hat z. B. bei Anlasserzahnkränzen der Ölmotoren eine Widerstandssteigerung um 150% festgestellt.

Der Oberflächenschutz gegen die Korrosion läßt sich durch anorganische (metallische) und organische Stoffe in verschiedener Weise herstellen und durch entsprechende Pflege lange, wenn auch nicht dauernd, erhalten. Die technische Literatur bietet darüber eine für die allgemeine Praxis ausreichende Übersicht.

Der eigentliche Verschleißvorgang ist noch nicht voll geklärt. Nach *Daeves*[1] treten bei der Reibung wesentliche Stoffveränderungen ein, die sich in Kaltverformung, Oxydation und Nitrierung auswirken, ein Vorgang, der durch die Oberflächengestaltung und die Eigenschaften der gasförmigen und flüssigen Grenzschicht entscheidend beeinflußt wird, die zwischen den sich berührenden Teilen fast stets vorhanden ist. Auf den Verschleiß sind unter anderem Temperatur, Druck, Berührungsgeschwindigkeit und Werkstoffeigenschaften von Einfluß. Durch günstige Werkstofflegierungen, Warmbehandlung und Oberflächenschutz kann der Verschleiß vermindert werden. Die Kenntnis über die wirklichen Abnutzungsvorgänge ist jedenfalls noch lückenhaft. Durch die üblichen Härte- und Festigkeitsprüfungen erhielt man bisher nur einen angenäherten Aufschluß über die die Abnutzungswiderstände beeinflussenden Werkstoffeigenschaften. Der Grund für die oft in weiten Grenzen schwankenden Prüfungsergebnisse liegt vielfach in der nicht immer genügend beachteten Veränderlichkeit der Eigenschaften eines und desselben Werkstoffs mit der Zeit. Vom Grau- und Leichtmetallguß weiß man, daß er längere Zeit nach seiner Herstellung auslagern muß, um seinen Höchstwert der Härte und des Abnutzungswiderstandes zu erreichen.

Um den Verlust durch Abnutzung möglichst klein zu halten, ist es erforderlich, durch entsprechende Werkstoffwahl usw. zu erreichen, daß der Verschleiß möglichst nur an *einem* der aufeinanderarbeitenden Teile, und zwar an dem billiger zu ersetzenden Teile eintritt. Nach der vorliegenden Erfahrung greift der weichere Teil den härteren mehr an als umgekehrt.

Bei raschlaufenden und hochbelasteten Getrieben wird zwischen den Zahnflanken der Räder Reibungswärme erzeugt, die die Zähne angreift, wenn die Wärme nicht schnell genug abgeleitet wird. Aus diesem Grunde verkohlen Räder aus Kunstharzpreßstoff und Schichtholz.

Nach vorliegenden Erfahrungen mit Schneckenrädern in Getrieben mit hoher Zahnbelastung und Gleitgeschwindigkeit verhält sich die Lebensdauer gleichbemessener Räder aus Bronze, Aluminiumlegierung, Zinklegierung und Magnesiumlegierung etwa wie $1:0,75:0,65:0,40$.

Aus Gründen der Gewichts- und Herstellkosteneinsparung werden manchmal Maschinen- und Bauwerksteile infolge des angestrebten

---

[1] *Daeves, Karl*, Dr.-Ing.: Gedanken zur Verschleißfrage. Z. Stahl u. Eisen. 60. Jahrgang, Nr. 45.

Leichtbaus und der unrichtigen Einschätzung der Werkstoffeigenschaften kleiner bemessen, als man es auf Grund der bisherigen Erfahrungen hätte machen dürfen. Dadurch entsteht trotz der guten Ergebnisse bei der Erprobung des Geräts und während seiner ersten Betriebszeit eine unerwartet frühe Abnutzung und oft auch ein das Gerät zerstörender, also Material vergeudender Betriebsunfall.

Die auch bezüglich des Materialaufwandes vorteilhaft sein könnende moderne Leichtbauweise führt oft zu Betriebsstörungen infolge von Abnutzungen, weil diese Bauweise vielfach durch Zusammendrängen von Teilen des Geräts erreicht wird, deren Beschaffenheit im zusammengebauten Zustand dann schwer zu prüfen ist. Prüfung und rechtzeitiger Austausch unterbleiben dann gewöhnlich, und eine vorzeitige Zerstörung oder Betriebsunterbrechung infolge Versagens stellen sich ein.

Verluste durch Ermüdung

Verluste aus dieser Ursache entstehen meistens als Folgen einer unzweckmäßigen Konstruktion, eines ungeeigneten Werkstoffes, einer Korrosion, eines Bearbeitungsfehlers und manchmal auch als Folge einer Überlastung durch den Benutzer des Geräts.

Bekannt, aber vielfach noch unterschätzt sind die Folgen von Schwingungen der Maschinen, der Kraftstoff-, Öl- und elektrischen Leitungen, der Anzeigegeräte und ihrer Verbindungen. Die Schwingungen führen zusätzliche Beanspruchungen der wirkenden und befestigenden Geräteile herbei, die sich dann in Ermüdungsbrüchen auswirken, deren Ursache aber auch unrichtige Querschnittsübergänge, falsch angelegte Schmierlöcher, Gefügeungleichheiten und dgl. sein können.

Die Gefahr des Bruchs von Leitungen und ihrer Befestigungsteile wird oft durch elastische Verbindungen und Unterlagen verringert, die zwar kräftige Bewegungen dämpfen, aber nicht zu sehr federn dürfen, da sie sonst die unerwünschten Schwingungen gerade herbeiführen.

Eine zweite, nicht immer ausreichend beachtete wesentliche Ursache von Dauerbrüchen ist die Korrosion der Stähle und Nichteisenmetalle. Bei den ersteren kann der Korrosionswiderstand durch Legierungsstoffe um 50% und mehr gesteigert werden. Auch gut aufgebrachte metallische und nichtmetallische Oberflächenschutzüberzüge wie Verzinkung, Kadmierung, Phosphatierung usw., steigern die Lebensdauer der Teile, selbst bei Einwirkung von Seewasser und dgl., während Öl und Farbanstriche nur eine zeitlich eng begrenzte Schutzwirkung ausüben. Nitrieren steigert die Korrosionswechselfestigkeit bedeutend, während Einsatzhärten keinen Schutz gegen Korrosionsermüdung gewährt. Bei den gewöhnlich Korrosion hervorrufenden Flüssigkeiten, wie Süßwasser in den Kühlräumen von Ölmotoren, kann man durch

Zusätze von Chromsalzen oder auch reiner Chromsäure einen Eisen-Chromat-Schutzüberzug erreichen, der die Korrosionsdauerfestigkeit des Eisens merklich steigert.

Erwähnt sei die Herabsetzung der Korrosion des Stahls durch Zusatz von Kupfer. Nach amerikanischen Erfahrungen vermindert ein Zusatz von 0,15 bis 0,20% Cu die Korrosion von Stahlblechen mit niedrigem C-Gehalt, die Witterungseinflüssen ausgesetzt sind, um etwa 50%. Die Widerstandsfähigkeit des rostfreien Stahls gegen Einwirkung kochender verdünnter Schwefelsäure wird durch einen Zusatz von 2% Cu um etwa 90% erhöht.

Bekannt ist der verderbliche Einfluß von zum Teil ganz kleinen Rissen in der Oberflächenzone der Werkstücke, die vielfach Folgen der vorangegangenen Bearbeitung sind, und die man durch Kugelstrahlen und Hämmern zu schließen sucht. Angewendet werden diese Verfahren bei Blatt- und Schraubenfedern, Zahnkränzen, Pleuelstangen und dgl.

Die Überlastung eines Geräts durch den Benutzer kann der Konstrukteur nur schwer hindern. Sie muß bei richtiger Festigkeitsrechnung über kurz oder lang zum Bruch eines oder mehrerer Teile des Geräts führen, denn der in die Rechnung eingesetzte Sicherheitsgrad hat nicht den Zweck, das Gerät im Betrieb dauernd überlasten zu können, sondern den Bruch infolge gelegentlicher, nicht erkannter Materialfehler oder nicht sicher erfaßbarer, gelegentlich auftretender, zusätzlicher Kräfte zu verhindern und um zu große Spitzenspannungen zu vermeiden. Die Überbelastung eines Aufzugs durch Personen läßt sich unschwer vermeiden, denn man kann diese leicht zählen, die Überbelastung durch Waren ist schon schwerer zu verhindern. Die größte Zahl der Zerstörungen durch mechanische oder elektrische Überbelastung tritt aber wohl bei den elektrischen Maschinen auf. Sie bilden die weitaus höchste Zahl der Versicherungsschäden.

Verluste durch Verderb

Der Verderb kann bereits durch Maßnahmen der Fertigung in praktischen Grenzen gehalten werden. Eine beachtliche Werkstoffverlustminderung tritt z. B. durch die Induktionserwärmung beim Schmieden ein. Sie setzt die Zunderbildung erheblich herab, vermindert dadurch den Materialaufwand je Werkstück, verringert die Materialzugaben, da kein Zunder in die Werkstückoberfläche eingebettet wird, und erhöht die Lebensdauer der Gesenke auf etwa die vierfache Zeit Die Induktionserwärmung vermindert außerdem das Unbrauchbarwerden der Werkstücke durch Überhitzung und Verbrennen, da die Temperatur automatisch geregelt werden kann. Sie sichert die gleiche Erwärmung aller Schmiedestücke und gestattet die gratvermindernde

Ausbildung der Gesenke, wodurch eine beachtliche Einsparung an Material und eine geringere Belastung der Gesenke erreicht wird.

Der Verderb der fertigen Geräte kann die verschiedensten Ursachen haben, wie Mängel der Pflege und Wartung, unsachliche Behandlung im Betriebe, Naturereignisse usw.

Unzureichende Pflege und Wartung können eine Folge schlechter Zugänglichkeit der zu überwachenden Teile oder Teilstellen, aber auch eines Zeitmangels und einer schlechten Betriebsführung sein, abgesehen von einem Mangel an geeigneten Betriebsstoffen, der bei allgemeiner Materialknappheit auch einzutreten pflegt.

Die unsachliche Behandlung der Maschinen und Geräte kommt öfters vor, als im allgemeinen angenommen wird, und ist in Zeiten der Facharbeiterknappheit besonders zu beobachten. Auch alte brauchbare Facharbeiter versagen manchmal. Sonst zuverlässige Heizer bringen ihren Dampfkessel durch unbeobachteten Wassermangel zur Explosion. Wer jahrelang mit einem bestimmten Gegenstand umzugehen hat und weiß, daß sein Erwerbsergebnis vom guten Zustande desselben direkt abhängt, wird im allgemeinen mit dem Gegenstand sorgfältig umgehen und bald erkennen, was diesem zuträglich ist und was nicht. Wer solche Beziehungen zu der angeblich toten Materie nicht bekommt, ist meistens der ärgste Feind der Maschinen usw. Daher steigt der Umfang des Verderbs mit der Zunahme des Prozentsatzes der angelernten Menschen in den Maschinen und Geräte erzeugenden und verbrauchenden Betrieben.

Auch in den Werkstätten herrscht manchmal eine Material vergeudende Unordnung. Auf dem Boden ungeschützt herumliegende, über rauhe Betriebsmittel- und Konstruktionsteilkanten gezogene Preßluftschläuche und Elt-Leitungen, undichte Schläuche und Schlauchkupplungen, durchgescheuerte Isolierung, abgenutzte Steckkontakte, lange leerlaufende Maschinen, in nicht benutzten Räumen angestellte Heizung und eingeschaltete Beleuchtung usw. sind Quellen der Materialvergeudung. Sie erhöhen die Abnutzung ohne ein anderes Ergebnis und verlangen den zusätzlichen Aufwand an Roh-, Hilfs- und Brennstoffen.

Wer kennt nicht das auf den Mutternschlüssel aufgesteckte, mehr oder minder lange Rohr, das benutzt wird, wenn es z. B. gilt, eine blasende Verbindungsstelle abzudichten? Zerfressene Behälter und Leitungen, durch Kurzschluß verbrannte Geräte und Gebäude, ersoffene Kabelkanäle und dgl. zeugen oft von schlechter Einstellung des Betriebspersonals zur Materialwirtschaft.

Nachdem bei den Werkzeugmaschinen die Auslösung mancher Vorgänge nicht mehr durch eine einfache Mechanik, sondern mit Hilfe elektrisch betriebener Geräte vollzogen wird, treten hier Störungen und Schäden in beachtlicher Zahl auf, die zum größten Teil durch unsachliche Handhabung entstehen. Dazu gehört z. B. die Gepflogenheit, den schnellen Stillstand einer Maschine durch kurzes Umschalten des Motors auf Rückwärtslauf herbeizuführen, was in kurzer Zeit zur Zerstörung des Läufers des Motors führt.

Wird die Kühlflüssigkeit nicht rechtzeitig erneuert und die Reinigung der zum Auffangen von Metallspänen in die Kühlleitung eingeschalteten Siebe unterlassen, dann tritt bald das völlige Versagen der meistens recht empfindlichen Kühlmittelpumpen ein, und ihr Antriebsmotor brennt durch. Die Maschine fällt dann für Tage und manchmal für Wochen aus.

Aus allen diesen Gründen ist es notwendig, die Gedankenlosigkeit, Bequemlichkeit und Nachlässigkeit im Betriebe energisch zu verringern.

Falsche Maschinen und Motoren

Die Materialvergeudung durch die Beschaffung von Werkzeugen, Werkzeugmaschinen und fabrikatorischen Anlagen, die dem Zweck der vorzunehmenden Fertigung nicht in ausreichendem Maße entsprechen, ist immer wieder anzutreffen. Bei der Auswahl der Maschinen für das Zerspanen von Metallen wird die von vielen technischen Vorteilen begleitete Steigerung der Schnittgeschwindigkeit zu wenig beachtet. Sie führt bei richtigem Aufbau der Maschine zur ruhigeren Spanabnahme, kann daher bei gleicher Leistung infolge größerer Drehzahlen meistens leichter gebaut und fundamentiert werden. Eine Minderung des Werkstoffaufwands von 25% und mehr ist dadurch erreichbar, wie die praktische Erfahrung gelehrt hat. Vielfach wird die Maschinenwahl auch durch die Möglichkeit baldiger Lieferung beeinflußt, und so werden oft Maschinen gekauft, deren spätere Anwesenheit sich im Fertigungsbetriebe auf die Dauer genau so nachteilig bemerkbar macht wie Geburtsfehler des Menschen. Wieviel Drehbänke stehen herum mit teueren Sondereinrichtungen, z. B. für Gewindeschneiden und dgl., die niemals benutzt werden.

Ähnliche Erscheinungen sind auf dem Gebiet der Antriebsmotoren zu beobachten, bei denen die viel zu spät eingeleitete Typisierung eine Unzahl von Motorenmustern hat entstehen lassen. Fabriken, die Hunderte von Elt-Motoren zum Antrieb ihrer Maschinen und Einrichtungen verwenden, müssen zur Sicherung des möglichst ungestörten Fortgangs ihrer Erzeugung bis 25 und 30% der Motorengesamtzahl nutzlos in Reserve stehen haben, weil die Zahl der bei ihnen verwendeten, verschiedenen Motorenmuster sehr groß ist. Darunter befinden sich oft zahlreiche Motoren gleicher Leistung, aber mit verschiedenen Drehzahlen, Befestigungsorganen, Achsabständen usw., so daß unter ihnen praktisch keine Austauschmöglichkeit besteht.

Beschädigungen bei der Pflege und Wartung

Solche Beschädigungen werden bei ungenügend erfahrenem Personal immer wieder vorkommen und auch den guten Fachleuten gelegentlich passieren. Festsitzende, sonst aber noch brauchbare Teile, wie Lagerzapfen, Ventile und dgl., die man nicht mit aller Sorgfalt löst, können wesentliche Zerstörungen im Gefolge haben.

Werden ausgebaute Einzelteile nicht genügend gegen Stoß und Schlag, gegen Einwirkungen von Flüssigkeiten und Gasen und gegen andere Beschädigungen während des Ausbauens, Lagerns und Wiedereinbauens geschützt, dann ist mit vermeidbar gewesenem Materialmehraufwand zu rechnen.

Das Abblasen von blanken Teilen mit Preßluft führt, da diese Luft stets feucht und staubig ist, zur Rostbildung und vorzeitigen Zerstörung der Teile. Vor allen Dingen muß das Reinigen von Werkzeugmaschinen und feinen mechanischen Geräten mittels Preßluft unterbunden werden. Diese sich immer weiter ausbreitende Unsitte ist eine der Hauptursachen des vorzeitigen Verschleißens der genannten Gegenstände. Das Reinigen geschieht zwar schnell und bequem, die in die Lager und zwischen die Zähne der Räder geblasenen feinen Späne und Staubteilchen machen aber selbst fabrikneue Maschinen bald reparaturbedürftig.

Die Vornahme unrichtigen Zusammenfügens auseinandergenommener Teile erfolgt häufiger als gewöhnlich bekannt ist. Leider sind die meisten Teile nicht so konstruiert, daß ein unrichtiger Zusammenbau ausgeschlossen wird. Vielfach werden die vom Lieferwerk der Maschinen und Geräte mitgegebenen Zusammenbauanweisungen überhaupt nicht oder nur flüchtig gelesen, selbst wenn man annehmen kann, daß sie sachlich richtig sind und sich auf den Gegenstand im vorliegenden Konstruktionszustand beziehen. Nichtig scheinende Vorgänge rächen sich gewöhnlich für ihre Nichtbeachtung stärker als andere. Wenn z. B. die Schmiernuten an Federbolzen nicht nach der Druckseite hin gelegt werden, so kommt später trotz des Schmierens kein Fett an diejenige Stelle, die es gerade braucht.

Die Folgen verkehrten Anziehens von Schrauben und Muttern äußern sich oft im Brechen von Lappen der Gußteile oder im Ausreißen von Gewinden.

Der den Teilen mitgegebene Oberflächenschutz muß auf jeden Fall unbeschädigt erhalten bleiben. Das gleiche gilt für die Abdichtungsteile und Schutzhüllen gegen Temperaturveränderung, Flüssigkeit-, Gas- und Elt-Leitungsverluste. Größte Aufmerksamkeit ist auch den Auflage- und Befestigungsstellen von Leitungen aller Art zu widmen, um den Verlust ihres Inhalts und ihr Unbrauchbarwerden zu vermeiden.

Rohrleitungen, die Schwingungen infolge von Betriebserschütterungen usw. ausgesetzt sind, werden vielfach hart und daher brüchig und müssen von Zeit zu Zeit ausgeglüht werden, damit sie keinen, stets mit Materialverlust verbundenen Schaden anrichten. Gut durchdachte Anleitungen zur Pflege der Werkzeugmaschinen geben die vom VDI-Ausschuß Betriebsmittelpflege aufgestellten Arbeitsblätter VDI 3010 bis 3015 usw.

Verlustminderung durch Reparatur und Teilersatz

Es besteht vielfach die Meinung, daß bei der der Konstruktion zugrunde zu legenden Lebensdauer einer Maschine die Lebensdauer ihrer Einzelteile auf diejenige des „kritischen" Teils abzustimmen ist — also desjenigen Teils, dessen Unbrauchbarwerden durch technische Maßnahmen am schwersten zu verhindern ist —, zum Teil deswegen, weil das Unbrauchbarwerden von Zufällen abhängt, die nicht regelmäßig eintreten. Man hält es unter solchen Umständen für unwirtschaftlich, weniger wichtigen Teilen des Geräts eine als relativ übertrieben anzusehende lange Lebensdauer zu geben. Diese Meinung ist aber nur dann berechtigt, wenn die Reparatur der Maschine im ganzen nach dem Eintritt des Unbrauchbarwerdens ihres kritischen Teils nicht mehr lohnt. Im anderen Falle wird es auch materialwirtschaftlicher sein, die Maschine durch den Ersatz des kritischen Teils und anderer abgenutzter Teile wieder gebrauchsfähig zu machen.

Wenngleich es fertigungswirtschaftlich meistens günstig ist, eine gewisse Menge Ersatzteile zusammen mit den Einzelteilen für den Neubau herzustellen, so darf man nicht in den Fehler verfallen, für jedes Einzelteil Ersatzteile zu fertigen und vorrätig zu halten. Dadurch wird Material gebunden, das oft später als unbrauchbar in den Schrottkasten wandert.

Der Reparaturumfang läßt sich durch sachgemäße Behandlung, planmäßige Pflege, Reinigung, Schmierung usw. während des Gebrauchs stark beeinflussen. Eine planmäßige Erhaltungswirtschaft kann die Gegenstände in einem so guten Betriebszustande erhalten, daß man sie auf Grund dieses Zustandes nicht erneuern brauchte, das heißt, daß technisch bessere Gegenstände nur zusätzlich und nicht als Ersatz beschafft werden würden. Wenn die neuere Technik einen Gegenstand auf den Markt bringt, der den gleichen Betriebszweck mit wesentlich geringeren Betriebskosten erfüllt als der alte, dann wird eine Kürzung der Verwendungsdauer des alten Gegenstandes unter Umständen die allgemeine Wirtschaftlichkeit verbessern, was durch einen Kostenüberschlag im Zuge der Planwirtschaft zu ermitteln sein wird. Nach *Kühne*[1] ist die-

---

[1] *Kühne, Peter*, Dr.-Ing. e. h.: Erhaltungswirtschaft bei der Reichseisenbahn. Berlin 1933.

jenige Art der Bewirtschaftung eines Gegenstandes die richtige, bei der der Aufwand für Beschaffung *und* Erhaltung, bezogen auf die Leistungseinheit (z. B. auf 1000 km Wegstrecke einer Lokomotive), ein Mindestmaß erreicht. Dabei sind die Beschaffungs- und Erhaltungskosten je Leistungseinheit durch die Zusammenhänge zwischen Konstruktion und Erhaltung voneinander abhängig.

Es gibt also keine absolute Wirtschaftlichkeit einer Konstruktion oder einer Erhaltung oder eines Betriebes für sich, sondern stets nur eine Gesamtwirtschaftlichkeit. Von ihr hängt auch die Zweckmäßigkeit des Umfangs einer Reparatur ab.

Neben der Instandhaltung der im Betrieb befindlichen Geräte und Werkzeugmaschinen ist auch die der Werkzeuge, besonders der schneidenden, eine materialwirtschaftliche Maßnahme. Die Lebensdauer der meistens hoch beanspruchten Werkzeuge läßt sich durch planmäßige Instandhaltung erheblich verlängern und durch Reparatur den neuen fast gleichwertig machen.

Wie bei der Herstellung von Drehstählen, Hobelmessern, Schaftwerkzeugen, Fräsern und dgl. durch Stumpfschweißen eines Grundkörpers aus unlegiertem Stahl mit dem schneidenden Teil aus Schnellstahl der letztere erheblich eingespart wird, so können auch bei der Reparatur der Werkzeuge durch elektrisches Stumpfschweißen und Auftragschweißen im Arcatom-Verfahren abgebrochene Bohrer und ausgebrochene Schneiden wieder vollwertig gestaltet werden. Selbst Schnellstahlreste lassen sich durch Schmieden zu Aufschweißplättchen für Drehstähle und dgl. im eigenen Betrieb zur Verwendung bringen.

Materialaufwand bei Reparaturen

In den meisten Fällen ist der Materialaufwand bei einer Reparatur mit einzelner Ersatzteilfertigung im Verhältnis zum Gewicht des fertigen Gegenstandes hoch, weil bei diesen Arbeiten selten eine wirtschaftliche Materialausnutzung stattfinden kann. Es ist nicht immer möglich, reguläre Ersatzteile anstelle der verbrauchten anzuwenden, weil die Abnutzung eines Teils meistens auch die des mit ihm gepaarten Teils herbeiführt, sich also z. B. Wellenzapfen und Lagerschalen, Bolzen und Bolzenloch gleichzeitig, wenn auch verschieden stark, abzunutzen pflegen. Wenn sich der Ersatz des einen der gepaarten Teile durch seine Nacharbeit einsparen läßt, z. B. ein unrund gewordenes Loch durch Aufbohren und Reiben sich wieder praktisch genügend rund gestalten läßt, so paßt der zugehörige normale Bolzen nicht mehr und muß durch einen dickeren Sonderbolzen ersetzt werden.

Gelingt es durch die Reparatur nicht, die ausreichende Betriebsbrauchbarkeit des Gegenstandes wieder herzustellen, dann muß sie entweder unter weiterem Materialaufwand wiederholt oder der ganze

Gegenstand als Schrott angesehen werden. In beiden Fällen tritt ein zusätzlicher Materialverlust ein.

Von erfahrenen Fachleuten vorgenommen, wird eine Reparatur zur Materialerhaltung dann führen, wenn der Aufwand kleiner ist als bei einer Neufertigung des Gegenstandes. Durch Ausbüchsen von Motorzylindern, Aufspritzen von Werkstoff auf abgelaufene Wellenzapfen, Aufschweißen, wenn größere Werkstoffmengen abgerieben sind, Schweißen der durch Frost zerstörten Zylinderblöcke und Pumpengehäuse, der abgebrochenen Pratzen und Flanschen und dgl. kann viel Neumaterial eingespart werden.

Unverhältnismäßig hoher Materialaufwand entsteht in den meisten Reparaturwerkstätten, wenn sie nicht Unternehmungen der Neuerzeuger der zu reparierenden Gegenstände sind und nicht nur ganz bestimmte Arbeiten vorzunehmen haben, wie z. B. die Reparaturwerkstätten für Kraftwagen, Radioapparate und ähnliche. Die Arbeit solcher Werkstätten beschränkt sich in der Hauptsache auf das Auseinandernehmen des Gegenstandes, das Auswechseln der beschädigten Teile gegen neue, vom Stammwerk einbaufertig bezogene Teile, das Wiederzusammenbauen, Erproben und Abliefern des wieder gebrauchsfertigen Gegenstandes.

Die nicht mit Stammwerken in engeren Beziehungen stehenden Reparaturwerkstätten, die also die mehr oder weniger an Gegenständen zwar ähnlichen aber doch verschiedener Art vorkommenden Reparaturen vornehmen, haben entweder ein verhältnismäßig großes Materiallager, in dem Halbzeuge oder Fertigteile oft Monate und noch länger unverwendet liegen, oder sie treiben stückweise Selbstfertigung von Einzelteilen, die naturgemäß unwirtschaftlich ist, oder sie warten auf die Zusendung der Teile von der Stammfirma, die sich oft verzögert und zur längeren Stillegung des zu reparierenden Gegenstandes mit ihren Folgen führt.

Das folgende Zahlenbeispiel, das als Beispiel die Großüberholungskosten eines viel verwendeten Personenkraftpostwagens mit einem Anschaffungspreis von 25 000 DM betrifft, läßt erkennen, wie hoch der Material- und Lohnaufwand ist, der nach den für die Neufertigung des Wagens notwendigen Kosten als Folge des Wagenbetriebes sicher eine ganze Anzahl mal während der Lebensdauer des Wagens entsteht.

Vorgang		Lohn	Material
Zerlegen		230 DM	0 DM
Motor	überholen	655 ,,	730 ,,
Getriebe	,,	92 ,,	210 ,,
Lenkung	,,	70 ,,	50 ,,
Vorderachse	,,	75 ,,	120 ,,
Hinterachse	,,	350 ,,	450 ,,
Fahrgestell	,,	1425 ,,	1080 ,,
Aufbau	,,	2100- ,,	1000 ,,
Einfahren		55 ,,	55 ,,
		5052 DM	3695 DM

Der Lohn für die Großüberholung beträgt also rund 20%, der Materialaufwand rund 15% des Anschaffungspreises. Bei Herstellkosten des Wagens von 20000 DM und einem Anteil der Materialkosten von 55% (siehe S. 4) betragen die Materialkosten *einer* Großüberholung

$$\frac{3695}{0{,}55 \cdot 20000} \cdot 100 = 33{,}6\%$$

der Materialkosten bei der Neufertigung.

Der Materialaufwand bei Reparaturen ist im Durchschnitt hoch und wird mit zunehmender konstruktiver Verwicklung der Gegenstände und abnehmender Vorbildung des Betriebspersonals anwachsen. Es ist daher dringend erforderlich, alle konstruktiven und betriebstechnischen Maßnahmen zu treffen, die dazu beitragen können, einen Gegenstand möglichst lange ohne Reparatur und Ersatzteilbelieferung betriebs- und leistungsfähig zu erhalten.

Schmierstoffeinsparung

Da die guten Schmierstoffe aus besonders wertvollen Rohstoffen hergestellt werden, bedürfen sie aus Einsparungsgründen einer guten pfleglichen Behandlung. Die Voraussetzung einer erfolgreichen Schmierstoffwirtschaft ist die Kontrolle des Schmierstoffverbrauchs, der durch eine entsprechende Wahl des Schmierstoffs und durch Verminderung des unnötigen Verbrauchs zweckentsprechenden Schmierstoffs stark beeinflußt werden kann. Frost, Hitze, Staub und Feuchtigkeit machen Öl unbrauchbar. Durch falsche Zuführungsmittel, Abtropfen, Abspritzen und Versprühen, durch Abwanderung des Öls in die Metallspäne, flüssigen Reinigungsmittel, Putzwolle, Arbeitskleidung und den Fußboden können wesentliche Mengen Schmierstoff vergeudet werden. Auch durch Fortgießen von Ölresten und Altölen entstehen oft große Verluste. Es müssen daher Vorkehrungen getroffen werden, alle Schmierstoffreste, die nicht beim eigentlichen Vorgang verbrennen oder verkoken, aufzufangen, zu sammeln und aufzubereiten. Durch Spritzbleche, Sammelkästen und Schleudern der bei der Zerspanung anfallenden Metallspäne und dgl. können 60 bis 80% der Schneidöle, durch richtige Entölung des Abdampfs der Kolbendampfmaschine und anderer verdichteter Gase bis zu 90% der den Maschinen zugeführten Ölmengen wiedergewonnen werden.

VIII. Materialbeschaffungsunterlagen

Zu den Unterlagen für die Materialbeschaffung zur Fertigung eines Gegenstandes gehören Listen, Zeichnungen und Technische Lieferbedingungen, die beiden letzgenannten einzeln oder gemeinsam nur dann, wenn der Inhalt der Listen nicht ausreicht, um den zu beschaffenden

Gegenstand so zu bestimmen, daß er den an ihn zu stellenden Forderungen entspricht. An Stelle der Zeichnungen und Technischen Lieferbedingungen können auch gleichwertige Normblätter, Kataloge der Unterlieferer und ähnliches Verwendung finden.

Inhalt der Listen

Die Materiallisten dienen in erster Linie zur Beschaffung des Materials, das zur Durchführung eines Fertigungsauftrages erforderlich ist. Bei der Aufstellung dieser Listen muß stets der oberste Grundsatz befolgt werden, das *gesamte* benötigte Material zu verzeichnen, gleichgültig in welchem Fertigungszustand es in das Fertigungswerk gelangt, ob es erst vom Erzeuger bezogen werden muß oder vom eigenen Lager genommen werden kann.

Der Inhalt dieser Listen hängt von der Aufgabe ab, für die die Listen aufgestellt werden. Gegenstände des Inhalts sind jedoch in jedem Falle die Materialarten, ihre Eigenschaften, sofern diese nicht schon durch die Bezeichnung der Materialart gekennzeichnet sind, und ihre Mengen.

Arten und Mengen richten sich nach den Anforderungen des Verbrauchers des Materials, also sind für die Roh- und Grundstoffbeschaffung die Forderungen des Werkstoffverbrauchers, für die Werkstoffbeschaffung die Forderungen des Halbzeug- und Rohlingsverbrauchers und für die Beschaffung dieses Materials die Forderungen des Verbrauchers des herzustellenden Gegenstandes, dessen Lieferung zwischen Auftraggeber und Auftragnehmer vereinbart worden ist, maßgebend.

Material für die Fertigung eines Gegenstandes

Die umfangreichste Materialliste hat im allgemeinen der Hersteller des fertigen Gegenstandes, z. B. einer Maschine, einer Brücke, eines Hebezeuges, eines Fahrzeuges, eines Webstuhles usw. aufzustellen.
Er braucht

1. Halbzeuge, Hilfshalbzeuge (Nähgarn, Bindedraht und dgl.), Bindestoffe (Schweiß-, Löt- und Leimstoffe), Oberflächenschutzstoffe (Farbe, Lack, Zink und dgl.) zur Fertigung von Einzelteilen und zum Zusammenbau derselben bis zum fertigen Gegenstand.

2. Rohe, durch Freiform- und Gesenkschmieden, Sand-, Kokillen- und Spritzgießen und durch Gesenkpressen mehr oder weniger vorgearbeitete Teile (Rohlinge), die im Werk des Lieferes des fertigen Gegenstandes oder von seinen Unterlieferern fertig bearbeitet werden.

3. Einzelteile, handelsübliche und andere, die das Erzeugerwerk des fertigen Gegenstandes nicht herstellt, sondern von Unterlieferern einbaufertig bezieht. Dazu gehören vielfach Normteile, deren Fertigung im großen bei Unterlieferern billiger wird.

4. Selbständige Geräte zur Vervollständigung des Liefergegenstandes, Erzeugnisse der Unterlieferer, die Spezialteile herstellen, wie die elektrische Ausrüstung und die Gummireifen eines Kraftwagens, die Treibstoffeinspritzventile der Dieselmotoren, die Bremsluftpumpen einer Lokomotive, die Hilfsmaschinen verschiedener Art eines Schiffes, die Drehzähler, Druckmesser, Feuerlöscher, Schlösser, Schläuche, Kühler, Betriebswerkzeuge und sonstige Ausrüstung.

5. Fertigungssondermittel, wie Beizen, Einsatz- und Härtemittel, Sauerstoff, Wasserstoff und Karbid zum Gasschweißen, Elektroden zum elektrischen Schweißen, Treib- und Schmierstoffe zum Erproben des fertigen Gegenstandes, Modelle, Sondervorrichtungen, werkzeuge und -meßzeuge, die nicht zur normalen Werksausrüstung gehören, sondern durch den bestimmten Fertigungsfall bedingt sind.

Diese fünf verschiedenen Materialarten werden am zweckmäßigsten in getrennten Listen aufgeführt. Der Aufstellung muß die Entscheidung vorangehen, was in eigenen Werkstätten und woraus hergestellt, was und in welchem Fertigungszustand von Unterlieferern bezogen und ob den Unterlieferern Material gegeben oder von ihnen selbst eingekauft werden soll. Das letztere erfolgt wohl in jedem Falle, in dem der Unterlieferer den gleichen Gegenstand auch für andere Verbraucher herstellt, was bei vielen Ausrüstungsgegenständen, handelüblichen und Normteilen erfolgt, die mittels Spezialmaschinen angefertigt werden müssen, wie Holzschrauben, Druckknöpfe, Reißverschlüsse, Kugel-, Rollen- und Nadellager usw.

Wenn auch im allgemeinen Halbzeuge fertig bezogen werden, kann es vorkommen, daß leichter herstellbare Sonderhalbzeuge, z. B. Profile aus Blech in Bandform, im eigenen Werk auf Walzen, Ziehbänken oder Abkantmaschinen hergestellt werden. In solchen Fällen ist das Blech und nicht das Profil als Halbzeug in die Materialliste aufzunehmen.

Es ist auch über die Zugehörigkeit der einzelnen Materialien zu den verschiedenen Listen zu entscheiden. Die Niete z. B. gehören nicht zu den Normteilen, sondern zu den Rohteilen, da ihre verbleibende Form erst durch das Stauchen und Köpfen beim Nieten entsteht.

Materialangabe in den Stücklisten

Die Stücklisten, die je nach der Gesamtzahl der Einzelteile eines Gegenstandes für seinen Gesamtumfang oder für einzelne Teilegruppen (Untergruppen, Hauptgruppen) aufgestellt werden und in denen jedes Einzelteil des Gegenstandes stückzahlmäßig aufgeführt ist, bilden die Grundlage für die Beschaffung des gesamten Materials in dem dem Erzeugerwerk des Gegenstandes zuzuführenden Fertigungszustand. Die Stücklisten (Beispiel siehe Tabelle 43)[1] müssen daher bei jedem

---

[1] AWF-Schrift 209. Arbeitsvorbereitung. Zeichnung und Stückliste.

verschiedenen Einzelteil außer der Stückzahl, der Benennung und der Sach-Nr. des Einzelteils auch die Bezeichnung des Werkstoffs, Angaben über seine Eigenschaften im Fertigteil, Angaben über das Rohteil, und zwar über die Halbzeugform, Normbezeichnung, die Rohteilmaße, die Rohteilzeichnungs-Nr. (meistens nur bei Guß-, Schmiede- und Gesenkpreßteilen vorhanden) und die Stückzahlmenge nach Zahl und Einheit enthalten.

Außer den für die Fertigung der einzelnen Stücke bedingten Halbzeugen und Rohlingen, deren Form und Maße in Zeichnungen festgelegt sind, müssen gemeinsam für alle oder eine Anzahl der Einzelteile die zum Oberflächenschutz oder zum Zusammenfügen der Teile benötigten Hilfshalbzeuge, Bindemittel und Oberflächenschutzstoffe angegeben werden, für die keine Sachnummern und Stückzah-

Tabelle 43. *Stücklistenform nach AWF-Schrift 209. Die Eintragungen entsprechen den dort gemachten Angaben.*

Lfd. Nr.	Stückzahl	Fertigteil				Werkstoff				Rohteil			Stückzahlmenge		Bemerkungen
						Eigenschaften gelten f. d. Fertigteil									
		Benennung	Sach-Nr.	Zeich. Änd. Buchstabe	Einzelgewicht kg	Bezeichnung	Streckgrenze kg/mm²	Zugfestigkeit kg/mm²	Bruchdehnung % δ_{10}	Halbzeug Rohmaße und dgl.	Rohteil-Zeichnung-Nr.	Zeich. Änd. Buchstabe	Zahl	Einheit	
							mindestens								
1	1	Kolbenstange	4 F 503-1		1,88	St 35.29	—	35	20	Rohr 50.2,5 DIN 2391, 650 lg.	—	—	1,89	kg	
2	1	Stopfbuchse	4 F 503-2		0,75	St 37.12	—	37	20	Ø 100 DIN 1013, 32 lg.	—	—	1,97	kg	
3	1	Kolbenkörper	2 F 503-4		1,58	G MS 63	—	15	7	Gußteil	R 2 F 503-4	—	2,50	kg	
4	1	Griffholz	4 F 501-14		0,02	Ulme	—	—	—	40 × 40, 120 lg.			0,19	dm³	Ersatz: Weißbuche

len, wohl aber Materialmengen aufgeführt werden können, die ausreichen, um den Bedarf für die in der Stückliste angegebenen Einzelteile und den daraus zusammengebauten Gegenstand (Untergruppe, Hauptgruppe, Gerät) zu decken.

Die Materialangaben in den Stücklisten müssen sich für die Beschaffung wirklich eignen. Daher ist auf eine klare Angabe des Werkstoffs (durch dessen eindeutige Bezeichnung) und der benötigten Menge jedes zur Fertigung benötigten Halbzeugs, Rohlings usw. zu achten.

Jede Stückliste sollte die zur *einmaligen* Herstellung aller Einzelteile des Gegenstandes erforderlichen Materialmengen angeben, nicht aber die Mengen, die für einen ganzen Lieferauftrag benötigt werden, damit nicht bei jedem, seinem Umfange nach verschiedenen Fertigungsauftrag die Stückliste neu aufgestellt werden muß.

Die für jedes Einzelteil benötigte Materialmenge ist multipliziert mit der Anzahl der gleichen Einzelteile als Stückzahlmenge in die Stückliste einzutragen. Diese Materialmenge wird durch die Maße der Rohteile bestimmt. Diese Maße, Rohmaße genannt, sind mindestens gleich den Maßen des Fertigteils, vermehrt um die Bearbeitungszugabe, die notwendig ist, um das Einzelteil bei normaler Halbzeug- oder Rohlingsbeschaffenheit aus dem Rohteil herzustellen.

Bei den aus Halbzeugen herzustellenden Einzelteilen sind in den Rohteilspalten der Stückliste als Grundlage die Quermaße der Halbzeuge, z. B. Blechdicke, Rohraußendurchmesser und -wanddicke, Sechskantschlüsselweite und dgl., dazu die Halbzeugnormbezeichnung oder Profilnummer bei nicht genormten Halbzeug, ferner die erforderlichen Stangenlängen, Blechlängen und -breiten usw. anzugeben. Diese Längen und Breiten sind um die Trennzugabe größer als die Rohmaße.

Bei den aus Rohlingen herzustellenden Einzelteilen sind anstelle von Maßen die Rohlingszeichnungsnummern anzugeben, aus denen die Maße entnommen werden können, die zur Gewichtsberechnung gedient haben. Bei ihnen sind natürlich Trennzugaben nur dann zu machen, wenn mehrere Einzelteile aus einem Rohling hergestellt werden, was manchmal bei Gesenkschmiedeteilen erfolgt.

Die Menge des einzelnen Halbzeugs wird in den üblichen Maßeinheiten, die Materialmenge in den Rohlingen gewöhnlich in Kilogramm angegeben und zwar im Ablieferungszustand derselben, das heißt geputzt und entgratet. In der Menge ist zwar der ganze, bei der Zerspanung und Verformung der Halbzeuge entstehende reguläre Abfall, es sind aber *nicht* enthalten die Zuschläge für

die Fehlarbeit und den Werkstoffausschuß,

das Fassen des Halbzeugs beim Ziehen und Biegen von Stangen, Profilen, Rohren und dgl., die zum Einrichten von Werkzeugmaschinen, Ausprobieren von Werkzeugen (z. B. Gesenken), Einspannen in das Futter bei Bearbeitung auf Revolver- und Automatendrehbänken usw. benötigten Stangenenden,

die zur Aufrundung auf handelübliche Stangenlängen, Tafelmaße usw. notwendigen Zugaben,

den Abfall bei Fellen, Garn, Bindedraht, Lot, Leim, Farben, Lacken, Kitt und ähnliches Material,

also nicht alle über den eigentlichen Bedarf hinaus erforderlichen, von Fertigungszufällen, Werksgepflogeheiten, Arbeiterkenntnissen und dgl. abhängenden und in ihrer dadurch erforderlichen Größe wechselnden, zusätzlichen Materialmengen.

Bei der Mengenbestimmung der Halbzeuge ist jedoch auf die handelsüblichen Größen, z. B. die Tafelmaße der Bleche und Sperrholzplatten, die Blechbandbreiten, Stangenlängen, Webstoffbreiten usw., aus wirtschaftlichen Gründen Rücksicht zu nehmen, sofern nicht abgepaßte Längen und Breiten bestellt werden. Es ist also eine weitgehende Ausnützung des Materials durch Weiterverwendung der anfallenden Reste der Bleche, Stangen usw. zu betreiben. Dabei muß natürlich auf die Walz- und Zugrichtung der metallenen Halbzeuge, die Faserrichtung der Hölzer, die Kettenrichtung der Webstoffe und dgl. geachtet werden.

Können Abfälle, die bei der Herstellung eines Teils, z. B. durch das Ausschneiden von Erleichterungslöchern bei Blechteilen entstehen, zur Herstellung eines anderen Teils verwendet werden, dann ist bei diesem Teil in der Stückliste unter „Rohteil" der Vermerk zu machen: „aus Abfall bei Teil .... herzustellen".

Bei Oberflächenschutzstoffen, z. B. Farbe und Lack, richtet sich die Menge nach dem Gewicht des einmaligen nassen Anstrichs, vervielfältigt mit der Zahl der vorgeschriebenen Anstriche.

Sammlung der Materialmengenangaben

Die in den Rohteilspalten der Stücklisten angegebenen Halbzeugmengen werden auf Sammellisten (oder Karten) übertragen. Für jede in einem Liefergegenstand vorkommende Halbzeugsorte wird eine solche Liste angelegt, deren Beispiel Tabelle 44 zeigt. In die Sammelliste einer Halbzeugsorte werden die Mengen dieser Sorte aus den einzelnen Stücklisten übertragen, in denen sie vorkommt. Nach Abschluß der Konstruktion des Fertigungsgegenstandes wird die Endsumme der Menge errechnet und in der Sammelliste angegeben und zu dieser Summe ein Zuschlag für Halbzeugverluste gemacht, die erfahrungsgemäß entstehen, im Abschnitt IV unter „Sonderzugabe" behandelt wurden und deren Menge bei der Mengenermittlung in der Stückliste ausdrücklich nicht berücksichtigt worden ist. Der Zuschlag schließt aber nicht den Material-

Tabelle 44. *Beispiel einer Sammelliste (Kartenform), für eine Halbzeugsorte ausgefüllt.*

Halbzeug-Sammelliste		zu *Sach-Nr.* 147-501 *Benennung* Rohrgerüst				Mengen-einheit m, kg	Einheits-gewicht 0,32 kg m	*Gegenstand* Rohr 14 × 1, DIN 2391					*Werkstoff* VC Mo 125 A
Stückliste Nr.	Reihe	Anz.	Menge in m	Menge in kg	Gewicht des Fertigteils	$\frac{G_F}{G_{Rt}}$	Stückliste Nr.	Reihe	Anz.	Menge in m	Menge in kg	Gewicht des Fertigteils	$\frac{G_F}{G_{Rt}}$
147.501—01	103	2	1,243	0,397	0,370	0,93	147.501—07	104	1	1,240	0,397	0,374	0,94
	104	2	2,450	0,784	0,745	0,95		211	3	0,850	0,272	0,250	0,92
	105	1	0,732	0,234	0,210	0,90		212	3	0,850	0,272	0,250	0,92
	106	1	0,842	0,270	0,246	0,91		214	1	0,630	0,202	0,180	0,90
	217	1	0,442	0,141	0,127	0,90		307	1	0,635	0,203	0,180	0,90
	322	1	0,383	0,122	0,110	0,90							
	323	2	0,942	0,302	0,277	0,92							
—02	101	1	0,058	0,019	0,018	0,85							
	102	2	2,171	0,696	0,660	0,95							
	103	1	1,310	0,420	0,395	0,94							
	205	1	1,101	0,352	0,327	0,93							

Stand der Liste	Datum	12. 6. 41	
Gesamtmenge	in m	15,879	
Verlustzuschlag	5 %	0,794	
Gesamtmenge + Verlust für 1 Einheit	in m	16,673	
„ „ „ „ „ „	in kg	5,340	
Gesamtgewicht der fertigen Teile	in kg	4,717	
ausgestellt	von	Adrian	
Firma: F. H. Mayer, Augsburg	*Bemerkungen:*		Blatt 1 von 7

mehrbedarf ein, der infolge besonderer, unregelmäßig vorkommender Ereignisse eintritt, die im Abschnitt IV unter „Materialmehrbedarf infolge besonderer Ereignisse" behandelt worden sind

Den Schluß der Sammelarbeit bildet die Errechnung des Gewichts der Gesamtmenge, sofern dieses Maß bei der Weiterverwendung der Sammelergebnisse benötigt wird.

Eine solche Sammlung der Materialangaben kann auch für den Umfang der einzelnen Hauptgruppen des Liefergegenstandes vorgenommen werden, was sich bei allen Gegenständen mit vielen Einzelteilen und mehreren Teilegruppen zu tun empfiehlt, um die Ermittlung der Materialmengen auf mehrere Arbeitsstellen zu verteilen und dadurch zu beschleunigen.

Für Gegenstände, die nur aus wenigen verschiedenen Einzelteilen bestehen, ist die Aufstellung von Materialsammellisten nicht erforderlich, da die Materialangaben in der Stückliste für die Materialbeschaffung ausreichen werden.

Es wird die Materialwirtschaft fördern, wenn in den Sammellisten auch das Fertiggewicht der aus dem Halbzeug hergestellten Teile angegeben und der aus dem Fertiggewicht G_F und dem Rohteilgewicht G_{Rt} errechnete Materialausnutzungsgrad ebenfalls angegeben wird. Sobald sich der Inhalt der Sammelliste wesentlich, z. B. die Gesamtmenge um etwa 5% ändert, müssen die neuen Schlußangaben unter einem neuen Datum eingetragen werden.

Halbzeugmengenliste

Wenn ein Liefergegenstand in mehrere Hauptgruppen aufgeteilt ist und eine Sammlung der Halbzeuge für jede Hauptgruppe vorgenommen wurde, ist es erforderlich, eine Halbzeugmengenliste aufzustellen zum Zwecke des Sammelns der in den Halbzeugsammellisten angegebenen Mengenendbeträge der einzelnen Halbzeugsorten. Tabelle 45 zeigt ein Beispiel einer solchen Liste. Sie kann selbstverständlich auch für Gegenstände aufgestellt werden, die nicht in Hauptgruppen aufgeteilt sind.

Vielfach werden Halbzeugmengenlisten für eine größere Menge gleicher Gegenstände aufgestellt, z. B. 10 oder 100, also für eine Zahl, die es ermöglicht, die Menge für eine andere Zahl von Gegenständen leicht zu ermitteln.

Es fördert die Materialordnung, wenn die Halbzeuge in der Mengenliste nach Werkstoffen und bei den einzelnen Werkstoffen nach Halbzeugsorten geordnet eingetragen und die Reihenfolge nach Möglichkeit immer wieder beibehalten wird.

Eine geeignete Reihenfolge der Werkstoffhauptgruppen ist auf S. 14, eine solche der Halbzeugarten auf S. 20 angegeben. Zwischen den einzelnen Halbzeugarten ist Raum für Nachträge zu lassen.

Tabelle 45. *Halbzeugmengenliste für ein Gerät.*

Baugruppe		Halbzeug-form und maße	Werkstoff	Gesamtmenge für 10 Gegenstände					
Nr.	Anzahl im Gerät			Nach Halbzeugsammell.			in Liefereinheiten		
				Menge	Einh.	Gewicht kg	Menge	Einh.	Gewicht kg
1	2	3	4	5	6	7	8	9	10
		Rd. 10 DIN 1013	St C 35.61					Stg.	
86.100	1			86,10	m	42,00	14	zu 5 m	43,2
.103	1			108,60	m	67,00	22	zu 5 m	67,9
.180	1			96,03	m	59,20	20	zu 5 m	61,7
.301	2			125,75	m	77,60	26	zu 5 m	77,1
.405	1			108,50	m	66,90	22	zu 5 m	67,9
.410	1			82,60	m	50,95	17	zu 5 m	52,4
						363,65			370,2
		Flach 50.15							
		DIN 1017	St C 35.61					Stg.	
86.108	1			34,05	m	201,00	6	zu 6 m	212,0
.180	1			54,30	m	320,00	10	zu 6 m	353,5
.209	1			62,80	m	370,00	11	zu 6 m	389,0
.212	1			58,00	m	342,00	10	zu 6 m	353,5
.515	1			15,30	m	90,20	3	zu 6 m	106,0
						1323,20			1414,0

Ausgabe Nr.	1
Stand am	12.2.42
Ges.-Menge n. Sp. 7	1686,9
Ges.-Menge n. Sp. 10	1784,2
aufgestellt von	Müller

| *Firma:* Schweiger & Co. | *Halbzeugmengenliste* für Läutewerk Sach-Nr. 23-86 A | *Listen-Nr.* 23 Hm 86 A Blatt 5 von 86 |

Die Angabe der Mengen in Längen-, Flächen- und Raumeinheiten neben der Gewichtsangabe wird zur Sicherstellung der erforderlichen Halbzeugmaße, z. B. der Blechfläche, der Stangenlänge usw., vorgenommen, die bei reiner Gewichtsangabe durchaus nicht sichergestellt ist. Es sind z. B. beim Flußstahlblech nach DIN 1543 Überschreitungen des errechneten Gewichts um 3 bis 14%, beim nahtlosen Flußstahlrohr nach DIN 1629 Gewichtsschwankungen von + 12 und − 10% infolge entsprechender Abweichungen von den Nennmaßen dieser Halbzeuge zulässig und treten auch ein. Auch die anderen Halbzeugarten sind infolge der Maßtoleranzen nicht frei von Gewichtstoleranzen, die sich z. B. auf die Größe der Blechfläche und der Stangenlänge auswirken können, wenn allein nach Gewicht bestellt würde.

Das Umrechnen der Mengen in handelsübliche Liefereinheiten (siehe Tabelle 8) wird zu einer gewissen Erleichterung der Beschaffung, Mengenkontrolle usw. vorgenommen, wenn eine solche Umrechnung gegeben erscheint. Vielfach muß auf das Einhalten der Blechgrößen, Stangenlängen usw. mit den üblichen Toleranzen Wert gelegt werden. Man darf dabei die handelsübliche Einheit, z. B. die Blechtafel 1 × 2 m oder die Stangenlänge von 5 m, nicht als kleinste lieferbare Einheit ansprechen, auch wenn es sich nicht um Maßbleche und abgepaßte Längen handelt. Besonders bei hochwertigem Material ist auf äußerste Sparsamkeit bei der Beschaffung und Bewirtschaftung zu achten. Es wäre sinnlos, z. B. eine ganze Tafel Kupferblech 1000 × 2000 mm zu beschaffen, wenn für einen ganzen Auftrag nur 0,10 m² benötigt werden.

Sobald der Inhalt der Liste sich infolge von Änderungen der Sammellisten und ihrer Ausgabedaten ändert oder Halbzeuge gestrichen werden oder neu hinzukommen, muß die Ausgabenummer und das Ausgabedatum der Halbzeugmengenliste geändert werden.

Rohlingsliste

Die Liste der Rohlinge enthält die in den Stücklisten des Fertigungsgegenstandes angegebenen Guß-, Schmiede- und Gesenkpreßteile, die entweder Erzeugnisse der entsprechenden eignen Werkstätten oder der der Unterlieferer sind.

In der Rohlingsliste werden angegeben: Stückzahl, Benennung, Sachnummer (zugleich Zeichnungsnummer), Werkstoff, Fertigteilgewicht, Rohlingsgewicht und Einsatzgewicht. Was Rohlings- und Einsatzgewicht einschließen, ist aus den Angaben auf S. 44 zu ersehen. Ein Beispiel der Liste bietet Tabelle 46.

Bei der Eintragung der Rohlinge kann die Werkstoffreihenfolge wie in der Halbzeugmengenliste gewählt und die Reihenfolge der Rohlingsarten innerhalb eines Werkstoffabschnitts nach der eingangs angegebenen Folge genommen werden.

Tabelle 46. *Rohlingsliste.*

Lfd. Nr.	Stückzahl	Benennung	Sach-Nr.	Werkstoff Zustand der Anlieferung	Gesamtgewicht in kg		
					Fertig-teil	Rohling	Einsatz-menge
1	2	3	4	5	6	7	8
		Gesenkschmiedestücke					
1	6	Hauptpleuelstange	55.224—600	VC Mo 135	15,00	69,60	111,0
2	6	Nebenpleuelstange	55.332—600	VC Mo 135	10,20	34,80	60,0
3	6	Hauptpleuelschr.	55.224—603	VC Va 80	0,30	1,68	3,0
4	6	Nebenpleuelschr.	55.332—603	VC Va 801	0,36	2,10	4,0
5	2	Gegengewicht	55.211—003	StC 35.61	1,68	9,50	16,0
6	4	Gegengewicht	55.211—004	StC 35.61	9,04	7,60	13,5
7	12	Zylinderbuchse	55.302—001	EC 60	39,36	252,00	350,0
8	24	Ventilteller	55.403—005	VCN 15h	1,32	4,15	7,5
9	1	Getriebewelle	55.600—044	EC 100	7,71	46,15	82,0
10	1	Kupplung	21110.20—22	VC Va 80	25,00	89,00	160,0
11	1	Gewindebüchse	12012.40—13	EC 80	2,29	19,50	35,0
12	1	Zwischenstück	12012.40—15	VC Va 80	2,12	19,50	35,0
13	1	Buchse	12012.40—17	EC 80	1,39	12,50	22,0

Ausgabe-Nr.	1
Stand vom	2.3.41
Ges.-Gew. aus Sp. 6	115,77
Ges.-Gew. aus Sp. 7	568,08
Ges.-Gew. aus Sp. 8	899,00
ausgestellt von	Seifert

Firma:	Rohlingsliste	Listen-Nr.
„Atlas"-Motoren-Fabrik	*für* Motor Sach-Nr. 9—55 C—1	9 R 55 C—1 Blatt 1 von 1

Bei Gegenständen mit einer Aufteilung in mehrere Hauptgruppen und mit einer größeren Zahl von gleichen Rohlingen in mehreren Hauptgruppen kann die vorangehende Aufstellung von Sammellisten zweckmäßig sein.

Ferner empfiehlt es sich, entweder in den Sammellisten oder in den Rohlingslisten die zur Deckung der Stückverluste durch Werkstoff- und Arbeitsausschuß über den eigentlichen Bedarf hinaus benötigten Stücke gesondert anzugeben und als Reserve zu bezeichnen.

Tabelle 47. *Liste der handelsüblichen und einbaufähig gekauften Gegenstände.*

Lfd. Nr.	Stückzahl	Benennung	Sach-Nr.	Nenn-Werkstoff	Gewicht des Fertigteils kg	Bemerkungen
1	2	3	4	5	6	7
1	1	Schwungkraft-anlasser	Schob LM 3	Leicht-metall	12,80	
2	1	Zündmagnet	Schob ZM 12	—	7,20	
3	1	Schmierstoff-Filter	EC Qu 20	Messing	0,80	
4	12	Zündkerzen	Schob DW 180	—	0,95	
5	1	Generator	Schob 26 KR 10	—	11,00	
6	1	Luftpresser	Becker L 50 a	Stahl	3,90	
7	1	Drehzahlgeber	Falck JF 10	Messing	1,05	

Ausgabe-Nr.	1					
Stand vom	15. 4. 42					
Aufgestellt von	Lehmann					

Firma: Lloyd-Motoren-Ges.	*Liste der* Auswärtsteile *für* Oelmotor *Sach-Nr.* 9—705 B	*Listen-Nr.* 9 AW. 705 B Blatt 1 von 1

Sobald sich der Inhalt der Liste infolge von Stücklistenänderungen
oder aus anderen Gründen wesentlich ändert, muß die Ausgabenummer
und das -datum der Rohlingsliste geändert werden.

Sonstige Materiallisten

Es ist aus Gründen wirtschaftlicher Ordnung zweckmäßig, auch
die auf Seite 156 unter 3., 4. und 5. angegebenen Materialien aus
den Stücklisten auszuziehen und in besondere Listen zu schreiben,
für die Tabelle 47 ein Beispiel bietet. Bei Aufstellung dieser Listen
empfiehlt es sich, die Gegenstände ebenfalls in einer gewissen Reihenfolge nach Arten, Größen und sonstigen Eigenheiten geordnet einzutragen. Bei der Änderung der einzelnen Listen ist das bei der Halbzeug-
mengen- und Rohlingsliste diesbezüglich Angegebene ebenfalls durchzuführen.

Zeichnungen

Die Form der Halbzeuge ist im allgemeinen in den Halbzeugnorm-
blättern oder in den Profillisten der Erzeuger dargestellt und bemaßt.
Querschnitte von Sonderprofilen sind zu zeichnen und so vollständig
zu bemaßen, daß über ihre Form kein Zweifel entstehen kann.

Rohlinge müssen im allgemeinen gezeichnet werden, damit sichere Unterlagen für die Vereinbarungen zwischen Auftraggeber und Auftragnehmer vorhanden sind. Die Rohlingszeichnung soll auch die Form des Fertigteils enthalten, damit die Größe und Lage der vorgesehenen Bearbeitungszugaben gut zu erkennen sind. Der Rohling ist zu bemaßen; die Maße sind zu tolerieren. Siehe Abb. 57.

Für das Bestellen von Normteilen reichen die zugehörigen Normblätter aus. Für die Fertigung dieser Teile sind jedoch Werkzeichnungen notwendig, wie für alle anderen Teile, besonders wenn es sich um mehrteilige Normteile, wie Hähne, Ventile, Verschraubungen, Schlösser und dgl., handelt.

Von den Einzelteilen und Teilegruppen (Hauptgruppen, Untergruppen), die im eigenen Werk oder von Unterlieferern nach den ihnen angelieferten Unterlagen hergestellt werden, sind fertigungsgerechte Zeichnungen aufzustellen, deren Ausführung den DINormen entsprechend vorzunehmen ist. Siehe DIN-Taschenbuch 1, Grundnormen.

Von den handelsüblichen, nichtgenormten Teilen, den nach fremden Zeichnungen einbaufertig gelieferten sonstigen Teilen, Geräten, Ausrüstungsgegenständen und dgl. müssen mindestens maßstäbliche Skizzen vorliegen, die alle Maße enthalten, die bei der Konstruktion der diese Dinge

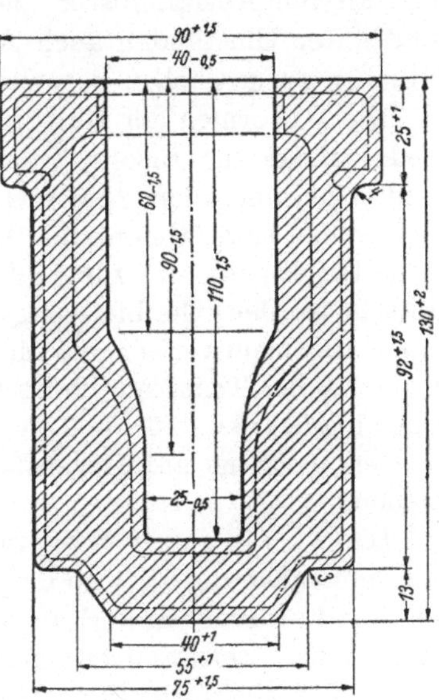

Abb. 57. Bemaßung
eines Gesenkschmiede-Rohlings.

aufnehmenden Maschine und dgl. zu berücksichtigen sind. Die Einbauzeichnungen sollen auch die Lage der Leitungsanschlüsse und den Raum angeben, der zur Bedienung und zum Ein- und Ausbau von Teilen des befestigten Gegenstandes erforderlich ist.

Technische Lieferbedingungen

Technische Lieferbedingungen (TL) werden für die meisten zu liefernden Gegenstände, wie Halbzeuge, Rohlinge, Einzelteile und vollständige Maschinen und Geräte erforderlich sein. Sie dienen zur Vervollständigung der auf Zeichnungen, Listen, Normblättern usw. gemachten Angaben über die an den Lieferungsgegenstand zu stellenden technischen Forderungen.

Der Inhalt der Werkstoffnormblätter erstreckt sich meistens nur auf die Festigkeitseigenschaften der Werkstoffe bei Zugbeanspruchung der daraus hergestellten Halbzeuge und Rohlinge. Die darüber hinausgehenden Forderungen hinsichtlich sonstiger mechanischer, physikalischer und chemischer Stoffeigenschaften, Oberflächenbeschaffenheit, zulässige Form-, Maß- und Gewichtsabweichungen usw., ferner die Prüfungen, die sich auf die Gefüge, die Festigkeit, das Gewicht und die sonstigen Forderungen beziehen, sind in den TL anzugeben. Diese müssen in Sonderfällen, z. B. bei verwickelten Gußteilen die Forderungen an die Ausfallmuster, den genauen Prüfumfang, die Prüfmittel und unter Umständen auch Angaben darüber enthalten, was mit den Stücken zu geschehen hat, die die Prüfungen nicht bestehen.

Die DINormen der Halbzeuge enthalten einzelne Technische Lieferbedingungen für Bleche, Stangen, Rohre und Gußteile aus Schwer- und Leichtmetallen (Siehe DIN-Taschenbuch 4, Werkstoffnormen), Außerdem sind Technische Lieferbedingungen von der Reichsbahn, dem Reichsausschuß für Lieferbedingungen (RAL) und anderen aufgestellt worden. Die Lieferungsbedingungen des RAL betreffen in erster Linie allgemein verwendete Materialien, wie Leder, tierische und pflanzliche Leime, Textilien, Polstermaterial, Papier, Glas, Farben, Lacke, Chemikalien usw. während sich die Lieferungsbedingungen der anderen Stellen meistens auf Gegenstände aus deren besonderem Bereich beziehen.

Die TL für ganze Maschinen und Geräte enthalten meistens eine Zusammenfassung aller an den fertigen Gegenstand zu stellenden technischen Forderungen und sonstige Angaben, die aus den Bauunterlagen (Listen und Zeichnungen) nicht oder nicht ohne weiteres zu ersehen sind und doch bei der Herstellung und Lieferung beachtet werden müssen, wie z. B. Korrosionsschutzforderungen, Abnahmeprüfungen, Mindest- oder Höchstgewichte, Treib- und Schmierstoffhöchstverbrauch, Bremsleistung, Verpackungs- und Verladungsvorschriften usw. also eine Reihe von Anforderungen, die gestellt und erfüllt werden müssen, um zu verhüten, daß durch Fehlmaßnahmen Ersatzfertigungen erforderlich werden, die dann unweigerlich einen vermeidbar gewesenen Materialaufwand zur Folge haben.

Herkunft der Beschaffungsunterlagen

Die zur Beschaffung des zum Bau und zur Lieferung eines Gegenstandes erforderlichen Unterlagen werden um so zahlreicher, je größer und verwickelter der Fertigungsgegenstand wird. Damit eine genügende Vorsorge zur Verhütung von Materialmangel und der damit unausbleiblich verbundenen Terminverzögerungen getroffen werden kann, muß eine klare Übersicht darüber bestehen, wer was bereitzustellen

Tabelle 48.

Die bei der Materialbeschaffung in Frage kommenden Gegenstände, die dafür zu verwendenden Unterlagen und deren Aufsteller.

Beschaffungsgegenstand		Bei der Beschaffung verwendete Unterlagen	
		Materialangaben in	Bauunterlagen
1	Halbzeuge, Hilfshalbzeuge, Bindestoffe, Oberflächenschutz-stoffe, genormt und nicht genormt, zur Fertigung von nicht genormten Einzelteilen und zum Zusammenbau bis zum fertigen Gegenstand	Stücklisten, Sammel- und Halb-zeugmengenlisten des Fertig-Gegenstandes	Unterlagen des Material-erzeugers
2	Rohe, durch Freiform- und Gesenkschmieden, Sand-, Kokil-len- und Spritzgießen, Pressen in Formen vorgearbeitete, nicht genormte Einzelteile, die im eigenen Werk oder von seinen Unterlieferern fertig bearbeitet werden.	Stücklisten und Rohlingslisten des Fertig-Gegenstandes	Rohlingslisten und -zeich-nungen des Fertig-Gegen-standes
3	Nicht genormte Einzelteile, die das eigene Werk selbst fertigt oder von Unterlieferern nach Zeichnung des Werkes und aus Halbzeugen, die das Werk ihnen liefert, angefertigt werden.	Stücklisten des Fertig-Gegen-standes	Einzelteilzeichnungen, Stück- und Gruppenlisten des Fertig-Gegenstandes
4	Handelsübliche[1] Teile und Kleingeräte, die das Werk zum Zusammenbau mit selbstgefertigten Einzelteilen fertig kauft: a) einteilige, nicht genormte Teile (Einzelteile) b) mehrteilige, nicht genormte Teile und Kleingeräte c) einteilige Normteile (Einzelteile) } DIN- und d) mehrteilige Normteile und Kleingeräte } Werknormteile	Stücklisten des Fertig-Gegenstan-des und ihren Auszügen (Sonder-listen) bei c) und d) außerdem auf den Normblättern	bei a) und b) Unterlagen der Erzeuger bei c) und d) Normblätter und Werkstattzeichnun-gen der Normteile

[1] Als handelsüblich sind alle Gegenstände anzusehen, die nicht Sondererzeugnisse einiger weniger Firmen sind, dagegen allgemein im Handel erscheinen. Als nicht handelsüblich sind hauptsächlich diejenigen Gegenstände anzusehen, die durch be-sondere Zeichnungen oder technische Lieferbedingungen festgelegt sind.

Tabelle 48. *(Fortsetzung)*

	Beschaffungsgegenstand	Bei der Beschaffung verwendete Unterlagen	
		Materialangaben in	Bauunterlagen
5	Halbzeuge und Rohlinge (Schmiede-, Guß- und Preßteile) zur Fertigung der handelsüblichen Teile	Stücklisten des Fertig-Gegenstandes, Unterlagen der Erzeuger	Unterlagen der Erzeuger
6	Nicht handelsübliche[1] Normteile und genormte Kleingeräte des Gerätes (DIN- und Werknormteile): a) einteilige Normteile (Einzelteile) b) mehrteilige Normteile	Stücklisten des Fertig-Gegenstandes und ihren Sonderlisten, außerdem auf den Normblättern und den Normteil-Werkzeichnungen und -Stücklisten	a) und b) Normblätter und Werkstattzeichnungen der Normteile
7	Halbzeuge und Rohlinge (Schmiede-, Guß- und Preßteile) für nicht handelsübliche Normteile, die das Werk oder seine Unterlieferer herstellen	Stücklisten des Fertig-Gegenstandes, Halbzeugmengen- und Rohlingslisten	Rohlingszeichnungen, Rohlingslisten
8	Ausrüstungsgeräte, genormte und nicht genormte, die vom Werk zum Einbau beschafft oder ihm vom Auftraggeber angeliefert werden	Stücklisten des Gegenstandes	Stücklisten, Halbzeugmengenlisten, Rohlingslisten, Werkstattzeichnungen der betreffenden Gegenstände
9	Halbzeuge und Rohlinge zur Fertigung der unter 8 angegebenen Ausrüstungsgeräte	Stücklisten des Gegenstandes und ihren Auszügen Stücklisten und Halbzeugmengenlisten der betreffenden Gegenstände, aufgestellt von ihren Erzeugern	Rohlingszeichnungen der Teile der betreffenden Gegenstände

[1] Als handelsüblich sind alle Gegenstände anzusehen, die nicht Sondererzeugnisse einiger weniger Firmen sind, dagegen allgemein im Handel erscheinen. Als nicht handelsüblich sind hauptsächlich diejenigen Gegenstände anzusehen, die durch besondere Zeichnungen oder technische Lieferbedingungen festgelegt sind.

und zu liefern hat, welche Beschaffungsunterlagen benötigt werden
und woher sie kommen müssen. Als Unterlage für die Maßnahmen können die Angaben der Tabelle 48 dienen. Sie zählt die Beschaffungs-
gegenstände, die bei der Beschaffung verwendeten Unterlagen, mit
der Halbzeugfertigung beginnend, und ihre Herkunft für den Bau eines
Gegenstandes (Maschine oder Gerät) auf.

IX. Materialwirtschaft bei der Herstellung von Maschinen und Geräten

Materialbeschaffung

Die Materialbeschaffung wird vielfach von den Kaufleuten als
eine reine Handelsangelegenheit, von den Ingenieuren als ein in der
Hauptsache technischer Vorgang angesehen. Allein richtig ist die
Arbeitsteilung, die dem Ingenieur die technische Vorbereitung, dem
Kaufmann die Durchführung des Materialeinkaufs auferlegt.

Die technische Vorbereitung besteht aus der Festlegung was, wieviel und zu welchem Liefertermin beschafft werden soll. Dabei sind
bereits die Beschaffungsmöglichkeiten zusammen mit dem Kaufmann
zu klären, der über diese ständig im Bilde sein muß.

Für alle an der Beschaffung Beteiligten bestimmt der übernommene
Ablieferungstermin des Erzeugnisses des eigenen Werks an den Auftraggeber die diesem Termin zeitlich vorausgehenden Handlungen.

Für die nicht im eigenen Werk herzustellenden fertigen und rohen
Teile müssen leistungsfähige Unterlieferanten gesucht, für die selbst
zu fertigenden Teile die notwendigen Halbzeuge und Rohlinge und für
die selbst zu fertigenden Rohlinge der Werkstoff eingekauft werden.

Die Lieferzeiten dieses ganzen Materials hängen von der Leistungs-
fähigkeit und zeitlichen Belastung der Lieferanten, aber auch von der
Geeignetheit der technischen Vorbereitungen außerordentlich ab. Der
Lieferant wird die Erledigung derjenigen Aufträge nach Möglichkeit
bevorzugen, die ihm die wenigsten Schwierigkeiten bereiten. Daher
ist es notwendig, die zur Durchführung des Auftrages erforderlichen
Unterlagen den Aufträgen so beizufügen, daß eine Überarbeitung der
Unterlagen durch den Auftragnehmer nicht erforderlich ist. Aus den
Zeichnungen der zu liefernden Guß-, Schmiede- und Preßteile müssen
die verlangten, am besten mit dem Lieferanten vorbesprochenen Rohmaße und ihre Toleranzen hervorgehen. Bei den fertigbearbeitet zu
liefernden Teilen müssen die Fertigmaße und ihre Toleranzen, bei den
betriebsfertig zu liefernden Ausrüstungsgeräten, Armaturen und dgl.
die Einbau- und Anschlußmaße derselben eindeutig festgelegt sein.

Gerade bei den zum Einbau fertigen Gegenständen kann nicht genug Wert auf die Übereinstimmung der Einbau- und Anschlußmaße mit den im Angebot oder Katalog angegebenen gelegt werden. Lieferanten solcher Gegenstände treffen oft Gestaltungsänderungen, ohne ihre Auftraggeber davon zu unterrichten. Die Folgen eines solchen Vorgehens zeigen sich meistens erst beim versuchten Einbau. Befestigungslöcher stimmen nicht, ein Anschluß liegt oben statt unten. Kehrt man den Gegenstand um, um den Einbau dennoch zu ermöglichen, dann steht die Beschriftung auf dem Kopf. Daraus entstehen viele Schereien, die immer Zeit und Geld vergeuden und durch Sorgfalt bei der Auftragserteilung, Lieferung und Eingangsprüfung solcher Gegenstände vermieden werden können.

Da die Lieferzeiten der von auswärts zu beziehenden Gegenstände zum Teil sehr verschieden lang sind, muß die technische Vorbereitung der einzelnen Aufträge zu verschiedenen Terminen beendet sein. Das ist nicht immer einfach, denn bei vielen Teilen liegt die als technisch vollendet anzusehende Gestaltung erst am Schluß der Gesamtkonstruktion des Gegenstandes fest, zu dem die von auswärts zu beziehenden Teile gehören.

Die Abwicklung des Auftrages wird ferner durch das Vermeiden von Güte- und Eigenschaftsvorschriften, die von den im Fach üblichen zu stark oder überhaupt abweichen, beschleunigt. Man sollte sich möglichst an die vom Reichsausschuß für Lieferbedingungen (RAL), vom Reichsausschuß für wirtschaftliche Fertigung (AWF), vom Deutschen Normenausschuß (DNA) oder von andern anerkannten Körperschaften herausgegebenen Liefervorschriften, technischen Lieferbedingungen und dgl. halten, die den meisten Lieferanten geläufig sind und daher von ihnen automatisch eingehalten werden.

Abwegig ist es, zur angeblichen Zeiteinsparung den Inhalt eines Auftrages möglichst kurz zu fassen und sich damit zu begnügen,

„100 Stück Einspritzpumpen wie gehabt“

oder

„nochmalige Lieferung der unter dem 11. 8. 1935 bestellten Teile“

oder

„wie von unserm Herrn N. N. am 1. 12. 1938 bei Ihnen ausgesucht“

zu bestellen.

Eine besondere Aufmerksamkeit verlangt auch die Beschaffung der Betriebsstoffe und Verbrauchsmittel, wie Schmirgelleinen, Schmieröle, Putzwolle, Verpackungsstoffe, Sauerstoff in Flaschen (zum Schweißen) und dgl., deren Mengen durch die Materialbeschaffungsunterlagen für die zu fertigenden Geräte nicht erfaßt werden können, wenngleich eine gewisse Abhängigkeit ihrer Menge von der der zu fertigenden Gegenstände besteht. Die noch vielfach geübte Gepflogenheit, diese Stoffe auf Grund der Anforderungen des Betriebs zu beschaffen, führt meistens zur Verschwendung. Dem Verbrauch von Betriebsstoffen und Verbrauchsmitteln muß nachgegangen werden, indem man den Wert der monatlich verbrauchten Mengen z. B. den in dem Monat geleisteten Gesamtlohnstunden gegenüberstellt, ferner die bei den einzelnen Vorgängen notwendigen Mengen durch Beobachtungen ermittelt und sie mit dem tatsächlichen Verbrauch und den Anforderungen vergleicht. Man kommt dabei als Nebenergebnis zu der Feststellung von Betriebsmängeln, die z. B. Schmierölverluste herbeiführen, und zur Kenntnis unzureichender Güte der eingekauften Betriebsstoffe und Verbrauchsmittel, die ja selten einer ausreichenden Prüfung bei ihrer Anlieferung unterzogen werden.

In gleicher Weise wie der Verbrauch dieser Stoffe und Mittel muß auch der der Werkzeuge geprüft werden.

In allen Anfragen, Angeboten, Aufträgen, Auftragsbestätigungen, Lieferscheinen und Rechnungen müssen die Hauptmerkmale der betroffenen Gegenstände, mindestens aber ihre eindeutige Kennzahl, Auftragsnummer, Werknummer und dgl., angegeben sein, damit man die zusammengehörenden Vorgänge, Unterlagen und Sendungen sicher erkennen kann.

Sehr wichtig ist auch die ordnungsgemäße, umgehende Bestätigung eines angenommenen Auftrages, die Anzeige der erfolgten Lieferung und die baldige Rechnungserteilung. In dieser Beziehung verschuldete Nachlässigkeiten haben eine vielfache, leider nicht immer klar empfundene Mehrbelastung aller beteiligten Stellen zur Folge.

Nach einem alten kaufmännischen Grundsatz gilt als sicher verdient, was man beim Materialeinkauf erspart hat. Das kann beim einfachen Handel stimmen, beim Materialeinkauf für eine Fertigung aber grundverkehrt sein. Billigeres Material kann erhöhte Verarbeitungskosten und mehr Arbeits- und Materialausschuß im Gefolge haben, Ausschlaggebend werden stets die *gesamten* Herstellkosten und die Güte der fertigen Erzeugnisse sein. Bei dem Vorkommen eines billig erscheinenden Angebots ist es erforderlich, die wirklichen Gründe des niedrigen Preises kennenzulernen und sie richtig zu bewerten.

Materialprüfung und -abnahme

Wie die Lieferbedingungen, so sollen auch die Prüfvorschriften möglichst nicht von den allgemein anerkannten abweichen und müssen bereits bei der Auftragserteilung bekanntgegeben werden. Unter allen Umständen sind Prüfungen zu vermeiden, die bei der vorgesehenen Verwendung des Materials überflüssig sein können. Je schärfer eine Prüfung ist, desto mehr Fehler wird man in einem Halbzeug oder einem Fertigteil entdecken. Nun kommt es nicht auf die absolute

Fehlerfreiheit eines Gegenstandes, sondern auf die Auswirkung der ihm anhaftenden Fehler an. Diese Auswirkung richtig zu erkennen und zu bewerten ist die Hauptaufgabe einer Prüfung. Wird sie unsachlich gelöst, dann steigt die Ausschußmenge ungerechtfertigt an, und ihre Zahl erreicht unter Umständen 100% der geprüften Gegenstände.

Die Güte- und Maßprüfung sollte nach Möglichkeit am Ort der Herstellung der Gegenstände erfolgen, um fehlerhafte Stücke ohne zwecklose Kosten für Verpackung, Fracht, Briefwechsel und ohne Zeitverlust auszuscheiden und um dem Lieferanten die Gelegenheit zu geben, Herstellungsfehler schnell selbst zu erkennen. Außerdem entfällt für ihn dann der Einwand unsachlicher Behandlung des Liefergegenstandes auf dem Transport und im Werk des Empfängers.

Eine wichtige Rolle spielt bei den Prüfungen auch das Prüfgerät. Seine Meßgenauigkeit ist veränderlich, sie wird durch die Temperatur des Prüfraumes und durch die Behandlung beim Gebrauch des Meßzeuges beeinflußt. Die Meßgenauigkeit hat also ihre natürlichen Grenzen, denen bei den Forderungen an die zu prüfenden Gegenstände durch die Angabe von zugelassenen Grenzwerten Rechnung getragen werden muß. Z. B. darf die Zugfestigkeit eines bestellten Stahls zwischen 60 und 70 kg/cm², die Betriebsdrehzahl eines Motors bei einer geforderten Leistung zwischen 1000 und 1050/Minute schwanken und dgl. mehr. Liegt das Prüfergebnis zwischen diesen Zahlen, dann wird es als gut angesehen, ohne daß Klarheit über die tatsächlich vorhandene Größe der geprüften Zahl besteht. Damit muß man sich in der Fertigungstechnik abfinden und nur dafür sorgen, daß das Prüfgerät in angemessenen Zeitabständen auf seine Genauigkeitsgrenzen hin untersucht wird.

Die bei der ersten Prüfung als Ausschuß anfallenden Gegenstände sollten, wenn ihre Fehler sie nicht offenbar als absolut untauglich erscheinen lassen, auf die Möglichkeit hin untersucht werden, sie für den beabsichtigten oder einen weniger anspruchsvollen Fall brauchbar zu machen. Kleine Maßabweichungen werden sich dabei oft als zulässig, kleine Risse oder Oberflächenfehler als belanglos erweisen, sogenannte Schönheitsfehler sollten keinen Grund zur Zurückweisung eines Gegenstandes geben, besonders wenn es sich um einen teureren handelt.

Bei der Materialeingangsprüfung im Verbraucherwerk ist neben der Güte mit großer Aufmerksamkeit die Menge zu prüfen. Der Prüfer darf in der Regel nicht wissen, wie groß die angelieferte Menge (Gewicht oder Stückzahl) sein soll, da sonst die Gefahr besteht, daß er die im beigefügten Lieferschein angegebene Menge ohne tatsächliche Prüfung als empfangen bescheinigt, und daß durch die mindergelieferten Mengen später allerlei Störungen und falsche Schlüsse über den Verbleib hervorgerufen werden.

Materialausgabe

Das nach den Materiallisten bestellte und im Werklager eingegangene Material wird nach seiner Prüfung und dem Richtigbefund zur Ausgabe an die Werkstatt bereitgestellt. Die Ausgabe erfolgt in einer von der Materialart abhängenden Weise, in jedem Falle aber nur gegen einen ordnungsgemäß ausgefüllten Materialforderschein. Dabei muß stets der Erfahrungssatz beachtet werden, daß eine vom Arbeitsvorbereitungsbüro geregelte Materialzuteilung zu einer beachtlich kleineren Menge führen wird als die dem Verbraucher in der Werkstatt überlassene Materialforderung, denn diese wird immer eine subjektiv bestimmte Reserve für Fehlarbeit und dgl. enthalten.

Die Ausgabe beginnt gewöhnlich mit der Hergabe der Rohlinge in der angeforderten Stückzahl und der Halbzeuge zur Fertigung der Einzelteile des Geräts. Die dafür benötigten Rohteile werden entweder (beim Einzelbau) im Halbzeuglager von den handelsüblichen Stangen, Rohren, Blechen usw. abgeschnitten oder (beim Reihenbau) in ganzen Stangen, Rohren, Blechen an die weiterverarbeitenden Werkstätten gegeben. In den viel Blech in Tafel- und Bandform verarbeitenden Werken ist es vielfach üblich, daß die Rohteile aus diesem Halbzeug in einer besonderen, vom Lager streng abgeteilt zu haltenden Zuschneiderei von dem Halbzeug abgetrennt werden. Eine solche Zuschneiderei erhält aus dem Materiallager einen gewissen Vorrat an Blech der verschiedensten Art und Dicke und rechnet mit dem Lager in gewissen Zeitabständen (z. B. wöchentlich) ab, indem es ihm entweder die zugeschnittenen Rohteile zur Weitergabe an die weiterverarbeitenden Werkstätten und den nicht mehr für Bauzwecke verwendbar gehaltenen Abfall zur Weitergabe an die Schrottsammelstelle oder aber die Empfangsbescheinigungen der genannten Stellen abgibt und die Menge der noch unverarbeiteten Halbzeugreste ausweist.

In einem geregelten Fertigungsbetrieb wird der Zusammenbau des Gegenstandes und bei verwickelten Gegenständen der voraufgehende Zusammenbau ihrer Teilgruppen, Untergruppen, Hauptgruppen erst begonnen, wenn alle für den Zusammenbau notwendigen Teile eigner und fremder Fertigung einbaufähig an den dafür vorgesehenen Orten liegen. Erfolgt der ganze Zusammenbau der einzelnen Gruppen auf einzelnen Arbeitsplätzen, dann werden die benötigten Teile einer Gruppe im Teilelager nach der Stückliste gesammelt und gegen Empfangsbescheinigung geschlossen an die Zusammenbauwerkstatt gegeben. Erfolgt der Zusammenbau auf Wandertischen (in Fließarbeit, am laufenden Band, auf Zusammenbaustraßen), dann werden die einzelnen, meistens nur von je einem Arbeiter besetzten Zusammenbauplätze fortlaufend mit den Teilen beliefert, die an dem betreffenden Arbeitsplatz benötigt werden. Es ergießen sich also durch die

Zusammenbauwerkstatt vielverzweigte Materialströme, die sich mit fortschreitendem Zusammenbau mehr und mehr vereinigen, bis schließlich am Ende des letzten Wandertisches, der letzten Zusammenbaustraße das betriebsfertige Gerät steht.

Bei einem so durchgeführten, im Reihenbau und besonders im Massenbau gleicher Geräte üblichen Zusammenbauverfahren erfolgt die Ausgabe der Teile nicht satzweise für die einzelne Gruppe, wie oben angegeben, sondern in Stückzahlmengen, die ausreichen, um die geplante Stückzahl der täglich oder wöchentlich herauszubringenden fertigen Geräte zu erreichen. Bei der Bestimmung der Stückzahlmengen der Einzelteile muß mit einer gewissen Reserve gerechnet werden. Besonders bei dem Kleinzeug, wie Schrauben, Muttern, Unterlegscheiben, Splinten, Dichtungsscheiben, Federn, Nieten usw., die leicht verlorengehen oder unbrauchbar werden, und deren Herstellkosten nur Pfennige oder gar deren Bruchteile betragen, die deshalb nicht zahlenmäßig, sondern gewichtsmäßig zugemessen werden, ist eine gewisse Großzügigkeit unvermeidlich, die natürlich ihre praktischen Grenzen zu haben hat. Bei den zusammengesetzten Kleinteilen, wie Ventilen, Hähnen, Zündkerzen und dgl., und den Teilegruppen der Geräte muß auf den Nachweis ihres Verbleibs im brauchbaren oder unbrauchbaren Zustand streng geachtet werden. Hierfür darf es keine unteren Herstellkostengrenzen geben. Bei diesen Teilen kommt es auf das Vorhandensein zu einer bestimmten Zeit in brauchbarem Zustande am Einbauplatz sehr an, denn ihr Ausfall stört den Fortgang des Zusammenbaues meistens auf dem ganzen Band oder der ganzen Straße. Die Größe der Reserve ist nach den praktischen Erfahrungen festzulegen, aber ständig zu überprüfen. Solche Prüfungen bringen oft einen recht aufschlußreichen Einblick in die Wirtschaftlichkeit eines Fertigungsverfahrens oder eines Fertigungsbetriebes.

Der Verfolg des Verbleibs des einzelnen Materials ist genau so wichtig wie der des baren Geldes, über das in jedem Betrieb auf den Pfennig genau Buch geführt wird, während das beim Material nicht überall der Fall ist, trotzdem das letztere auch einen Geldwert, wenn auch einen veränderlichen darstellt.

Prüfung der Materialausnutzung

Zu der wohl ständig notwendigen Verbesserung der Materialwirtschaft ist die Ermittlung und Verfolgung des Materialausnutzungsgrades von besonderer Bedeutung. Sie wird noch vielfach unterlassen, weil es nicht immer einfach ist, die Ermittlung durchzuführen und Maßnahmen zur Verbesserung des Ausnutzungsgrades zu treffen, der ja in den verschiedenen Herstellungsstadien den verschiedensten Einflüssen unterliegt.

Tabelle 49. *Beispiel eines Monatsberichtes einer Zuschneiderei.*

Firma Meyer & Co.			Leichtmetallblech-Verwertung im Monat Januar 1942		
Einsatz			**Ergebnis**		
Gegenstand	kg	%	Gegenstand	kg	%
Neues Blech vom Lager			Fertig zugeschnittene Blechteile	7 418	55,1
a) in Tafeln	6 214	—	Verbliebene Tafeln, Bänder und weiter verwendbare Blechreste		
b) in Bandform . .	5 120	—			
zusammen	11 334	84,3		3 231	24,1
			An den Bunker abgelieferter Blechschrott		
Tafel- und Bandreste vom Lager	2 115	15,7		2 800	20,8
zusammen	13 449	100		13 449	100

$$\text{Blechausnutzungsgrad} = \frac{\text{Fertiggewicht}}{\text{Fertiggewicht} + \text{Schrottgewicht}} = \frac{7418}{7418 + 2800} = 0{,}73$$

Hamburg	10. 2. 1942 .	Müller
(Ort)	(Datum)	(Unterschrift)

1 Anlage: Schrott-Statistik für Leichtmetallblech.

Bei der Geräteherstellung können ohne große Schwierigkeiten die Gewichte

der an die Werkstatt ausgegebenen Rohlinge und Halbzeuge,
der einbaufertigen Einzelteile,
der fertigen Gegenstände und
des die Werkstatt verlassenden Abfalls

festgestellt werden. Weniger leicht ist es, die Gewichte der an einem bestimmten Zeitpunkt in der Werkstatt vorhandenen unfertigen Teile, noch unbearbeiteten Rohlinge, brauchbaren Halbzeugreste und noch nicht abgelieferten Schrottmengen (Späne, Blechschnitzel, Gußbruch und dgl.) zu ermitteln. Daher wird es praktisch nicht durchführbar sein, den Materialausnutzungsgrad für kurze Zeitabschnitte der Fertigung oder gar für alle Einzelteile eines Geräts nachzuprüfen. Immerhin bleibt die Möglichkeit, den Ausnutzungsgrad in einzelnen Werkstätten, z. B. einer Dreherei, einer Blech verarbeitenden Werkstatt, einer Weberei usw., aber auch bei einzelnen Teilen, z. B. Zahnrädern, Kurbelwellen und dgl., annähernd richtig zu bestimmen und statistisch auszuwerten. Das ist besonders bei der Verarbeitung des teuren und aus schwer beschaffbaren Werkstoffen hergestellten Materials, z. B. der Leichtmetallhalbzeuge und dgl., wichtig und daher notwendig.

Man kann, wie die längere praktische Erfahrung gezeigt hat, in Monatsabständen z. B. in einer Blech verarbeitenden Werkstatt den Materialeinsatz (Gewicht der an die Zuschneiderei ausgegebenen Bleche) und das Ergebnis (Gewicht der zugeschnittenen Blechteile, der verbliebenen brauchbaren Blechreste und des an den Schrottbunker ab-

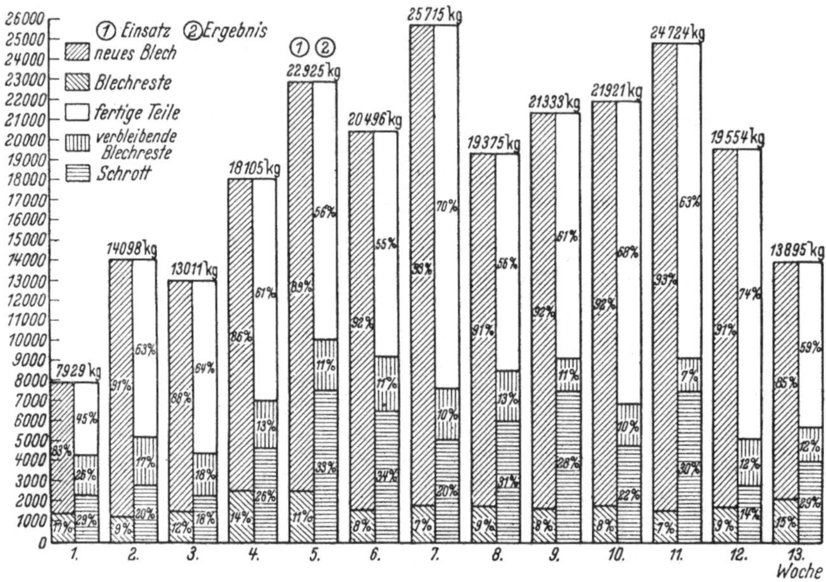

Abb. 58. Darstellung der Materialbewegung in einer Blech verarbeitenden Werkstatt.

gelieferten Blechschrotts) gegenüberstellen und den Blechausnutzungsgrad in der Zuschneiderei nach der Formel

$$\frac{\text{Fertiggewicht}}{\text{Fertiggewicht} + \text{Schrottgewicht}}$$

ermitteln. Tabelle 49 zeigt das Beispiel des Monatsberichts einer Zuschneiderei und Abb. 58 eine Darstellung der Materialbewegung in einer Blech verarbeitenden Werkstatt. Diese Abbildung läßt erkennen, wie relativ groß die zu bewegende Blechmenge im Verhältnis zur Gewichtsmenge der Fertigteile ist, denn diese Menge beträgt im Mittel aus 13 Monaten nur rund 31% der bewegten Menge.

Wenn zu dem von der Zuschneiderei an den Bunker abgelieferten Schrott noch der bei der Weiterverarbeitung der Rohteile erneut entstehende, unbrauchbare Abfall hinzugerechnet wird, dann ergibt sich der gesamte Halbzeugausnutzungsgrad

$$A = \frac{\text{Summe Werkstückgewicht}}{\text{Summe Halbzeuggewicht}}$$

für die in einem Monat durchgeführte Fertigung.

Abfallwirtschaft

Während über die zur Fertigung zu beschaffenden Materialmengen im allgemeinen Listen aufgestellt werden und für die wirtschaftliche Verwendung des Materials bei der Fertigung gesorgt wird, fehlt sehr oft die Verfolgung des Verbleibs des Abfalls oder sie geschieht nur summarisch, trotzdem der Abfall durchschnittlich den prozentual größeren Anteil an der Materialmenge ausmacht als die im fertigen Stück verbleibende Menge (siehe die Angaben in der Tabelle 37) und daher in vollem Maße Veranlassung bietet, sich um die Mittel zur Verminderung des Abfalls, der in vielen Fällen die Folge regelrechter Materialvergeudung ist, und um die Abfallwirtschaft zu kümmern.

Die Abfälle bestehen aus Resten, übriggebliebenen Teilen, Schrott, Rückständen und bei den Fertigungsvorgängen verlorengehendem Stoff. Nähere Angaben siehe Seite 10.

Abfallerfassung und Prüfung. Die Abfallerfassung und Prüfung der Reste, verwendbaren Teile und des Schrotts erfolgt am zweckmäßigsten durch das Sammeln und Kennzeichnen des Abfalls am Ort seiner Entstehung. Das Sammeln der Reste und verwendbaren Teile erfolgt durch Rückgabe an das zuständige Materiallager.

Das *Sammeln* des Schrotts muß in Behältern vorgenommen werden, deren Größe je nach der Menge und Art des entstehenden Abfalls und nach dem am Arbeitsplatz vorhandenen Raum zu wählen ist. Geeignet sind z. B.

a) zylindrische Behälter von etwa 0,1 m³ Rauminhalt für Arbeitsstellen, an denen wenig Abfälle oder solche hochwertiger Stoffe entstehen. Sie erhalten zweckmäßig einen Deckel und ein Vorhängeschloß;

b) viereckige Kästen von etwa 0,25 m³ Rauminhalt für größere Abfallmengen an Werkzeugmaschinen und bei der Blechverarbeitung. Diese Kästen werden mit zwei seitlichen Griffen zum Tragen mit der Hand und zum Anhängen an den Deckenkran versehen;

c) viereckige Transportbehälter von etwa 1 bis 2 m³ Rauminhalt auf drei- und vierrädrigen Transportkarren zum Ziehen durch einen Trecker. Diese Behälter werden zweckmäßig oben mit Haken zum Heben und unten mit einer Bodenklappe zum Entleeren versehen.

Für größere Zerspanungswerke mit gleichbleibendem Werkstoff eignet sich auch ein Spänekanal, in den die Späne direkt von der Maschine in fahrbare Sammelkästen oder auf ein Transportband fallen.

Bei wechselndem Werkstoff ist die Verwendung von einzelnen Kästen zum getrennten Sammeln richtiger. Die Kästen erhalten als Aufschrift die betreffende Werkstoffbezeichnung und die Kennzahl des Arbeitsplatzes. Zur Durchführung der Ordnung ist es zweckmäßig, daß der Arbeiter beim Beginn seiner Abfall erzeugenden Tätigkeit mit dem Werkstoff eine Marke mit der Werkstoffbezeichnung erhält und sie während der Verarbeitung dieses Werkstoffs an seiner Maschine hängen läßt, damit die die Aufsicht führenden Personen leichter erkennen, welches Material an der einzelnen Maschine bearbeitet wird, und die zur Abfallsammlung verpflichtete Person den Abfall in den für den betreffenden Werkstoff vorgesehenen Sammelkasten bringt. Auf Grund der Kennzahl des Arbeitsplatzes ist im Fall eines Irrtums oder einer Nachlässigkeit beim Abfallsammeln der dafür verantwortliche Arbeiter festzustellen.

Die Abfallkästen werden in die großen Transportbehälter entleert und dabei ihr Inhalt einer Prüfung und Sortierung unterzogen, um nur den wirklichen Schrott dem Bunker zuzuführen. Die großen Transportbehälter dürfen stets nur Abfälle des gleichen Werkstoffs oder solcher Stoffe enthalten, die wegen ihrer chemischen Eigenschaften zusammen geschmolzen werden dürfen.

Abfallverwertung. Die Organisation der Abfallverwertung hängt vom Umfang der Fertigung und des Abfalls ab. Sie wird in kleineren Werkstätten wesentlich einfacher sein als in großen, muß aber in jedem Falle in ausreichendem Maße durchgeführt werden und verhüten, daß irgendwelches Material ohne vorherige Prüfung auf Brauchbarkeit für die Fertigung in den Schrottbunker gebracht oder als Ausschuß angesehenes Material vorher unsachgemäß behandelt wird.

Wer die Schrottbunker eines Werkes auf diese Dinge hin überprüft, wird überrascht sein von der Fülle der Gegenstände, die oft unter großem Aufwand an Zeit, Material und Energie hergestellt worden waren und sich jetzt unter dem wesentlich geringwertigeren Schrott befinden.

Der Verwertung muß die Auslese und Prüfung des Abfalls voraufgehen. Sie geschieht bei größeren Mengen am besten in einem von den Werkstätten getrennten Raum, der *Ausleseabteilung*, der das gesamte in den Werkstätten als unbrauchbar befundene Material überwiesen wird. Hier ist es einer genauen Prüfung zu unterziehen, um möglichst die Ursachen der Abfallentstehung festzustellen und um die beste Art der Verwertung zu bestimmen. Die Untersuchung wird oft auf Fehler der Fertigung oder der Konstruktion führen und Maßnahmen veranlassen, die den Abfallumfang vermindern.

Die Ausleseabteilung muß gute Transportmittel und Lagerstellen besitzen, an denen auch nicht wetterbeständiges Material vor dem Verderb geschützt werden kann. Bei größerem Späneanfall und Blechabfall ist eine Presse aufzustellen, um daraus Ballen herzustellen, die sich leichter aufbewahren und transportieren lassen. Auch Fallhämmer zum Zerschlagen von Gußteilen usw. können zweckmäßig sein.

Die Reste sind auf ihre Verwendbarkeit bei der Fertigung im Werk oder seinen mit Material zu beliefernden Unterlieferern zu prüfen.

In manchen Fällen ist es möglich, für regelmäßig anfallende gleich-
artige Reste Abnehmer zu finden, die sie bei ihrer Fertigung noch

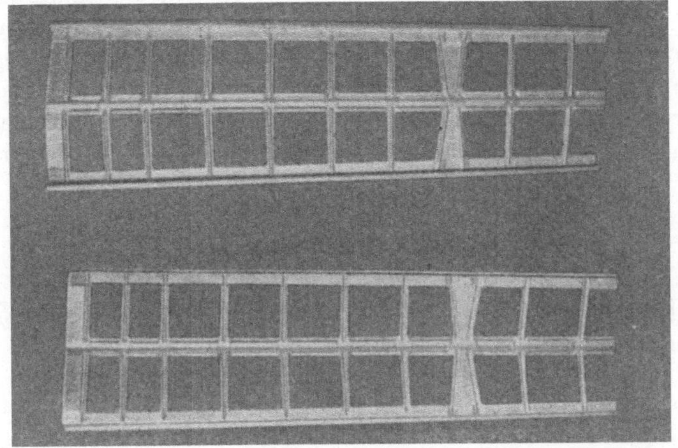

Abb. 59. Vorbereitung eines Formstanzteils aus punktgeschweißten Blechstücken.

wirtschaftlich verwenden können. Bekannt sind die aus Schlauchresten
hergestellten Fußmatten. Ferner bietet sich für die gleichmäßigen

Abb. 60. Formstanzteil aus punktgeschweißten Blechstücken.

Abfälle mancher Stanzereien oft anderweitige nutzbringende Verwendung.

Je teuerer das Material je Mengeneinheit ist, desto genauer muß
die Abfallprüfung sein. Doch darf man nicht zu viel Lagerhüter auf-

speichern, sondern muß sinnvoll vorgehen. Es wäre z. B. verfehlt, eine größere Anzahl kurzer Stangen- und Rohrenden aus Stahl aufzubewahren, wenn nur größere Längen für die betriebene Fertigung in Frage kommen, oder Blechstücke einzulagern, die dafür auch zu klein sind.

Brauchbare Reste müssen dem Materiallager wieder zugeleitet werden, wohin auch die überzähligen brauchbaren Teile zu bringen sind.

Der von der Ausleseabteilung anerkannte Schrott wird verwogen und in dem Transportbehälter unter Beifügung eines Lieferscheins

Tabelle 50. *Beispiel eines Schrottlieferscheines.*

Schrottlieferschein Nr. ......
(Schrottkarte)

Werkabteilung ....

liefert an Bunker ....

.... Behälter Nr. .... mit Schrott aus.

Werkstoff ....

Vorschrift	
Der Behälter darf nur wirklichen Schrott aus dem Werkstoff enthalten, der auf dem Behälter und dem Lieferschein angegeben ist.	Gewicht mit Behälter ...... kg Gewicht des Behälters ...... kg Schrottgewicht ...... kg Gewogen
Die Werksleitung.	.... (Name) (Datum)

Ich bescheinige, daß der Inhalt des oben bezeichneten Behälters von mir auf Einhaltung obiger Vorschrift geprüft und richtig befunden wurde.

....
(Name) (Datum)

(Schrottkarte) dem Schrottbunker zugeführt. Die Abschrift des Lieferscheins geht der Materialwirtschaftsstelle des Werkes zu.

Der Bunkerverwalter ist anzuweisen, keinen Schrott ohne Lieferschein anzunehmen, für den Tabelle 50 ein Beispiel zeigt, und ohne besonderen Forderschein auch keinen Schrott dem Bunker entnehmen zu lassen. Die direkte Verwendung des Schrotts in der Werkstatt für irgendwelche Zwecke ohne ordnungsgemäße Entnahme aus dem Bunker darf nicht geduldet werden.

Die Werkstattleiter müssen angewiesen sein, darauf zu achten, daß keine noch brauchbaren Halbzeugreste zu Schrott zerstückelt, auf andere Weise unbrauchbar gemacht oder Schrott während der Nachtschicht irgendwo im Fabrikgelände fortgeschüttet wird, um die Entstehungsstelle zu verheimlichen. Auch ist für eine rechtzeitige Abholung der Schrottbehälter Sorge zu tragen, damit der Inhalt einem unerlaubten Zugriff entzogen wird. Vor allen Dingen ist es erforderlich, alle Teile, die durch Konstruktions- und Fertigungsprogrammänderungen nicht mehr oder nicht in der nächsten Zeit Verwendung finden, aus den Werkstätten zu nehmen. Oftmals sind solche Teile mit Überstunden und Nachtarbeit fertiggestellt worden und erregen durch das nutzlose Liegenlassen in der Werkstatt die mit ihrer Fertigung besonders angestrengt beschäftigt gewesenen Arbeiter mit Recht.

Die *buchmäßige Erfassung* des Abfalls muß, wie die jedes anderen Materialanteils, erfolgen. Den Schluß bildet die monatliche Abfallstatistik und Materialverwertungsübersicht, die einen guten Überblick über die Entwicklung der Fertigungsverhältnisse im eigenen Werk bringt und dieses zu wirtschaftlicherer Materialausnutzung veranlaßt.

Die *Weiterverwendung* des Schrotts findet zweckmäßigerweise nach Möglichkeit im eigenen Werk statt, und zwar durch Schmelzen und Gießen des Metalls in Barren, da jeder längere Transport, besonders von Spänen, mit einem Mengenverlust verbunden ist, der mit der Weglänge zwischen Bunker und Schmelze zunimmt. Dieses Verfahren ist besonders bei hochwertigen Werkstoffen, zu denen auch die Leichtmetalle zählen, wirtschaftlich und führt oft zur Herstellung von Gußstücken in einem gewissen Umfange für den eigenen Gebrauch. Der Wiederverwendung von Blechresten im eigenen Betrieb wird meistens eine höhere Beachtung geschenkt als der Verwertung von Stangenabfällen durch Warmpressen oder Überschmieden. Aus den zahlreichen an den Scheren und Sägen des Stangenmaterials entstehenden Abfallstücken lassen sich viele Kleinpreßteile für den Neubau oder auch Teile für Instandsetzungs- und Ersatzarbeiten herstellen. Die Preisspanne zwischen Neu- und Altmaterial ist in den meisten Fällen so groß, daß der Lohn- und Gemeinkostenaufwand für das Überschmieden nur einen Bruchteil derselben ausmachen. Außerdem kann mancher Engpaß in der Materiallieferung auf diese Weise vermieden werden.

Eine weitere Einrichtung zur Besserung der Materialwirtschaft ist die systematische *Wiedereinreihung* noch verwendbarer Teile aus unbrauchbar gewordenen Erzeugnissen der Teile, die wegen Untermaß oder ungenügender Festigkeit, kleiner Risse und sonstiger Beschädigungen von den Prüfern als Ausschuß bezeichnet wurden, ferner der Teile von Gegenständen, die infolge falscher Dispositionen oder Konstruktionsänderungen überzählig oder wegen ungenügender Leistung, Bruch und Veraltung unverkäuflich geworden sind, in den Fertigungsvorgang. Es wird immer noch wirtschaftlicher sein, Wiederherstellkosten etwa bis zur Höhe der Halbzeug- oder Rohlingskosten aufzuwenden, als den Abfallwert auf den Schrottpreis sinken zu lassen.

In allen hergestellten, aber unbrauchbar gewordenen Gegenständen sind Stoffe enthalten, die der Wiederverwendung zugeführt werden können und müssen. Dabei handelt es sich nicht nur um die größeren Mengen von Stahl, Leichtmetall usw., sondern auch um die kleinsten

Mengen hochwertiger Stoffe, die fast immer auch Sparstoffe sind, wie Kupfer, Zinn, Nickel, Edelmetalle, z. B. Platin in Zündkerzen und Kontakten. Da die solche Sparstoffe in kleinen Mengen enthaltenden Gegenstände meistens in sehr großer Zahl verwendet und mit der Zeit unbrauchbar werden, ergeben die vielen kleinen, wiederzugewinnenden Werkstoffmengen insgesamt eine so beachtliche Menge, daß ihre Sammlung zu einen wirtschaftlichen Notwendigkeit wird. Hier sei nur auf die Reinzinnmenge hingewiesen, die z. B. in jedem Autokühler als Lötstoff enthalten ist und etwa 10% des Kühlergewichts ausmacht.

Aber auch in den Halbzeug- und Rohlingsabfällen sind zum Teil sehr wertvolle Legierungsstoffreste, wie Nickel, Kupfer, Kobalt, Wolfram usw. enthalten, die wiedergewonnen und weiterverwertet werden müssen Selbst aus dem beim Schleifen von Metallteilen entstehenden Schlamm lassen sich Legierungsstoffe wiedergewinnen.

Alle aus den Fertigungswerkstätten und Lagern kommenden, für den Schrottbunker bestimmten fertigen oder halbfertigen Gegenstände sollten in der Ausleseabteilung auf die Möglichkeit der Weiterverwendung untersucht werden. Diese Abteilung muß eine kleine Werkstatt und Arbeiter haben, die nicht zu den minderwertigen gehören dürfen, sondern erfahrene Leute sind, die eine gute Fertigkeit im sachgemäßen Auseinandernehmen, Beurteilen des Zustandes und der Wiederherstellmöglichkeit des betreffenden Gegenstandes oder in der Beurteilung der Weiterverwendbarkeit des Abfalls haben.

Neben der Aufarbeitung und Reparatur ist das Trennen von aus verschiedenen Werkstoffen zusammengefügtem Material zu betreiben. Aus unbrauchbaren Kraftwagenkühlern aus Schwermetall muß z. B. das wertvolle Lötzinn herausgeschmolzen werden, um es im eigenen Betriebe wieder zu verwenden. Wichtig ist auch das Sammeln, Reinigen und Wiederverwenden von Schmieröl und Bremsöl beim Auseinandernehmen von Maschinen.

Es kommt zu manchen Zeiten nicht so sehr darauf an, das für die Sichtung und das Wiederverwendbarmachen des Abfalls aufzuwendende Geld zu sparen als das Material, dessen Werkstoff knapp geworden ist und zu dessen Erstellung Arbeitsstunden und Energie aufgewendet worden waren, seinem gedachten Zweck wieder zuzuführen Natürlich ist das Material durch den zusätzlichen Aufwand teurer geworden als es vorher war, dafür aber nicht gänzlich unbrauchbar, was den vollständigen Verlust bedeutet hätte. Ein gutes Beispiel dafür bilden die Zündkerzen der Kraftwagen- und anderer Motoren, die trotz aller Sparmaßnahmen noch soviel Nickel in den Elektroden enthalten, daß die Aufarbeitung der gebrauchten Kerzen auch bei der in jeder enthaltenen kleinen Nickelmenge lohnt und in hunderttausend von Fällen auch durch die Erzeuger erfolgt.

X. Materialwirtschaft im ganzen
Grundsätzliches

Das Ergebnis der Materialwirtschaft im ganzen setzt sich naturgemäß aus den Ergebnissen ihrer Wirtschaft bei den einzelnen Erzeuger- und Verbraucherstellen zusammen. Daher muß die Materialwirtschaft zuerst an diesen Stellen geordnet sein, ehe die Gesamtwirtschaft einer größeren Gemeinschaft auf dem Materialgebiet in Ordnung kommen und bleiben kann.

Das wichtigste und umfassendste Verhältnis, der Ausdruck des ganzen Wirtschaftsgebahrens eines Unternehmens, ist das Verhältnis zwischen Aufwand und Ertrag. Das gilt auch für die Materialwirtschaft, und zwar sowohl für die Materialmengen- als auch für die Materialkostenwirtschaft. Beide hängen gemeinsam einerseits von dem Grade des Vorhandenseins des Stoffs, seines Widerstandes gegen die Verarbeitung, der in der Natur aufgespeicherten, zur Stoffumwandlung notwendigen Energie und den menschlichen Arbeitskräften, andererseits von dem Grade des Verbrauchs des Stoffs durch die Industrie usw. ab.

Wie bei jeder geregelten Wirtschaft, sind das Budget als Vorausschau in die Zukunft und die Bilanz als Rückschau auf das Endergebnis auch bei der Materialwirtschaft aufzustellen, sowohl in den einzelnen Erzeuger- und Verbraucherbetrieben, als auch in einer Wirtschaftsgemeinschaft, wie sie z. B. ein Staat bildet. Auch bei ihm würde das Fehlen des Budgets und der Bilanz als Zeichen des Mißverstehens der wirtschaftlichen Bedürfnisse anzusehen und zu werten sein, und es wäre keinesfalls zu verstehen, wenn ohne diese Maßnahmen versucht werden sollte, einen Wirtschaftsplan, z. B. einen Vierjahresplan, zur Einführung und Auswirkung zu bringen.

Bei dem Budget und der Bilanz müssen Aufwand und Ergebnis sich ausgleichen. Das ist nur möglich bei einer ausreichenden Übersicht über die Mengen des im Zeitraum der Ermittlung zu beschaffenden und zum Verbrauch gelangenden Materials. Das Budget setzt also eine Erzeugungs- und eine Verbrauchsplanung voraus, die stets mit einiger Mühe und meistens nur unter gewissen vagen Annahmen in den einzelnen Erzeuger- und Verbraucherbetrieben aufstellbar und einhaltbar sein wird, für eine größere Wirtschaftsgemeinschaft aber meistens eine Zahlenzusammenstellung bleibt, deren Voraussetzungen wohl niemals in ausreichendem Maße erfüllt sein werden. Unvorhergesehene staats- und wirtschaftpolitische Zeitereignisse, Naturkatastrophen und dgl. üben dabei ihre Wirkungen aus. Bei der Riesenzahl von Einzelvorgängen in einem großen Wirtschaftskörper ist es auch durch Zwangsmaßnahmen nicht möglich, genaue Angaben über die Auswirkung der Vorgänge überhaupt und sie zu einem Zeitpunkt zu erhalten, an dem es noch

möglich sein würde, bei Änderungen der Voraussetzungen des aufgestellten Budgets Aufwand und Ergebnis miteinander im Einklang
zu erhalten.

Zwangswirtschaft

Es gibt Ereignisse, die eine Zwangswirtschaft auf dem Materialgebiet gegeben erscheinen lassen. Ihr Erfolg wird, besonders wenn die
Zwangswirtschaft mit einer Kontingentierung des Materials verbunden
ist, von dem Grad der Kenntnis derjenigen Materialmenge abhängen,
mit der bei vernünftiger Fertigung der Gegenstände auszukommen ist.
Sie verliert trotzdem an Wirkungsgrad, wenn die zu erzeugenden Stückzahlen der einzelnen Gegenstände oder die an sie gestellten Forderungen
mehr oder weniger stark schwanken. Konstruktionsänderungen während
der Gerätfertigung wirken sich wie die Änderungen der Stückzahlen
aus und bringen in jedem Falle einen Materialmehrverbrauch, der in
der Spitze 100% beträgt, wenn nämlich die fertigen Gegenstände infolge der Konstruktionsänderung unverwendbar werden.

Eine weitere Beeinträchtigung der Wirkung einer Zwangswirtschaft
ist ihr zu später Einsatz nach dem Voraufgehen einer Zeit der Wirtschaft
aus dem Vollen. Dann fehlt es nämlich gänzlich an der Erfahrung in
der praktischen Durchführung der Zwangsmaßnahmen und der sich
daraus für die Industrie ergebenden Mehrarbeiten. Je kleiner ein ge-
werbliches Unternehmen ist, desto seltener wird bei ihm im allgemeinen
Sinn und Zeit für eine geordnete Materialwirtschaft zu finden sein.

Bei einer Zwangswirtschaft ist es nicht mit der Bekanntgabe ihrer
Bestimmungen getan; die weitaus umfangreichere, nicht endenwollende
Arbeit besteht für die Industrie in der Durchführung der Bestimmungen
und für die verantwortliche Behörde in der Überwachung dieser Durchführung. Die bei Nichtbefolgung der Bestimmungen drohenden Strafen
sichern die Durchführung der Bestimmungen nicht ganz. Die Strafen
sind nicht einmal gerecht anzuwenden, wenn die die Kontingentierung
betreibende Stelle nicht in der Lage ist, die zur vernünftigen Fertigung
benötigten Materialmengen zu beurteilen. Bei einer bloßen Erfüllung
der von den Verbrauchern gestellten Forderungen geht die Übersicht
über die wirkliche Bedarfsmenge gänzlich verloren, und damit wird
eine ordentliche, freiwillig oder unter Zwang zu betreibende Materialwirtschaft unmöglich.

Besonderheiten

Wenn die Materialwirtschaft ihren Zweck wirklich erfüllen soll, dann
darf man sie nicht teilweise, sondern muß sie ganz betreiben. Es ist
eine unnütze Maßnahme, z. B. die je Tonne Werkstoff benötigte Roh-
materialmenge herabsetzen zu wollen, wenn die zur Werkstoffherstellung

benötigte Energie auch für die verminderte Menge nicht vorhanden ist, oder alles daran setzen, die Stahlmenge zur Erzeugung eines Edelstahls zu erhöhen, wenn die dazu benötigten Mengen der Legierungsstoffe fehlen, oder einen nicht mehr in genügender Menge erhältlichen Stoff durch einen anderen zu ersetzen, ohne vorher festgestellt zu haben, ob der Ersatzstoff in ausreichender Menge zur Verfügung steht.

Man bekommt auch in der Technik nichts, ohne etwas dafür herzugeben. Jede Erzeugung bedingt voraufgehende Opfer an Energie irgendwelcher Art. So z. B. bedingen die Aufgaben der chemischen Großsynthese eine gewaltige Zunahme an elektrischer Energie (siehe Tabelle 34 auf S. 76). Das bedeutet eine entsprechend große Zunahme der von Menschen und Maschinen zu leistenden Arbeitsstunden bei der Herstellung, der Erhaltung und dem Betriebe der die Energie erzeugenden Anlagen. Wird der elektrische Strom unter Verwendung von Kohle erzeugt, dann kommen die Arbeitsstunden für den Abbau und die Förderung der Kohle bis auf den Kesselrost hinzu.

Im ganzen ist also Materialwirtschaft ohne entsprechende Stoff-, Energie- und Menschenwirtschaft nicht durchführbar.

Es handelt sich bei der Umstellung, z. B. von Naturkautschuk auf synthetischen Kautschuk (z. B. Buna), nicht nur um das Erhalten der Betriebseigentümlichkeiten des Stoffs, sondern um die Erfüllung der Forderung einer etwa 40 fachen elektrischen Energie bei der Stofferzeugung und einer etwa doppelt so hohen Arbeitsstundenzahl bei der Weiterverarbeitung des Stoffs. Bei den vielfach als Ersatz für Metalle propagierten Kunstharzpreßstoffen liegen die Verhältnisse ähnlich. Noch drastischer sind die Aufwandsverhältnisse bei Benzin aus der Kohle gegenüber denen bei der Erzeugung aus dem Erdöl.

Ebenso wenig, wie die Nebenerfordernisse bei der Werkstofferzeugung in ausreichendem Maße beachtet werden, finden die Begleiterscheinungen der angestrebten stärkeren Mechanisierung der Erzeugung eine ausreichende Würdigung. Der Einsatz von mehr Maschinen setzt eine größere Maschinenerzeugung, also voraufgehenden Einsatz von Arbeitsstunden für die Beschaffung des Baumaterials (Abbau der Erze, Verhüttung, Halbzeug- und Rohlingsfertigung, Prüfung, Abnahme, Transport) und für die Erzeugung und Prüfung der Maschinen, für den Transport derselben zur anwendenden Werkstatt, den Aufbau der Maschine dort, für die Ingangsetzung und für die Bereitstellung der Energie zum Maschinenantrieb, voraus. Nach diesen, viele Arbeitstunden verzehrenden Vorgängen entsteht ein weiterer dauernder Aufwand für die Wartung, Pflege und Reparatur, die Stromerzeugung usw.

Werkzeugmaschinen verlangen ferner fortgesetzt entsprechend leistungsfähige Werkzeuge, denn die Maschinen selbst sind nur Werkzeug- und Werkstückträger und -beweger.

Über diesem, zur Mechanisierung erforderlichen Materialmehraufwand entsteht bei manchen Vorgängen der mechanischen Fertigung, z. B. in der Automatendreherei, ein dauernd erhöhter Verbrauch an Halbzeug zur Fertigung der Werkstücke und im ganzen eine beträchtliche Steigerung der zum Betrieb der mechanisierten Fertigung benötigten Energie. Sie war z. B. in Deutschland in den Jahren 1940 bis 1945 in einzelnen Fertigungsbetrieben der Maschinen bauenden Industrie im Durchschnitt um 60 bis 80% mehr je Belegschaftsmitglied gestiegen.

Ermittlung der Materialmenge

Die Ermittlung der bei einer normal verlaufenden Herstellung benötigten Materialmindestmenge erfordert große Erfahrungen in allen Herstellungsabschnitten des Materials von der Rohstoffhebung bis zur Fertigstellung des Gegenstandes und ist nicht beschränkt auf die Ermittlung der Halbzeug- und Rohlingsmengen, sondern muß sich auch auf die Werkstoff- und Rohstoffmengen erstrecken, wenn die Materialwirtschaft ihren Zweck erfüllen soll.

Auf dem langen Wege von der Rohstoffhebestelle bis zur Lieferung des fertigen Gegenstandes entstehen zum Teil erhebliche Materialverluste, die in den voraufgegangenen Abschnitten ausführlich behandelt worden sind, und die, da ihre Größen schwanken, das Endergebnis der Mengenermittlung unter Umständen erheblich beeinflussen können.

Zur Ermittlung der Materialmenge ist eine ins Einzelne gehende Verbrauchsplanung notwendig, die nicht auf Grund einer durch das sogenannte Fingerspitzengefühl vermittelten Schätzung, sondern durch sehr sorgfältige statistische Ermittlungen und versuchsmäßige Feststellungen, durch die quantitative Analyse zu erfolgen hat, genau wie die Zeitstudie nach den Vorschlägen des Regionalen Verbandes für Arbeitsstudien (REFA).

Nachdem man gelernt hat, die fertigungswirtschaftliche Organisation in die Betreuung des arbeitenden Menschen, in die der Energie und in die des Stoffes aufzuteilen und dabei klarer als früher erkannt hat, daß viele Fertigungen stoffbedingt sind, das heißt ihr Materialkostenanteil an den Gesamtfertigungskosten alle anderen Kostenanteile überwiegt, hat auch der Mengenmaßstab eine erhöhte Bedeutung und Beachtung gefunden, besonders für alle Materialien, deren Rohstoffe nicht dem Boden des Reiches entnommen werden können.

Jede Materialmengenermittlung erfolgt unter der Annahme eines bestimmten Fertigungsverfahrens. Wird dieses später infolge Umstellung oder Verlagerung der Fertigung nicht angewendet, dann kann es leicht zu einem größeren Mengenbedürfnis kommen. Um ziemlich sicher zu gehen, müßte man bei der Mengenermittlung dasjenige Fertigungs-

verfahren annehmen, das nach der Erfahrung den größten Materialeinsatz verlangt.

Dieses Verfahren kann theoretisch zu einer Überlieferung mit
manchen Materialien führen, wird aber im Durchschnitt ermöglichen,
die durch Fertigungszufälle entstehenden Materialverluste auszugleichen und Nachforderungen zu vermeiden, deren Erfüllung gewöhnlich
durch zeitverzehrende Erhebungen und dgl. verzögert wird.

Am wenigsten sicher ist die Erfassung der Mengen bei den sogenannten handelsüblichen Teilen und Geräten. Wenn bei diesen
die Materialmenge im einzelnen vielfach auch nur gering ist, so ergeben sich bei den gewöhnlich vieltausendfachen Stückzahlen dieser
Gegenstände im ganzen beträchtliche Materialmengen. Irreführend
ist die vielfach anzutreffende, beruhigend wirkende Feststellung, daß
die Gesamtmaterialmenge in den für einen bestimmten Gegenstand
benötigten handelsüblichen Teilen im Jahre ja nur einen geringen
Prozentsatz der ganzen zur Verfügung stehenden Materialmenge aus-
mache, daher nicht ins Gewicht fallen könne. Viele solcher kleinen
Beträge zehren aber in ihrer Gesamtsumme unter Umständen den Ge-
samtvorrat auf.

Bei der zunehmenden Verwendung von Einzelteilen nach öffentlicher
Norm oder Werknorm ist es zweckmäßig, die wirtschaftlichste Fertigung
dieser Teile festzustellen und unter Angabe der für die einzelnen benötigten Materialmengen bekanntzugeben. Dadurch würde eine Menge
sonst ständig zu wiederholender Rechenarbeit erspart und die Anwendung von Normteilen gefördert werden.

Am wenigsten sicher ist die Mengenermittlung, wenn die Zeitereignisse den beschleunigten Anlauf einer Großreihenfertigung von Geräten
erforderlich machen, für deren Arbeitsvorbereitung, einschließlich der
Aufstellung der Zeichnungen, Materialmengenermittlung, Halbzeug-
ausnutzungspläne usw., keine oder keine ausreichende Zeit vorhanden
war. Dann ist der mehr oder weniger rohen Schätzung Tür und Tor
geöffnet, bei der immer versucht werden wird, durch entsprechend große
Zuschläge genügend Reservematerial zu erhalten, um den durch Kon-
struktions- und Fertigungsfehler entstehenden Mehrbedarf ohne Nachforderungen decken zu können.

Neben der Menge spielen natürlich die Kosten eine Rolle, denn alle
Kosten sind das Produkt aus Menge und Einheitswert. Und dieser Einheitswert ist in erster Linie von der Arbeitsstundenzahl abhängig, die
zur Hebung der Rohstoffe und zu ihrer Umwandlung in das industrie-
brauchbare Material aufgewendet werden muß.

Bei dieser Tätigkeit wird der Geldaufwand je Mengeneinheit mit
zunehmender Menge je Zeiteinheit ebenso herabgesetzt werden können,
wie bei der Fertigung von Gegenständen aus Halbzeugen und Rohlingen.

Siehe Abb. 2. Nach Angaben von *Rummel*[1] brachte auf einem gemischten Eisenwerk durchschnittlicher Größe ein um 1 bis 2% erhöhtes Ausbringen eine jährliche Stoffeinsparung im Werte von 1 Million RM. Sollte es gelingen, das Ausbringen der gesamten deutschen Volkswirtschaft um nur 1% zu steigern, so würde das für den nationalen Haushalt eine jährliche Ersparnis von Geldwerten mit neunstelligen Zahlen bedeuten.

Spanabhebende oder spanlose Fertigung?

Die oft an die Industrie gegebene Empfehlung, zum Zwecke der Materialeinsparung von der „spanabhebenden" zur „spanlosen" Fertigung überzugehen, wird meistens ohne ausreichende Kenntnis der Voraussetzungen für den wirtschaftlichen Erfolg dieser Maßnahme gemacht. Die Wirtschaftlichkeit des bei der Fertigung eines Gegenstandes anzuwendenden Verfahrens hängt ab von

a) der Art des Fertigungsgegenstandes und der von ihm erwarteten Leistungen, zu denen auch seine Dauerhaftigkeit über eine längere Zeit gehört,

b) seiner späteren Verwendung,

c) den zu verwendeten Werkstoffen,

d) den zur Verfügung stehenden Fertigungsmitteln,

e) der innerhalb eines bestimmten Zeitraumes möglichst ohne jede Unterbrechung zu fertigenden Stückzahl des gleichen Gegenstandes oder auch nur seiner Einzelteile.

Abgesehen davon, daß es eine absolut spanlose Fertigung kaum gibt, treffen die landläufig benutzten Verfahrensbenennungen den Kern der Sache nicht. Die Fertigung eines Gegenstandes besteht im allgemeinen aus der Herstellung seiner Einzelteile, dem Zusammenbau derselben in verschiedenen Stufen bis zum fertigen Gegenstand und aus der Prüfung seiner Eigenschaften. Spanabhebend oder spanlos kann eigentlich nur ein Teil der Fertigung: die Herstellung der Einzelteile sein; man darf also nur von der Art der bei diesem Vorgang angewendeten Formgebungsverfahren und zwar richtiger vom „Zerspanen" und „Verformen" sprechen und unter dem letzteren schmieden, pressen, walzen, ziehen, stanzen, formstanzen, biegen und dgl. verstehen.

Was ist ein Span? Zweifellos ein Materialabfall, und dieser entsteht nicht nur beim Zerspanen, sondern auch und zwar oft in einem recht großen Umfang beim Verformen. Daher kommt es für die Materialwirtschaft nicht allein darauf an, ob Späne gemacht werden oder nicht, sondern es kommt auf die Gesamtmenge des aufgewendeten Materials

---

[1] *Rummel, K.,* Dr.-Ing.: Der Einfluß betriebswirtschaftlicher Gedankengänge auf die Stoffwirtschaft. Rundschau technischer Arbeit. 18. 12. 1935.

und in diesem Zusammenhange darauf an, ob die Fertigung „abfallarm" oder „abfallreich" ist.

Es ist, wie in den vorangegangenen Abschnitten eingehend auseinandergesetzt wurde, auch gar nicht ausschlaggebend, was in der dem Gegenstand die Endform gebenden Werkstatt, nämlich dort geschieht, wo zum Gestaltungszweck die Zerspanung oder Verformung des Materials vor sich geht, sondern wie groß der prozentuale Gesamtausnutzungsgrad des Rohmaterials ist, gekennzeichnet durch den Wert

$$A = \frac{G_N}{G},$$

worin G_N die nutzbare, also die im fertigen Teil verbleibende Materialmenge,

    G die für den Fertigungszweck aufgewandte Materialmenge ist. Siehe Seite 90.

Demnach ist dasjenige Fertigungsverfahren bei der Herstellung eines bestimmten Gegenstandes das materialwirtschaftlichste, bei dem A den höchsten Wert hat, das heißt bei dem der Abfall am kleinsten ist, gleichgültig, bei welchem Verfahren er entsteht. Das *kann* zwar die sogenannte spanlose Fertigung, wird sie aber in einer ganzen Anzahl von Fällen nicht sein. Denn es kommt nicht allein auf die Menge des bei der Bearbeitung entstehenden Abfalls, also nicht nur darauf an, wie groß der Mengenunterschied zwischen dem für das einzelne Stück eingesetzten Rohmaterial und dem Fertiggewicht des Stückes ist, sondern auch darauf an, wieviele der hergestellten Gegenstände in irgendeinem Fertigungszustand für den nächsten Arbeitsgang brauchbar geblieben sind, mit anderen Worten, wieviel Ausschuß bei den einzelnen Verfahren entsteht, ferner, welche voraussichtliche normale Lebensdauer bei voller Leistung dem nach diesem oder jenem Verfahren hergestellten Gegenstand zuzusprechen ist.

Die Menge des Materialabfalls, zu dem auch die in den Ausschußstücken enthaltene Menge zu rechnen ist, wird durch die Konstruktion der Teile stark beeinflußt, die wiederum von ihrem Zweck, den gestellten Betriebsanforderungen und der zugelassenen oberen Grenze der Herstellkosten abhängt.

Es bedarf daher zur Durchführung der Materialwirtschaft bei der Auswahl des Fertigungsverfahrens in jedem Falle der richtigen Berechnung der Einsatzmaterialmenge einschließlich des Ausschusses. Dabei wird sich herausstellen, daß z. B. ein Bolzen, dessen Kopf durch Anstauchen geformt wird, mit erheblich kleinerer Materialmenge herzustellen ist, als derselbe Bolzen auf einer Automatenbank durch Zerspanen eines Stangenabschnitts, daß aber z. B. ein Sandgußteil aus Leichtmetall unter Umständen die 5- bis 6fache Menge seines Fertiggewichts als Einsatzmaterial braucht, während das gleiche Teil, aus dem

Vollen durch Zerspanen hergestellt, als Einsatzgewicht vielleicht nur
das 3- bis 4fache seines Fertiggewichts verlangt.

Ob der Abfall beim Gießen, Schmieden, Halbzeugherstellen, bei
der Blechverformung oder beim Zerspanen entsteht, in jedem Falle
sind die Herstellkosten = Verarbeitungskosten + Materialkosten —
Reststoffgutschriftsbetrag. Bei der Beurteilung der Wirtschaftlichkeit
eines Verfahrens sind in der Mehrzahl der Fälle die Gesamtfertigungskosten entscheidend, und eine davon unabhängig betriebene Materialeinsparung kann zur Steigerung dieser Kosten führen. Diese muß jedoch in Kauf genommen werden, wenn ein solcher Materialmangel
besteht, daß er bei der Entscheidung über die Anwendung eines Verfahrens die ausschlaggebende Rolle spielt. Und in einem solchen Falle
ist die wirkliche Materialwirtschaft von der größten Bedeutung.

Die zur Durchführung einer Fertigung angestellte Materialmengenermittlung muß auch das zur Herstellung der Betriebsmittel (besonders der Vorrichtungen und Sonderwerkzeuge) benötigte Material berücksichtigen. Das ist um so wichtiger, je größer die Werkstückzahlen
und damit der Aufwand an Vorrichtungen und Werkzeugen sind. Das
Gewicht dieser Betriebsmittel und des zu ihrem Bau benötigten Materials beträgt oft ein Vielfaches des Gewichts des damit gefertigten
einzelnen Werkstücks. Das gleiche ist bei den meisten Werkzeugmaschinen der Fall, deren Gewicht im allgemeinen proportional mit der
Kraft wächst, die das Werkzeug während der Zerspanung oder Verformung auf das Material ausübt.

Besonders hoch ist das Verhältnis des Gewichts einer Presse zu dem
des darauf verformten Blechteils. Die Presse wiegt fertig im allgemeinen
das 3000- bis 4000fache dieses Blechteils, ihr Rohgewicht das 1,5- bis
2fache dieses Betrages.

Die zur Fertigung der Werkzeugmaschinen, Vorrichtungen und
Werkzeuge notwendigen Materialmengen müssen vor dem Beginn der
mit ihrer Hilfe durchzuführenden Fertigung eingesetzt werden. Später
ist dann Material zur Ersatzteilherstellung und zum Betriebe der Maschinen notwendig. Man erkennt daraus, daß die Entscheidung über
die Wahl des Verfahrens noch von anderen Dingen abhängt, als von
der Menge der Späne, Blechreste usw., die bei der eigentlichen Fertigung der Gegenstände entstehen. Auch die Stückzahl der auf einer
Maschine oder mit einem Werkzeug zu fertigenden Teile und der dabei
entstehende Ausschuß spielen eine wesentliche Rolle. Die strenge Prüfung wird in mehr als einem Fall ergeben, daß die spanabhebende Fertigung mit einem geringeren Materialaufwand durchzuführen ist, als
die sogenannte spanlose, die z. B. bei der Fertigung von Blechteilen
selten mit einem kleineren Abfall als 25%, vielfach aber mit einem
solchen von 40 bis 50% und mehr vor sich geht.

Materialplanung

Bei der Planung der Fertigung eines Gegenstandes hat als oberster Grundsatz zu gelten, kein Material verwenden zu wollen, das nicht in genügender Güte und Menge zu *der* Zeit sicher zur Verfügung stehen wird, zu der es gebraucht wird. Dieser Grundsatz gilt nicht nur für das handelsübliche, aus heimischen Naturstoffen hergestellte Material, sondern in viel höherem Maße für das aus sogenannten Kunststoffen (die vermutlich so heißen, weil es eine Kunst ist, sie herzustellen) erzeugte Material, gleichviel, ob die Kunststoffe zur Vermehrung der für die Fertigung brauchbaren Werkstoffmenge oder als Ersatz der handelsüblichen, aber knappgewordenen dienen sollen.

Man kann immer wieder beobachten, daß auf Grund von Erfinder- und Firmenreklame und von ernst zu nehmenden Laboratoriumsversuchen, bekannt gewordene Werkstoffe von optimistischen Auftraggebern zur Anwendung vorgeschlagen oder von neuerungssüchtigen Konstrukteuren zur Anwendung vorgesehen werden, ehe der betreffende Werkstoff überhaupt marktreif geworden ist. War er es einmal wirklich, dann setzt gewöhnlich ein solcher Bedarf darin ein, daß auch der neue Werkstoff bald einen neuen Engpaß bildet.

Ein solches Vorgehen führt anfangs immer zur Vergeudung von Stoff, Arbeitsstunden und Energie. Brauchbare Ergebnisse stellen sich meist erst nach Jahren ein, aber sehr selten dann, wenn wegen eines sich zeigenden Engpasses, der stets die Folge unrichtiger oder gar fehlender Stoff-, Menschen- und Energieplanung ist, das sofortige Umschalten von einem Material auf ein anderes dringend erforderlich wird.

Die Materialplanung kann als Bedarfs- und als Vorratsplanung aufgezogen werden und in beiden Formen materialwirtschaftliche Vorteile bringen. Die Bedarfsplanung erstreckt sich auf den jeweiligen, wirklichen, auf einen bestimmten Auftrag zugeschnittenen Bedarf, die Vorratsplanung auf den nach der vorangegangenen Erfahrung voraussichtlichen Verbrauch an Lagermaterial durch die laufende Fertigung von Gegenständen ähnlicher Art.

Der letztgenannte Vorgang wird noch oft angewendet. Man legt eine Anzahl Halbzeuge und Rohlinge in gewissen Mengen als Vorrat hin und füllt das Lager immer wieder auf, sobald das Material bis auf den „eisernen" Bestand verbraucht ist. Auf diese Weise schützt man seinen Fertigungsbetrieb vor manchen Lieferterminschwierigkeiten und legt Kapital an, entzieht aber gewisse Materialmengen dem öffentlichen Verkehr. Sie stellen immerhin eine Reserve dar, die zu jeder guten Wirtschaft gehört. Diese Reserve läßt sich leider nicht zu allen Zeiten bilden.

Verbesserung der Materialwirtschaft

Mängel der Mengenermittlung. Die Ermittlung und Erfassung der zur Fertigung der Einzelteile und zu deren Zusammenbau benötigten Materialmengen wird in vielen Fällen nicht sachgemäß durchgeführt.

Folgende Zustände lassen sich unter anderem immer wieder feststellen:

1. Die Angaben der notwendigen Materialmengen fehlen in den Stücklisten überhaupt,

a) weil bisher die Werkstätten die nach ihrer Meinung notwendigen Halbzeugmengen nach Gutdünken aus dem Materiallager bezogen haben,

b) weil die bei einzelnen Industrien, z. B. der Elektrizitätsbranche, zum Teil zahlreichen Unterlieferanten ihr Material selbst besorgen und der Hauptlieferant deren Mengen nicht kennt,

c) weil noch vielfach die Ansicht herrscht, daß man sich um die Materialmengen zur Herstellung von Normteilen, die man fertig bezieht, nicht zu kümmern braucht.

2. Die in den Stücklisten gemachten Angaben sind nicht richtig, weil die bei der Fertigung der Teile angewandten Arbeitsvorgänge nicht oder nicht genügend berücksichtigt worden sind, daher für die Fertigung der Teile

a) ein ungeeignetes Verfahren angenommen worden ist,

b) ein Ausgangshalbzeug gewählt wurde, das zuviel Abfall entstehen läßt,

c) die angegebenen Rohteilmaße entweder zu klein sind, daher die Fertigung nicht ermöglichen, oder zu groß sind, daher zur Materialvergeudung führen.

3. Bei der Auswahl der Halbzeugformen und -abmessungen hat

a) keine Rückwirkung auf die Gestalt des Fertigteils stattgefunden, wenn diese Gestalt zu einer unwirtschaftlichen Fertigung führen mußte, die durch eine zulässige Gestaltungsänderung verhütet oder gemildert werden konnte,

b) sind die Halbzeugnormen nicht oder nicht genügend berücksichtigt worden.

4. Die Sammlung der Mengen der verschiedenen Halbzeuge und die Übertragung der Sammelergebnisse in die Beschaffungslisten ist zum Teil unrichtig, zum Teil unvollständig erfolgt.

Ursachen der Mängel. Zustände der geschilderten Art und ähnliche dürfen mit Rücksicht auf die Werkstoff- und Arbeitslage nicht fortbestehen. Sie haben in der Hauptsache folgende Ursachen:

Die Aufstellung der Materiallisten ist bei unrichtig aufgezogener Sammlung der aus vielen tausend Einzelposten bestehenden Materialmengen eine etwas schwer zu bewältigende Arbeit, die erst nach Beendigung der Konstruktion abgeschlossen sein kann, während meistens zu dieser Zeit der Bau beginnen soll, das Material in Form von Rohlingen und Halbzeugen also bereits vorhanden sein muß. Dieser Zustand zwingt den Erbauer oft, das benötigte Material vom Lager zu nehmen. Dadurch vermindert sich der Druck auf das Konstruktionsbüro, das die Materiallisten zu liefern hätte, und es entsteht der Eindruck, daß diese Listen an sich überflüssig sind.

Die Konstruktionsbüros und andere Stellen der Arbeitsvorbereitung betrachten die Aufstellung von Stücklisten und Materiallisten oft als eine überflüssige, lästige und angeblich nebensächliche Beschäftigung.

Die Stückliste wurde von jeher als ein Anhängsel der Zeichnung angesehen und dementsprechend behandelt. Erst in neuerer Zeit wird sie meistens getrennt von der Zeichnung aufgestellt, ohne dadurch jedoch bei den Konstrukteuren an Wertschätzung zu gewinnen. Ähnlich ist es mit den auf Grund der Stücklistenangaben aufzustellenden Halbzeug und sonstigen Listen. Daher werden auch in der neuesten Zeit noch vielfach Personen mit der Aufstellung der Listen, mit der Auswahl der Halbzeuge und der Festlegung der Rohteilmaße beschäftigt denen die dafür notwendige Vorbildung fehlt.

Die durch die Zeitverhältnisse und Aufgaben bedingte Vermehrung der Zahl der Unterlieferanten hat zu einer Verlagerung der Fertigung wesentlicher Teile, ferner der elektrischen Teile, vieler Normteile usw. aus dem eigentlichen Gerätbau nach anderen Erzeugungsstätten geführt. Das Material zur Fertigung dieser Teile wird von den Konstruktionsbüros in die Halbzeuglisten nicht mehr aufgenommen, kann also auch bei der Auswertung der Halbzeuglisten zum Zwecke der Einsatzmengenermittlu ng nur sehr schwer und auch dann nicht mit Sicherheit erfaßt werden.

In dem Zustand, in dem sich ein größerer Teil der Listen befindet, erfüllen sie jedenfalls ihren Zweck nicht und nehmen daher denjenigen Stellen, die sich mit der Auswertung der Listen zur Ermittlung der für den Neubau, die Ersatzteilfertigung und Reparatur erforderlichen Werkstoff-Einsatzmengen und mit der Kontingentierung befassen müssen, die Möglichkeit, richtige Ergebnisse zu erzielen. Diese Stellen sind daher oft gezwungen, von den Gerätfirmen Aufstellungen der voraussichtlichen Bedarfsmengen zu fordern, die dann Zahlen nach groben Schätzungen enthalten, da die Firmen infolge der mangelhaften Listen auch keine verläßlichen Unterlagen haben. Daraus ergibt sich wiederum, daß die Firmen vermutlich durchschnittlich erheblich mehr Werkstoff in Form von Halbzeug kontingentiert erhalten, als zur Erfüllung ihrer Aufträge bei richtiger Materialwirtschaft notwendig wäre.

Behebung der Mängel der Materialwirtschaft

Personalschulung. Die Festlegung der Einsatzmaterialarten und -mengen ist von einem so außerordentlichen Einfluß auf die Menge der benötigten Werkzeugmaschinen, Werkzeuge, Meßzeuge, Energie und Arbeiter in den Material erzeugenden und verbrauchenden Industrien, daß die Ermittlung der Materialarten und -mengen für die Fertigung eines Geräts im Einzel- oder Reihenbau mit der gleichen Sorgfalt durchgeführt werden müßte, wie die der Zeiten zur Verformung, Zerspanung und zum Zusammenbau. Studien dieser Zeiten und die Anwendung der Studienergebnisse werden durch den Regionalen Verband für Arbeitsstudien (REFA) betrieben. Lehrgänge für Stückzeitrechner sind eingerichtet, die REFA-Tätigkeit wird im ganzen Reiche durch besondere Ausschüsse betrieben. Die Lehrgänge wurden in jedem Jahre von Tausenden von Teilnehmern besucht. REFA-Lehrer-Seminare wurden durchgeführt. Lehrgänge für die wirtschaftliche Materialart- und -mengenermittlung aber fehlen bisher gänzlich!

Die wertvollen Bestrebungen der betrieblichen Leistungssteigerung können ein erheblich besseres Ergebnis haben, wenn der Umfang der aufzubringenden Leistungen vermindert wird. Das geschieht aber in erheblichem Maße durch die Verminderung der Einsatzmaterialmenge auf dem Wege vom Rohstoff über den Werkstoff, das Halbzeug und den Rohling zum Fertigteil.

Hierbei spielt neben der Ausnutzung der Werkstoffeigenschaften und der Gestaltungsfestigkeit der Teile der Menge der der Werkstatt zur Verformung oder Zerspanung anzuliefernden Rohlinge und Halbzeuge eine wesentliche Rolle. Diese Menge ist von der Gestaltung des zu fertigenden Teils, vom Fertigungsverfahren und meistens auch von der Stückzahl der gleichen Teile abhängig.

Da die Materialkosten sehr oft und besonders bei der Fertigung großer Stückzahlen (Reihenbau, Massenfertigung) den Hauptteil der Herstellkosten eines Fertigungsgegenstandes ausmachen, also beachtlich größer sind als die Fertigungslöhne in der die Rohlinge und Halbzeuge verarbeitenden Werkstatt, so ist durch bessere Ausnutzung dieses Materials eine wesentlich größere Verminderung des Gesamtaufwands im Haushalt eines Reiches erzielbar, als durch die erreichte Einsparung einiger Minuten bei der Halbzeugverformung oder -zerspanung, gewonnen durch Steigerung der Arbeitergeschicklichkeit, Vermeidung gewisser Handlungen, Ausschaltung von Verlustzeiten und dgl.

Was an Einsatzmaterialgewicht eingespart werden kann, vermindert automatisch den Arbeitsumfang bei der Fertigung. Die durch Ausnutzung der Werkstoffeigenschaften und Gestaltungsfestigkeit und durch fertigungsmäßig gute Gestaltung des Werkteils eingesparten

Werkstoffmengen werden sehr oft durch falsch angewendete Verfahren und durch zu große Bearbeitungszugaben wieder vergeudet.

Das Wissen um die wirklich notwendigen Zuschläge für das Abschneiden vom Halbzeug, für die Blechverformung, für das Gießen, Schmieden, Pressen, für das Zerspanen, das Schweißen und Anstreichen, für die sonst entstehenden Abfälle bei Holz, Leder, Lot, Leim und dgl., für die Ausnutzung von Blech in Tafel- und Bandform usw., ist in der Literatur zerstreut angegeben, soweit es überhaupt veröffentlicht ist Diese Dinge haben mit Werkstoffumstellung und -einsparung im neuzeitlichen Sinne nichts, mit konstruktivem Denken und dgl. nur indirekt zu tun.

Die Materialmengenermittlung ist ein Parallelvorgang zur Arbeitszeitermittlung. Sie ist so wichtig wie diese und muß wie diese in ebenso großem Umfange gelehrt und geübt werden. An Lehr- und Übungsunterlagen ist kein Mangel. Geeignete Ingenieure zum Lehren der in Frage stehenden Dinge werden sich finden. Von ihnen müssen etwa folgende Fähigkeiten verlangt werden:

1. Kenntnisse der verschiedenen Verfahren der Zerspanung und Verformung und des Zusammenbaus.

2. Beurteilung der notwendigen Trenn- und Bearbeitungszugaben.

3. Auswahl des im Einzelfall wirtschaftlichen Verfahrens unter besonderer Berücksichtigung der Materialkosten. Auswahl dementsprechender Halbzeuge und Rohlinge.

4. Wirtschaftliche Ausnutzung von Halbzeugen (Stangen, Rohren, Blechen usw.), Verwendung der nicht zu vermeidenden Reste.

5. Kenntnis der Vorgänge zur Ermittlung und Zusammenstellung der Materialmengen für die Beschaffung und Verteilung dieser Mengen in einer Fabrik.

6. Kenntnisse der Halbzeug- und Rohlingsfertigung und der Werkstofferzeugung und der dabei entstehenden Materialverluste.

Außer der Materialmengenermittlung sind auch der Materialeinkauf und die -lagerverwaltung vielfach mit wesentlichen Mängeln behaftet. Oft fehlen dem Personal dieser Arbeitsstätten die unbedingt notwendigen kaufmännischen und technischen Kenntnisse, die Kenntnis der allgemeinen Materiallage und der kommenden Mengenforderungen der Werkstätten. Dadurch entstehen Fehldispositionen und in ihrer Folge Materialmangel in der Werkstatt, ferner Forderungen nicht einhaltbarer Liefertermine für Halbzeuge und Rohlinge, andererseits oft auch große Überschußmengen im Lager, die dann dort aus den verschiedensten Gründen festgehalten und dadurch der allgemeinen Wirtschaft entzogen werden, also den zeitlichen Rohstoffbedarf im ganzen erhöhen.

Aus den bekanntgewordenen Ergebnissen des in den letzten Jahren besonders geförderten betrieblichen Vorschlagwesens in der Industrie war zu entnehmen, daß sich die meisten Vorschläge auf Verbesserung der Werkzeuge, Fabrikeinrichtungen, Fertigungsverfahren, Vorrichtungen, Konstruktion und Sozialeinrichtungen bezogen, dagegen die Vorschläge betreffend Materialeinsparung relativ gering waren und im Durchschnitt nur 5 bis 10% der Gesamtzahl der Vorschläge auszumachen pflegten, trotzdem der Prozentsatz der die Verbesserungsvorschläge machenden Arbeiter an der Gesamtzahl der daran beteiligten Personen sehr hoch (bis etwa 80%) war. Man könnte daraus entnehmen, daß der Arbeiter sich durch Materialeinsparungsbestrebungen in der Durchführung seiner Arbeit behindert glaubt oder noch nicht darüber belehrt worden ist, daß er durch Materialvergeudung einen Teil des Ergebnisses der Arbeit seiner an anderer Stelle wirkenden Berufskameraden zunichte macht.

Materialplanung bei den Maschinen- und Geräterzeugern. Bei diesen Erzeugern müssen Materialplanungsstellen zur zentralen Bearbeitung der gesamten Materialbedarfsermittlung und Materialbeschaffung mit folgenden Aufgaben vorhanden sein:

1. Beratung der Konstrukteure bei der Auswahl der Materialform und bei der Gestaltungsänderung entworfener Teile zum Zwecke besserer Materialausnutzung und dgl.

2. Überwachung der Verwendung zugelassener Werkstoffe und Halbzeuge. Vernünftige Verminderung der Sorten.

3. Festlegung der Trenn- und Bearbeitungsverfahren.

4. Festlegung der Halbzeug- und Rohteilmaße, soweit sie durch die Werkteilform, die Trenn- und Bearbeitungszugaben für die Zerspanungs- und Verformungsverfahren und durch die Halbzeugausnutzung (Vermeidung von Abfall) bedingt sind.

5. Festlegung der Toleranzen der Rohteilmaße.

6. Erfassung der Materialmengen in den Stücklisten, Materialauszügen und dgl.

7. Umrechnung der Halbzeugeinheiten auf handelsübliche Halbzeugmaße (Blechtafelmaße, Stangenlängen und dgl.) oder Festlegung von Sonderabmessungen, z. B. abgepaßter Tafeln. Planung der Ausnutzung der Halbzeuge, z. B. der Bleche in Tafel- und Bandform, zur Verminderung verbleibender Reste.

8. Planung der Materialbeschaffung auf Grund der Lieferprogramme der Fertigungswerkstätten (unter strenger Abkehr von den Gepflogenheiten der Wirtschaft aus dem Vollen!), der eignen Lagerbestände und der Liefertermine der Materialhersteller.

9. Überwachung der Liefertermine der Lieferanten und der Bedarfsschwankungen, als Folgen der Änderungen der eignen Lieferprogramme.

Diese Aufgaben haben nichts mit den Finanzdispositionen zu tun, die durch Verpflichtungen gegenüber den Materiallieferanten entstehen, nichts mit Konjunkturausnutzung beim Einkauf und dgl., sondern beziehen sich auf Arbeiten zur Sicherstellung der Materialanlieferung in bestimmter Güte, zur bestimmten Zeit an einem bestimmten Orte unter möglichster Vermeidung der Materialvergeudung.

Sehr wesentlich ist, daß die Planung und Wirtschaft sich nicht nur auf diejenigen Materialien beschränkt, die in größeren Mengen beschafft werden müssen, sondern, daß grundsätzlich *jedes* benötigte Material behandelt, auch wenn seine Menge sich auf wenige Gramm oder Stück je Gerät beschränkt. Die Nichtbeachtung der Auswirkung des Fehlens kleiner Dinge hat schon manches Lieferprogramm in Unordnung gebracht.

Wenn die Materialbewirtschaftung durch die oben angegebenen Maßnahmen in Ordnung gebracht worden ist, dann wird infolge des (um 20 bis 25%) geringeren Materialbedarfs eine merkbare relative Entlastung des Arbeitsmarktes, der Werkzeugmaschinenindustrie, der Transportunternehmungen usw. zu verzeichnen sein. Der Erfolg dieser Einsparungsmaßnahmen wird noch größer werden, wenn es außerdem gelingt, zwei der Grundübel zu beseitigen, die gegen eine rationelle Beschaffungs- und Fertigungswirtschaft bestehen und auch die praktisch befriedigende Durchführung der Materialkontingentierung verhindern, nämlich die ungenügende Kenntnis der Folgen der Maßnahmen, durch die private und behördliche Besteller Auftragsforderungen unter allen Umständen durchzusetzen versuchen, und ferner die Gelassenheit, mit der seitens der Lieferanten Aufträge zu Lieferterminen angenommen werden, die praktisch nicht erfüllt werden können.

Daraus entsteht ein fortgesetzter Spannungszustand infolge nicht fristgemäß erfüllter Lieferkontingente und eine Unordnung in der Kontingentierung überhaupt, die sehr leicht dazu führen kann, daß die zur Verteilung kommenden Kontingente den Rahmen der möglichen Rohstofferzeugung überschreiten.

Verminderung der Materialtransporte. Die der Industrie zur Fertigung der Geräte zur Verfügung stehende Materialmenge hängt nicht nur von der greifbar vorhandenen Rohstoffmenge und der aufzubringenden Arbeitsstundenzahl ab, die erforderlich ist, um die Rohstoffe an ihrem Fundort zu heben und sie in einen zur weiteren Verarbeitung geeigneten Zustand zu bringen, sondern auch von den zur Verfügung stehenden Mitteln und Möglichkeiten des Materialtransports.

Die Durchführbarkeit dieses Transports ist um so eher gegeben, je kleiner die zu bewegende Menge und je kürzer der von ihr zurückzulegende Weg ist, und zwar innerhalb und außerhalb der das Material erzeugenden und verarbeitenden Werke. Von der Hebestelle der Rohstoffe bis zur Ablieferung des schließlich daraus entstandenen Gegenstands befindet sich das Material im Fluß, der abwechselnd schnell und langsam läuft, manchmal auch stehen bleibt und sich dann anstaut, weshalb es ja auch treffender wäre, von einem Materialfluß und nicht von einer Fließarbeit zu sprechen.

Es muß zum Prinzip erhoben und mit allen Mitteln erstrebt werden, daß kein Material unnötig befördert wird. Das läßt sich unter anderem durch folgende Maßnahmen erreichen:

1. Beschränkung der Materialmenge auf die für die vorliegenden Fertigungsaufträge wirklich benötigte. Zu diesem Zwecke ist die Mengenermittlung, wie im Abschnitt IV angegeben ist, und eine ausreichende praktische Erfahrung in der Materialwirtschaft zur richtigen Bemessung der Reservemenge zwecks Deckung der Ausfälle durch Transportschäden und Arbeitsausschuß erforderlich.

2. Beschränkung der Halbzeugsorten, um die Lieferung vieler Halbzeuge in zum Teil sehr kleinen Mengen zu vermeiden. Vielfach wird trotz des wirklichen Bedarfs nur geringer Mengen, z. B. eines Profils, unnötigerweise eine ganze Stange in handelsüblicher Länge bestellt oder aus Gepflogenheit auch nur so geliefert, woran oft die Händler eine besonderes Interesse haben.

3. Brauchbarkeitsprüfung des Materials am Erzeugungsort, damit nicht tausende von Tonnen über viele hunderte von Kilometern zum Verbraucher befördert, von diesem auf Grund berechtigter oder nicht berechtigter Mängelrügen an die Lieferanten wieder zurückgeschickt, also ganz unnötige Transporte durchgeführt werden.

4. Weitgehende Bearbeitung der Halbzeuge und Rohlinge am Orte ihrer Entstehung. Neben der Verminderung der Transportkosten, die beim fertigen Werkteil meistens geringer als bei dem wesentlich schwereren Rohling oder Halbzeugstück sind, und dem Fortfall des Rücktransports unbrauchbarer Werkstücke und des sonstigen Schrotts, wird die Werkstückgüte verbessert, wenn der Rohlingserzeuger selbst die z. B. erst bei der Zerspanung sichtbar werdenden Materialfehler und ihre Gründe erkennt. Es werden Reklamationen vermieden und eine bessere Liefertermineinhaltung erreicht.

Aus den gleichen Gründen, aus denen z. B. die benachbarte Lage von Kohlengruben, Erzgruben und Hütten zur Verminderung der Preise der Hüttenerzeugnisse, die Errichtung von Sägewerken im oder am Walde usw. führt, bringt die Vermeidung des Transports von Abfällen in Form von Spänen, Blechabschnitten, Gußbrocken und dgl. erhebliche wirtschaftliche Vorteile.

Durch das Zuschneiden von Blechen auf Maß in den Walzwerken von Stangen und Rohren in fixe Längen in den Ziehereien, durch Zerspanen von Guß- und Schmiedeteilen (mindestens durch Schruppen) in der Nähe der Gießereien und Schmieden wird die letzten Endes zwecklose Beförderung von Materialmengen zum Weiterverarbeiten und die Rückbeförderung von Schrott in praktisch gleicher Menge vermieden.

Wenn man überlegt, daß die Abfallmenge beim Zerspanen und Verformen durchschnittlich 50% des Gewichts der erzeugten Halbzeug- und Rohlingsmenge ausmacht (siehe Tabelle 37), dann erhält man einen Begriff von den Materialmengen, die vor der angegebenen Regelung der Materialwirtschaft nutzlos hin- und herbefördert werden müssen.

Bei jedem Transport besteht die Gefahr des Verlustes durch Verkehrsunfall, Diebstahl, falsche Abgabe und dgl., die mit zunehmender Wegstrecke anwächst. Daher wird die Größe des möglichen Materialverlustes auf dem Transport durch Herabsetzung der zu bewegenden Menge und ihres Wegs vermindert.

Die Verminderung der zu transportierenden Menge verringert ferner die Belastung der Transportmittel und bringt infolge der dadurch verringerten Abnutzung derselben eine weitere Bau- und Betriebsmaterialeinsparung, also indirekt eine Verbesserung der Materialwirtschaft.

Zusammenfassung

Der Anteil der Materialkosten an den Herstellkosten der industriellen Erzeugnisse beträgt zwischen 30 und 70% und im Mittel 50% dieser Kosten. Es ist daher erforderlich, eine intensive Materialwirtschaft zu betreiben, die durch Budget und Bilanz klarstellt, welche Stoffmengen die Beschaffungspläne erfordern, welche Mengen zur Verfügung stehen und wie der Ausgleich von Soll und Haben auf dem Materialsektor der Gesamtwirtschaft zustande gekommen ist.

Die zu bewirtschaftende Menge hängt ab

1. von der zur Verfügung stehenden Rohstoffmenge,

2. von der zur Verfügung stehenden Energiemenge und Arbeitsstundenzahl, die erforderlich sind, um die Rohstoffe zu gewinnen und sie in einen für die Verarbeitung zu industriellen Erzeugnissen erforderlichen Zustand zu bringen,

3. von den zur Verfügung stehenden Mitteln und Möglichkeiten des Materialtransports.

Voraussetzung für eine erfolgreiche Materialwirtschaft ist die richtige Erfassung der herstellbaren und an den Verbrauchsort zu bringenden und der für die Fertigung der Geräte etwa im gleichen Zeitraum benötigten Materialmenge.

Neben der Mengenwirtschaft muß auch die Geldwirtschaft durchgeführt werden, da diese wertvolle Unterlagen für die Beurteilung der Wirkung der Steigerung des Materialausnutzungsgrades erschließt.

Der Einheitspreis der einzelnen Materialien ist verschieden hoch. Er läßt stets einen guten Überblick über die Höhe des Stoff-, Energie-

und Menscheneinsatzes bei den verschiedenen Materialien zu. Diese Höhe kennzeichnet ausreichend genug den Umfang des für die ganzen Vorgänge der Materialherstellung von der Rohstoffhebestelle bis zur L eferung des gebrauchsfertigen Materials an den Verbraucher aufzuwendenden Arbeitseinsatzes. Denn Geld ist nichts anderes als die Anweisung auf die direkte oder indirekte Leistung der das Geld empfangenden Menschen.

Auf den Ausnutzungsgrad des Materials kommt es immer, aber in erster Linie dann an, wenn bei steigendem Verbrauch der Materialbestand sich nicht unbegrenzt erhöhen läßt. *Der Materialbesitz eines Landes ist nicht unerschöpflich, und sein Material hat dem Gebrauch, nicht aber dem Verbrauch zu dienen!*

Daher müssen alle Ursachen des Materialverbrauchs festgestellt und richtig beurteilt, ferner die Maßnahmen zur Verhinderung der Materialvergeudung getroffen werden. Diese sehr mannigfaltigen Ursachen werden vielfach durch die Arbeit des Konstrukteurs eingeleitet und durch die Verfahren der Materialverarbeitung gesteigert. Bei der Beurteilung der Verfahren reicht es nicht aus, die spangebende Formung als verlustreicher anzusehen als die sogenannte spanlose Formung, denn es kommt bei der Beurteilung nicht allein auf diejenige Abfallmenge an, die in der die Halbzeuge und Rohlinge in Fertiggegenstände verwandelnden Werkstatt entstehen, sondern auf den gesamten Materialverlust von der Hebestelle des Materials bis zur Ablieferung des fertigen Gegenstandes. Außerdem kommt es nicht nur auf den Materialbedarf an, den die Formgebung des Fertigungsgegenstandes direkt verlangt, sondern auch auf den indirekten, der durch zusätzliche Beschaffung der zur Fertigung benötigten Betriebsmittel wie Vorrichtungen, Werkzeuge, Lehren und dgl. an, auch wenn diese bei der Fertigung der Gegenstände nicht verbraucht werden. Der zur Herstellung der Betriebsmittel erforderliche, zum Teil erhebliche Materialbedarf wird selten richtig eingeschätzt, und seine Kosten werden vielfach als verteilbare zu den Gemeinkosten gerechnet. Auf diese Weise kommen unrichtige Beurteilungen der Wirtschaftlichkeit und des Materialbedarfs der einzelnen Verfahren zustande.

Ferner entstehen erhebliche Materialverluste bei der Verwendung der industriellen Erzeugnisse, und zwar infolge der Abnutzung und unsachgemäßen Behandlung, durch schlechten Schutz, unzureichende Pflege, dauernde Überlastung und dgl. Es ist daher Aufgabe der Materialwirtschaft, auch alle diese Verlustquellen zu überwachen.

Jedes Kilogramm des zur Fertigung eines Gegenstandes aufgewendeten Materials, das nicht in diesem Gegenstand verbleibt, ist meistens minderwertiger Abfall und stellt in jedem Falle einen mindestens unzeitgemäßen Stoff , Energie- und Arbeitsstundenaufwand dar, der um so schwerer wiegt, je weniger Rohstoff, Energie und menschliche Arbeit zur Verfügung stehen.

Das Materialbudget einer Wirtschaftsgemeinschaft, eines Reiches, läßt sich nicht durch bewußtes oder unbewußtes Übersehen der rauhen Wirklichkeit erhöhen. Die den größten Erfolg versprechende Handlung besteht darin, innerhalb des von gegebenen Grenzen umzogenen Materialbesitzes die beste Ausnutzung des Materials anzustreben und den Willen zur Tat zur Auswirkung zu bringen. Dieser Wille muß auf die Beschränkung des Materialverbrauchs in jedem Einzelfalle und auf die Steuerung der Materialvergeudung in allen Herstellungsabschnitten vom Heben des Rohstoffs bis zur Ablieferung des fertigen Gegenstandes gerichtet sein. Dabei dürfen auch kleine Mengen, besonders des nur in geringem Umfang erreichbaren Materials, nicht von der Bewirtschaftung ausgeschlossen werden.

Die in der deutschen Industrie geübte Materialwirtschaft ist, im ganzen genommen, noch mit wesentlichen Mängeln behaftet, die zu beseitigen als das Gebot der Stunde bezeichnet werden muß. Zu einer erfolgreich geführten Wirtschaft gehören Kenntnisse, daher ist auch für die Materialmengenermittlung und die Materialwirtschaft eine entsprechende Personalschulung erforderlich, wie sie vom Regionalverband für Arbeitsstudien (REFA) für die Ermittlung der für die Fertigung eines Gegenstandes erforderlichen Arbeitsstundenzahl mit großem Erfolg betrieben wird. Diese Schulung zu beginnen und voranzutreiben, liegt im Interesse der Gemeinschaft, deren industrielle Leistung immer und in erster Linie von der Materiallage abhängig sein wird, und die also die Ausnutzung des beschaffbaren Materials als die zwingende Notwendigkeit ansehen und sich zur Durchführung der Bestverwendung des Materials der vom Ingenieur technisch unterbauten und betriebenen Materialwirtschaft bedienen sollte.

> Es ist nicht genug, zu wissen,
> man muß auch anwenden;
> es ist nicht genug, zu wollen,
> man muß es auch tun.
>
> Johann Wolfgang von Goethe.

Sachverzeichnis

(A) = Abbildung, (T) = Tabelle

Abbrand, Zugabe 56
Abfall 10
—, Abnahme mit steigender Stückzahl 103 (A)
—, Blechteile 123
—, Erfassung 179
—, Gesenkschmieden 95
—, Holz 85, 94
—, Prüfung 179
—, Verwendung 131
—, Verwertung 180
—, Wirtschaft 179
Abwegige Begriffe 2
Änderung des Fertigungsvorhabens, Einfluß 138
Angabe der Werkstoffleistungen 15
Aufteilen eines Gegenstandes 107
—, Schema 35 (A)
Ausschuß, Abhängigkeit von Einsatzmenge 116 (A)
—, Gießen 95
—, Gesenkschmieden 95

Bauunterlagen, mangelhafte 111
Bearbeitungszugabe 49, 50 (A), 51 (A), 51 (T), 52 (T)
Begriffe 6
—, abwegige 2
Bemaßung, Gesenkschmiederohling 167 (A)
Bericht, Zuschneiderei 177 (T)
Beschädigungen 151
Beschaffung, Gegenstände 169 (T)
Beschaffungsunterlagen 155, 169 (T)
Betriebsstoffe 8
Blech, Aufteilung einer Tafel 124 (A)
—, Ausnützung 125 (A)—128 (A)
—, zusätzliche Materialkosten 82
—, zusätzliche Menge 49 (T), 53 (A)

Einkauffehler 142
Einsatzmenge, Ermittlung 45
Einsatzgewicht 45
Einzelteile 9, 21

Ermittlung, Gegenstände 37
—, Menge im fertigen Gegenstand 43
—, Menge im Rohling und Rohteil 44
— der Einsatzmenge 45
— der Werkstoffeinsatzmenge 63
— der Grundstoffeinsatzmenge 67

Fertigteile 9, 21
Fertigung 141
—, spanabhebende 190
—, spanlose 190
—, abfallarme und -reiche 190
—, Einfluß des Verfahrens 115 (T)
—, Material 156

Geld 2
Gesamtmaterialgewicht, Überschlag 69
Gesamtmaterialmenge, Ermittlung 62
Gesenkpreßteile 101
Gesenkschmiedeteile 101
Gestaltung des Fertigungsgegenstandes 97
Gewichtsanteil der Halbzeug- und Rohlingsarten (Beispiel) 72 (T)
Gewicht, Anteil der Werkstoffarten (Beispiel) 71 (T)
—, Silumingußteile 42 (T)
—, Stahlschmiedeteile 43 (T)
—, Verhältnis Fertiggewicht zu Rohteilgewicht und Einsatzgewicht 93 (T)
—, zulässige Abweichungen 87, 88
Grundstoffe 8
Gummi 86
Güteforderungen, nicht gerechtfertigte 109
Gußteile 101
—, Einsatzmenge 115
—, Materialverlust 95, 114
—, Mindestwanddicke 103 (T)
—, zusätzliche Materialkosten 82

Halbfabrikate 9
Halbzeuge 9, 16, 21, 31
—, Vorzugsmaße 64, 65

Halbzeugart, Einfluß auf Herstellkosten 75
Halbzeugmenge, Zuschläge 39
Halbzeugsorten, Zahlverminderung (Beispiel) 104 (T)
Herstellkosten, Absinken mit steigender Stückzahl 6 (A)
—, Zusammensetzung 74 (A)
Holz, zusätzliche Materialkosten 85

Kennzahl der Werkstoffe 28
Konstruktionsänderungen, Einfluß 112
Kosten, Zusammensetzung der Material- 72
—, Gesamtmaterial- 86
—, Eisenbahntransport- 87 (A)
Kunstharzpreßstoffe, Kosten 85

Lagergrößen 64, 65
Lagerverluste 141
Listen, handelsübliche und einbaufert. Gegenstände 166 (T)
—, Halbzeugmengen 162, 163 (T)
—, Inhalt 156
—, Rohlinge 164, 165 (T)
—, Sammel- 160, 161 (T)
—, Stück- 157, 158 (T)

Maschinen und Motoren, falsche 150
Material, Abnahme 173
—, Ausgabe 175
—, Ausnützung 123 (A), 125 (A)—127 (A)
—, Ausnützungsgrad 90
—, Aufwand bei Reparaturen 153
—, Bedarf infolge besond. Ereignisse 60
—, Begriff 7
—, Beschaffung 171
—, Beschaffungsunterlagen 155
—, Beschränkung der Vielfältigkeit 103
—, -Bewegung in einer Blech verarbeitenden Werkstatt 178
—, Bezeichnung 22
—, Beurteilung der Prüfergebnisse 138
—, Einsatzmenge 41, 57 (T), 58 (T), 66 (T)
—, Ersparnis 53 (A), 100 (A), 121 (A), 136 (A)
—, Fluß vom Grundstoff zum Fertigteil 68
—, Ordnung 18
—, Planung 193, 198
—, Problem 1
—, Prüfung 138, 173
—, Stücklistenangabe 157
—, Transport 199
—, Verluste im Betriebe 143
—, Verluste bei der Erzeugung 83
—, Verluste beim Gießen 114
—, Verluste beim Schmieden 117

Material, Verluste beim Trennen 119
—, Verluste beim Verformen 123
—, Verluste beim Zerspanen 119
Materialbezeichnung, Werkstoffe 22
—, Halbzeuge 31
—, Normteile 31
—, Sonderteile 34
Materialeinsatzmenge, Stahlsandguß 57 (T)
—, Leichtmetallsandguß 57 (T)
—, Stahlschmiedeteile 58 (T)
—, Stahlpreßteile 58 (T)
Materialkosten, Herstellung 72
—, zusätzliche 82
—, Anteil 4
—, Zusammensetzung 3
Materialmenge, Einzelteilfertigung 59
—, Einheiten 37, 38 (T)
—, Ermittlung 37, 188
—, Gesamt- 62
—, Gestaltung und Aufwand 97
—, Legierungsstoffe 67
—, Mehrbedarf infolge besond. Ereignisse 60
—, Mengenangabensammlung 160
Materialwirtschaft, Besonderheiten 186
—, Grundsätzliches 185
—, Verbesserung 175
Mengeneinheiten 37, 38 (T)
Mengenüberschlag, Art der Richtwerte 68
—, Material- und Fertiggewicht 69
—, Gewichtsanteil der Werkstoffarten 70
—, Gewichtsanteil der Halbzeug- und Rohteilarten 71

Nietung, Materialaufwand 129
Normteile 31
Normung, Einfluß 105

Ordnung, Einzelteile 21
—, Forderungen 19
—, Gegenstände 18
—, Halbzeuge 20
—, Rohlinge 21

Personalschulung 196
Planung, Material 193, 198
Preisverhältnisse 74 (A), 75 (A), 77 (A), 79 (A), 80 (A)
Preßlinge 9

Randbreiten, Stanzteile 49
Reste 10
Richtwerte, Art 68
— siehe Preisverhältnisse
Rohgewicht 44

Rohling 9, 16
Rohlingsart, Einfluß auf deren Herstell-
    kosten 75
Rohlingsmenge 39
Rohlingsmaße, Freiformschmiedestück
    52 (T), 54 (T)
Rohstoffe 7
—, anorganische 7
—, Beteiligung der Länder an der Er-
    zeugung 12
—, Beteiligung der Erdteile an der Er-
    zeugung 14
—, organische 8
Rohteil 9
Rückstände 10

Sachnummern 36 (T)
Sammelliste, Beispiel 161 (T)
Sammlung der Materialangaben 160
Sonderteile 34
Sonderzugabe 56
Schmieden, Materialverluste 117
Schmiedeteile, zusätzliche Material-
    kosten 84
Schmierstoffeinsparung 155
Schrott 10
—, Lieferschein 182
—, Weiterverwendung 183
Schweißen, Materialaufwand 129
Stanzteile, Rand- und Stegbreiten
    49 (T)
Stückliste, Materialangabe 157
—, Beispiel 158 (T)

Technische Lieferbedingungen 167
Terminverzögerung, Folgen 141
Trennzugaben 46

Verbesserung der Materialwirtschaft 194
Verbinden, Einzelteile und Gruppen 107
—, Materialmehraufwand 128
Verbindungszugabe 55; 56 (T)
Verbrauchsmittel 8
Verhältnis, Fertiggewicht zu Rohteil-
    und Einsatzgewicht 93
Verlorener Stoff 10
Verluste, Abnützung 145
—, Beschädigung 151
—, Blechverformung 123
—, Einkaufsfehler 142
—, Ermüdung 147
—, Fertigungsfehler 113
—, Fertigungsmittelschäden 131
—, Fertigungsvorhabenänderung 138

Verluste, Gießen 114
—, Grund- und Werkstoffgewinnung
    92
—, Halbzeugherstellung 94
—, Holzverarbeitung 85
—, Kleinzeug 130
—, konstruktive Maßnahmen 96
—, Lager 141
—, Materialmängel 92
—, Materialprüfung 128
—, Minderungsmaßnahmen in der
    Werkstatt 114
—, Minderung durch Reparatur und
    Teileersatz 152
—, Rohlingsfertigung durch Gießen 95
—, Rohlingsfertigung durch Schmieden
    und Pressen 95
—, Trennen 119
—, Verderb 148
—, Werkzeuge 133
—, Werkzeugmaschinen 132
—, wirtschaftlich tragbare 143
—, Zerspanung 119
—, Zusammenbau 128
Verminderung des Materialtransports
    199
Verwendbare Teile 10

Werkstoffe 8, 14
Werkstoff, Ausnützungsgrad 91
—, Bezeichnungen 22, 31 (T)
—, Einsatzmenge 63
—, Kennzeichnung durch Farben 23
—, Kennzeichnung nach DIN 25
—, Kennzeichnung durch Zahlen 28
—, Kennzeichnung auf Halbzeug und
    Rohling 24
—, Menge 40
—, metallischer 14
—, nichtmetallischer 14
—, unrichtige Wahl 100
—, Untergruppen 29
—, Zustandszahl 29

Zeichnungen 166
Ziffern bei Mengenangaben 39
Zugaben, Bearbeitung 49—55
—, Formstanzen 52
—, Stanzen 49 (T)
—, Trennen 46 (T), 47 (T)
Zugbruchfestigkeitsabfall 19
Zusätzliche Materialkosten 82
Zuschläge, Art 39
Zwangswirtschaft 186